www.kuhminsa.co.kr

한 발 앞 서 는 출 판 사 구 민 사

KUH MIN SA

#604, Mullaebuk-ro 116, Yeongdeungpo-gu
Seoul, Republic of Korea

T. 02 701 7421
F. 02 3273 9642

Email kuhminsa@kuhminsa.co.kr

자격증 시험
접수부터 자격증 수령까지

필기원서 접수

큐넷 회원 가입 후
(www.q-net.or.kr)
인터넷 접수만 가능
사진 파일, 접수비
(인터넷 결제) 필요
응시자격 요건
반드시 확인할것

필기시험

입실 시간 미준수 시
시험 응시 불가
준비물 : 수험표,
신분증, 필기구 지참

필기 합격 확인

큐넷 사이트에서 확인
(www.q-net.or.kr)

실기원서 접수

큐넷 회원 가입 후
(www.q-net.or.kr)
응시 자격 서류는
실기시험 접수기간
(4일 내)에 제출해야만
접수 가능

합격

한 발 앞서나가는 출판사
구민사에서 시작하세요!

실기시험

필답형과 작업형으로 분류
원서 접수 시 선택한
장소와 시간에 맞게
시험을 봅니다.
준비물 : 수험표,
신분증, 필기구 지참!

최종합격 확인

큐넷 사이트에서 확인
(www.q-net.or.kr)

자격증 신청

방문 or 인터넷 신청
가능. 방문 신청 시
신분증, 사진,
발급 수수료 지참

자격증 수령

방문 or 등기비용
지불 시 우편수령
가능

머리말

본 교재는 공조냉동기계 기능사·산업기사 실기 자격시험을 대비하여, 수험자가 본 교재를 통해 배운 기술을 실전(시험)에서 바로 접목할 수 있도록 하는 것을 목표로 하였습니다.

실질적인 작업 방법 및 모습을 사진으로 담고 있으며 수험자가 시험 전 꼭 알아야 할 중요 항목 및 실기 작업 시 보다 빠르고 정확하게 작업할 수 있는 참고사항과 알아두기 등을 수록하여 저자의 노하우가 고스란히 녹아있는 교재라 할 수 있습니다. 현재 출제 동향에 따른 도면, 주의사항과 요구사항, 작업 시 가장 빠른 조립 순서와 연습 방법 등이 수록되어 실전에 최적화된 교재라 생각합니다.

현재 본 교재는 에듀강닷컴(http://edukang.com) 실시간 강의시간 때 사용하며, 실시간 방송을 통해 궁금한 점 및 문제점에 대한 많은 질문과 의견 부탁드립니다.

끝으로 이 책이 출간되기까지 적극적으로 도움주신 조규백 대표님과 직원 여러분께 깊은 감사를 드립니다.

– 저자 씀 –

❖ Contents

C r a f t s m a n   A i r – C o n d i t i o n i n g

01 PART ❖ 동관작업

CHAPTER 01 공조냉동기계기능사 · 산업기사 동관작업 4

  01 동관작업에 사용되는 공구 4
  02 동관작업에 사용되는 재료 19
  03 동관작업 완성작품 및 도면(기능사·산업기사) 24
  04 공조냉동기계기능사·산업기사 동관작업 비교 42

CHAPTER 02 원포인트 레슨 46

  01 동관용접 46
  02 강관용접 외접 50
  03 강관용접 내접 52
  04 황동용접 강관+동관 58
  05 동관작업 시 유의사항 63

02 PART ❖ 전기(시퀀스)

CHAPTER 01 공조냉동기계기능사·산업기사 전기(시퀀스)작업 기초   72

   01 전기(시퀀스)작업에 사용되는 공구   72

   02 전기(시퀀스)작업에 사용되는 재료   77

   03 기초 접점의 이해   89

CHAPTER 02 공조냉동기계기능사 시퀀스 제어회로 구성작업   103

CHAPTER 03 공조냉동기계산업기사 시퀀스 제어회로 구성작업   131

03 PART ❖ 공조냉동기계기능사·산업기사 실기 시퀀스 기초

CHAPTER 01 시퀀스 기초접점 및 재료이해하기   158

CHAPTER 02 필답형 대비 시퀀스 (구)동영상 복원문제 모음   162

04 PART ❄ 공조냉동기계기능사·산업기사 실기 필답형 시험 대비 연습문제

· 공조냉동기계 기능사·산업기사 실기 필답형 시험 대비 연습문제   174

05 PART ❄ 공조냉동기계기능사·산업기사 실기 필답형 시험 복원 기출문제

· 2023년 제2회 공조냉동기계산업기사 필답형 복원 문제   246
· 2023년 제3회 공조냉동기계기능사 필답형 복원 문제   254
· 2023년 제3회 공조냉동기계산업기사 필답형 복원 문제   260
· 2023년 제4회 공조냉동기계기능사 필답형 복원 문제   267
· 2024년 제1회 공조냉동기계기능사 필답형 복원 문제   274
· 2024년 제1회 공조냉동기계산업기사 필답형 복원 문제   283
· 2024년 제2회 공조냉동기계기능사 필답형 복원 문제   292
· 2024년 제2회 공조냉동기계산업기사 필답형 복원 문제   299
· 2024년 제3회 공조냉동기계기능사 필답형 복원 문제   309
· 2024년 제3회 공조냉동기계산업기사 필답형 복원 문제   317
· 2024년 제4회 공조냉동기계기능사 필답형 복원 문제   327
· 2025년 제1회 공조냉동기계기능사 필답형 복원 문제   335
· 2025년 제1회 공조냉동기계산업기사 필답형 복원 문제   344
· 2025년 제2회 공조냉동기계기능사 필답형 복원 문제   353
· 2025년 제2회 공조냉동기계산업기사 필답형 복원 문제   359
· 2025년 제3회 공조냉동기계기능사 필답형 복원 문제   368

공조냉동기계기능사 실기시험 출제기준

직무분야	기계	중직무분야	기계장비설비 · 설치	자격종목	공조냉동기계기능사	적용기간	2025.1.1.~ 2029.12.31.

직무내용 : 산업현장, 건축물의 실내 환경을 최적으로 조성하고, 냉동냉장설비 및 기타공작물을 주어진 조건으로 유지하기 위해 기술기초이론 지식과 숙련기능을 바탕으로 공조냉동, 유틸리티 등 필요한 설비를 설계, 시공 및 유지관리하는 직무이다.

수행준거 : 1. 공조프로세스를 정확히 작도할 수 있으며 작도된 프로세스를 분석하고 타당성을 검토할 수 있다.

2. 냉동공조설비설치에 따른 설계도서를 파악하여 공종별로 재료량과 공수를 산출하여 재료비와 인건비, 경비 등을 계산하여 공사비를 산정할 수 있다.

3. 공조설비의 기능을 최적의 상태로 운영하기 위해 공기조화기 및 부속장치의 기능을 확인하고 조치하는 운영할 수 있다.

4. 공조설비의 기능을 최적의 상태로 유지하기 위해 공기조화기 및 부속장치를 점검 관리할 수 있다.

5. 냉동기, 냉각탑 및 부속장치를 효율적으로 운영 관리할 수 있다.

6. 보일러, 급탕탱크 및 부속장치를 효율적으로 운영 관리할 수 있다.

7. 구조체의 열전달, 실내외 온·습도 조건 등을 고려하여 취득열량 및 손실열량을 계산할 수 있다.

8. 냉동사이클 분석이란 냉매의 종류에 따른 사이클의 특성을 파악하여 냉동능력을 계산하고 분석할 수 있다.

실기검정방법	복합형	시험시간	4시간 정도(작업형 2시간 30분 정도, 필답형 1시간 30분 정도)

실기 과목명	주요항목	세부항목	세세항목
공조냉동기계 실무	1. 냉동설비설치	1. 냉동설비 설치하기	1. 설치할 냉동장치의 특성을 파악할 수 있다. 2. 냉동장치의 설치장소의 여건을 파악할 수 있다. 3. 냉동장치의 반입계획을 수립할 수 있다. 4. 냉동장치 설치에 따른 공정계획서를 작성할 수 있다. 5. 냉동장치 설치시 주변장치와의 연결에 대한 설계의 적합성을 검토할 수 있다. 6. 냉동장치를 도면대로 설치할 수 있다. 7. 발주처의 요청 및 설계자의 실수, 현장과의 불일치 및 품질향상 등에 따른 설계 변경 요청시 관계 서류 및 현장의 타당성을 검토하여 설계 변경을 할 수 있다.
		2. 냉방설비 설치하기	1. 설치할 냉방설비의 특성을 파악할 수 있다. 2. 냉방장치 설치장소의 여건을 파악할 수 있다. 3. 냉방장치의 반입계획을 수립할 수 있다. 4. 냉방장치 설치에 따른 공정계획서를 작성할 수 있다. 5. 냉방장치 설치시 주변장치와의 연결에 대한 설계의 적합성을 검토할 수 있다. 6. 냉방장치를 도면대로 설치할 수 있다. 7. 발주처의 요청 및 설계자의 실수, 현장과의 불일치 및 품질향상 등에 따른 설계 변경 요청시 관계 서류 및 현장의 타당성을 검토하여 설계 변경을 할 수 있다.

실기 과목명	주요항목	세부항목	세세항목
	2. 보일러설비설치	1. 급수설비 설치하기	1. 급수 방식을 파악하고 급수설비의 배관재료, 시공법을 파악할 수 있다. 2. 급수설비의 설계도서 및 도면을 파악하고 급수설비 설치에 따른 공정계획서를 작성할 수 있다. 3. 급수설비 설치에 따른 장비와 공구 및 자재를 파악하고 준비할 수 있다. 4. 급수배관을 설계도서대로 설치하고 배관 및 용접, 기밀시험, 보온 등을 할 수 있다. 5. 급수설비설치에 따른 설계의 적합성을 검토할 수 있다. 6. 발주처의 요청 및 설계자의 실수, 현장과의 불일치 및 품질향상 등에 따른 설계 변경 요청시 관계 서류 및 현장의 타당성을 검토하여 설계 변경을 할 수 있다.
		2. 연료설비 설치하기	1. 사용하는 연료(위험물 및 LNG, LPG, 도시가스 등)의 특성 및 위험성을 확인하여 공급방식과 시공방법을 파악할 수 있다. 2. 연료설비의 설계도서 및 도면을 파악하고 연료설비 설치에 따른 공정계획서를 작성할 수 있다. 3. 연료설비설치에 따른 장비와 공구 및 자재를 파악하고 준비할 수 있다. 4. 연료설비를 설계도서대로 설치하고 배관 및 용접, 기밀시험, 보온 등을 할 수 있다. 5. 연료설비 설치에 따른 설계의 적합성을 검토할 수 있다. 6. 발주처의 요청 및 설계자의 실수, 현장과의 불일치 및 품질향상 등에 따른 설계 변경 요청시 관계 서류 및 현장의 타당성을 검토하여 설계 변경을 할 수 있다.
		3. 통풍장치 설치하기	1. 통풍방식에 따른 현장 설치여건 및 설계도서를 파악하여 공정계획서를 작성할 수 있다. 2. 통풍장치설치에 따른 장비와 공구 및 자재를 파악하고 준비할 수 있다. 3. 통풍장치를 설계도서대로 설치하고 설계의 적합성을 검토할 수 있다. 4. 송풍기 및 덕트, 연돌 등의 설치에 따른 문제점을 사전에 검토할 수 있다. 5. 발주처의 요청 및 설계자의 실수, 현장과의 불일치 및 품질향상 등에 따른 설계 변경 요청시 관계 서류 및 현장의 타당성을 검토하여 설계 변경을 할 수 있다.
		4. 송기장치 설치하기	1. 증기의 특성을 파악할 수 있다. 2. 송기장치의 시공방법 및 설계도서를 파악하고 설치에 따른 공정계획서를 작성할 수 있다. 3. 송기장치설치에 따른 장비와 공구 및 자재를 파악하고 준비할 수 있다. 4. 송기장치를 설계도서대로 설치하고 배관 및 용접, 기밀시험, 보온 등을 할 수 있다. 5. 송기장치설치에 따른 설계의 적합성을 사전에 검토할 수 있다. 6. 발주처의 요청 및 설계자의 실수, 현장과의 불일치 및 품질향상 등에 따른 설계 변경 요청시 관계 서류 및 현장의 타당성을 검토하여 설계 변경을 할 수 있다.

실기 과목명	주요항목	세부항목	세세항목
		5. 증기설비 설치하기	1. 압력에 따른 증기의 특성을 확인하고 증기설비의 시공방법 및 설계도서를 파악할 수 있다. 2. 증기설비 설치에 따른 공정계획서를 작성할 수 있다. 3. 증기설비설치에 따른 장비와 공구 및 자재를 파악하고 준비할 수 있다. 4. 증기설비를 설계도서대로 설치하고 배관 및 용접, 기밀시험, 보온 등을 할 수 있다. 5. 응축수발생에 따른 문제점을 사전에 검토할 수 있다. 6. 증기설비설치에 따른 설계의 적합성을 검토할 수 있다. 7. 발주처의 요청 및 설계자의 실수, 현장과의 불일치 및 품질향상 등에 따른 설계 변경 요청시 관계 서류 및 현장의 타당성을 검토하여 설계 변경을 할 수 있다.
		6. 난방설비 설치하기	1. 각 난방방식의 특성과 시공법을 확인하고 난방설비의 설계도서를 파악할 수 있다. 2. 난방설비 설치에 따른 공정계획서를 작성할 수 있다. 3. 난방설비설치에 따른 장비와 공구 및 자재를 파악하고 준비할 수 있다. 4. 난방설비를 설계도서대로 설치하고 배관 및 용접, 기밀시험, 보온 등을 할 수 있다. 5. 난방설비설치에 따른 설계의 적합성을 검토할 수 있다. 6. 발주처의 요청 및 설계자의 실수, 현장과의 불일치 및 품질향상 등에 따른 설계 변경 요청시 관계 서류 및 현장의 타당성을 검토하여 설계 변경을 할 수 있다.
		8. 에너지절약장치 설치하기	1. 각종 에너지절약장치의 특성을 확인하고 현장 설치여건을 파악할 수 있다. 2. 에너지절약장치의 설계도서를 파악하여 설치에 따른 공정계획서를 작성할 수 있다. 3. 에너지절약장치설치에 따른 장비와 공구 및 자재를 파악하고 준비할 수 있다. 4. 에너지절약장치를 설계도서대로 설치하고 설계의 적합성을 검토할 수 있다. 5. 발주처의 요청 및 설계자의 실수, 현장과의 불일치 및 품질향상 등에 따른 설계 변경 요청시 관계 서류 및 현장의 타당성을 검토하여 설계 변경을 할 수 있다.
	3. 공조장치 제작설치	1. 공조장치 제작하기	1. 공조장치의 제작도면을 파악하고 제작계획을 수립할 수 있다. 2. 공조장치의 구성장치의 역할을 파악할 수 있다. 3. 공조장치를 도면대로 제작 및 조립할 수 있다. 4. 공조장치제작에 따른 설계의 적합성을 검토할 수 있다.

실기 과목명	주요항목	세부항목	세세항목
		2. 공조장치 설치하기	1. 공조장치의 특성을 파악하고 설치장소의 여건을 파악할 수 있다. 2. 공조장치의 설치 및 반입계획을 수립할 수 있다. 3. 공조장치 설치시 주변장치와의 연결에 대한 설계의 적합성을 검토할 수 있다. 4. 공조장치를 도면대로 설치하고 설계의 적합성을 검토할 수 있다. 5. 발주처의 요청 및 설계자의 실수, 현장과의 불일치 및 품질향상 등에 따른 설계 변경 요청시 관계 서류 및 현장의 타당성을 검토하여 설계변경을 할 수 있다.
	4. 공조배관 설치	1. 공조배관설치 계획하기	1. 공조배관설비의 설계도서를 파악하고 공조배관의 설치계획을 수립할 수 있다. 2. 공조배관설치에 필요한 장비와 공구를 준비하고 사용할 수 있다. 3. 공조배관설치에 필요한 자재를 파악하여 투입계획을 수립할 수 있다.
		2. 공조배관 설치하기	1. 공조배관에 필요한 장비와 공구 등을 준비하고 사용할 수 있다. 2. 공조배관에 필요한 배관재료와 부속품 등을 준비할 수 있다. 3. 배관 및 용접, 기밀시험, 보온 등을 할 수 있다. 4. 공조배관설치에 따른 설계의 적합성을 검토할 수 있다. 5. 발주처의 요청 및 설계자의 실수, 현장과의 불일치 및 품질향상 등에 따른 설계 변경 요청시 관계 서류 및 현장의 타당성을 검토하여 설계 변경을 할 수 있다.
	5. 덕트설비설치	1. 덕트설비 설치하기	1. 덕트설비의 설계도서를 파악하고 제작 및 설치계획을 수립할 수 있다. 2. 덕트설비의 제작과 설치에 필요한 재료 및 장비와 공구 등을 준비하고 사용할 수 있다. 3. 덕트설비의 제작 및 설치, 지지, 보온 등을 할 수 있다. 4. 덕트설비설치에 따른 설계의 적합성을 검토할 수 있다. 5. 발주처의 요청 및 설계자의 실수, 현장과의 불일치 및 품질향상 등에 따른 설계 변경 요청시 관계 서류 및 현장의 타당성을 검토하여 설계 변경을 할 수 있다.
		2. 환기설비 설치하기	1. 환기설비의 설계도서를 파악하고 제작 및 설치계획을 수립할 수 있다. 2. 환기설비의 제작과 설치에 필요한 재료 및 장비와 공구 등을 준비하고 사용할 수 있다. 3. 송풍기 설치 및 덕트설치, 지지, 보온 등을 할 수 있다. 4. 환기설비의 설치에 따른 설계의 적합성을 검토할 수 있다. 5. 발주처의 요청 및 설계자의 실수, 현장과의 불일치 및 품질향상 등에 따른 설계 변경 요청시 관계 서류 및 현장의 타당성을 검토하여 설계 변경을 할 수 있다.

실기 과목명	주요항목	세부항목	세세항목
	6. 급배수설비 설치	1. 급수설비 설치하기	1. 급수설비의 급수방식 및 배관방식을 파악하고 설치계획서를 수립할 수 있다. 2. 급수설비의 배관재료, 시공법을 파악할 수 있다. 3. 급수설비의 설계도서 및 도면을 파악할 수 있다. 4. 급수설비 설치에 따른 자재 및 장비와 공구 등을 준비하고 사용할 수 있다. 5. 급수탱크 및 펌프, 배관 등을 설계도서대로 설치하고 배관 및 용접, 기밀시험, 보온 등을 할 수 있다. 6. 급수설비설치에 따른 설계의 적합성을 검토할 수 있다. 7. 발주처의 요청 및 설계자의 실수, 현장과의 불일치 및 품질향상 등에 따른 설계 변경 요청시 관계 서류 및 현장의 타당성을 검토하여 설계 변경을 할 수 있다.
		2. 배수·통기 설비 설치하기	1. 배수·통기설비 방식을 파악하고 설치계획을 수립할 수 있다. 2. 배수·통기설비의 설계도서 및 도면을 파악할 수 있다. 3. 배수·통기설비설치에 따른 자재 및 장비와 공구 등을 준비하고 사용할 수 있다. 4. 배수·통기설비를 설계도서대로 설치하고 배관 및 기밀시험, 보온 등을 할 수 있다. 5. 배수·통기설비설치에 따른 설계의 적합성을 검토할 수 있다. 6. 발주처의 요청 및 설계자의 실수, 현장과의 불일치 및 품질향상 등에 따른 설계 변경 요청시 관계 서류 및 현장의 타당성을 검토하여 설계 변경을 할 수 있다.
	7. 자재관리	1. 측정기 관리하기	1. 계측기 관리대장에 기기명, 구입일자, 관리방법, 용도, 제조사 등을 기록 및 관리할 수 있다. 2. 검교정이 필요한 계측기에 대해서는 주기적으로 검교정 실시 후 관리대장에 기록 및 관리할 수 있다. 3. 공조 및 열원설비, 부속장치에 사용되는 계측기는 보관함을 설치하고 장비 목록표를 비치할 수 있다. 4. 해당 계측기에 대한 식별표시가 지워지거나 손상되지 않도록 취급, 보관 및 사용방법에 대해 교육을 실시할 수 있다. 5. 습기에 약한 계측기는 실내에 보관하고 사용전 테스트하여 작동을 확인할 수 있다. 6. 계측기 사용시 불출대장을 기록할 수 있다.
		3. 소모품 관리하기	1. 냉동공조 및 열원장치, 부속설비의 운영 및 유지 보수시 사용되는 소모품을 파악하고 분류할 수 있다. 2. 소모품 취급시 보호구, 물질안전보건(GHS) 자료를 비치하고, 작업안전허가를 받고 취급사용 확인할 수 있다. 3. 소모품을 저장하는 창고를 지정하고 입출고 및 재고현황을 품목별로 명판을 제작하여 부착 및 관리할 수 있다. 4. 소모품 저장창고는 안전을 위하여 조명 및 환기시설을 설치하고 정기적으로 정리정돈할 수 있다. 5. 정기적으로 재고조사를 하고 조사결과에 대하여 문제점 및 개선사항을 보고하여 관리할 수 있다.

실기 과목명	주요항목	세부항목	세세항목
		4. 유지보수자재 관리하기	1. 공조 및 열원설비, 부속설비에 필요한 자재의 체계적 관리를 위해서 자재관리 지침서를 만들 수 있다. 2. 각 장치 및 부속설비의 설계조건을 이해하고 특징과 용도를 파악하여 자재의 사양을 결정할 수 있다. 3. 특수 자재, 기술적인 검토가 필요한 자재는 기술부서에 의뢰하여 정확한 사양을 결정할 수 있다. 4. 입출고, 창고관리, 재고관리 등 각 관리기준에 의거하여 자재를 관리할 수 있다. 5. 자재 입고 시 각 품목, 규격 수량을 확인하고 품질에 대하여 검수할 수 있다. 6. 검수결과 외관불량, 수량부족, 규격미달, 품질불량이 발견되어 불합격품으로 판정되는 자재의 경우, 필요한 조치를 취할 수 있다. 7. 최소 보유자재와 긴급자재를 분류하여 적정재고 및 수급체계를 관리할 수 있다. 8. 자재를 저장하는 창고를 지정하고 입출고 및 재고현황을 품목별로 명판을 부착하여 관리할 수 있다. 9. 자재 저장창고에 조명 및 환기시설을 설치하고 정기적으로(월 1회 이상) 정리정돈을 할 수 있다. 10. 월1회 재고조사를 하며 조사결과에 대하여 문제점 및 개선사항을 보고하고 관리할 수 있다.
		5. 보수장비 관리하기	1. 보수장비 사용시 일정한 작동기능을 위하여 보수작업의 작업능률과 안전성을 확보할 수 있다. 2. 자체보유 장비와 외주대여 장비로 구분하여 관리할 수 있다. 3. 취급설명서를 부착하고 규격에 맞는 사양의 장비를 적합하게 사용할 수 있다. 4. 장비는 사용 시 보호구 착용 및 안전수칙을 준수하여 안전하게 취급할 수 있다. 5. 장비 사용 전에 이상 유무를 점검할 수 있다. 6. 장비 사용 후 지정장소에 정위치하고 관계자 외 취급을 제한할 수 있다.

❄ 공조냉동기계산업기사 실기시험 출제기준 ❄

직무 분야	기계	중직무분야	기계장비설비·설치	자격 종목	공조냉동기계산업기사	적용 기간	2025.1.1.~ 2029.12.31.

직무내용 : 산업현장, 건축물의 실내 환경을 최적으로 조성하고, 냉동냉장설비 및 기타공작물을 주어진 조건으로 유지하기 위해 기술기초이론 지식과 숙련기능을 바탕으로 공조냉동, 유틸리티 등 필요한 설비를 설계, 시공 및 유지관리하는 직무이다.

수행준거 : 1. 공조프로세스를 정확히 작도할 수 있으며 작도된 프로세스를 분석하고 타당성을 검토할 수 있다.
2. 냉동공조설비설치에 따른 설계도서를 파악하여 공종별로 재료량과 공수를 산출하여 재료비와 인건비, 경비 등을 계산하여 공사비를 산정할 수 있다.
3. 공조설비의 기능을 최적의 상태로 운영하기 위해 공기조화기 및 부속장치의 기능을 확인하고 조치하는 운영할 수 있다.
4. 공조설비의 기능을 최적의 상태로 유지하기 위해 공기조화기 및 부속장치를 점검 관리할 수 있다.
5. 냉동기, 냉각탑 및 부속장치를 효율적으로 운영 관리할 수 있다.
6. 보일러, 급탕탱크 및 부속장치를 효율적으로 운영 관리할 수 있다.
7. 구조체의 열전달, 실내외 온·습도 조건 등을 고려하여 취득열량 및 손실열량을 계산할 수 있다.
8. 냉동사이클 분석이란 냉매의 종류에 따른 사이클의 특성을 파악하여 냉동능력을 계산하고 분석할 수 있다.

실기검정방법	복합형	시험시간	4시간 정도(작업형 2시간 30분 정도, 필답형 1시간 30분 정도)

실기 과목명	주요항목	세부항목	세세항목
공조냉동기계 실무	1. 공조프로세스 분석	1. 습공기선도 작도하기	1. 습공기선도 구성요소를 파악하고 이해할 수 있다. 2. 공기선도상에 공기혼합, 가열 및 냉각, 재열, 온도상승, 가습 및 감습 과정을 작도할 수 있다.
		2. 부하적정성 분석하기	1. 작도된 습공기선도 자료를 바탕으로 공조기 및 냉동기의 부하용량을 분석할 수 있다. 2. 분석한 부하용량을 바탕으로 공조기 및 냉동기의 적정성을 검토할 수 있다.
	2. 설비적산	1. 냉동설비 적산하기	1. 냉동설비 설계도서 등을 통하여 전체적인 시스템의 구성과 특수성을 파악할 수 있다. 2. 냉동설비 설계도서를 파악하여 도면에 따른 자재물량을 산출하고 자재비를 산정할 수 있다. 3. 냉동설비 설계도서를 파악하여 도면에 따른 공수를 산출하고 인건비를 산정할 수 있다. 4. 냉동설비 설치에 따른 현장여건, 설치조건, 계약조건 등의 발주처의 요구사항을 고려하여 내역서와 견적서를 작성 및 조정 할 수 있다.

실기 과목명	주요항목	세부항목	세세항목
		2. 공조냉난방설비 적산하기	1. 공조냉난방설비 설계도서 등을 통하여 전체적인 시스템의 구성과 특수성을 파악할 수 있다. 2. 공조냉난방설비 설계도서를 파악하여 도면에 따른 자재물량을 산출하고 자재비를 산정할 수 있다. 3. 공조냉난방설비 설계도서를 파악하여 도면에 따른 공수를 산출하고 인건비를 산정할 수 있다. 4. 공조냉난방설비 설치에 따른 현장여건, 설치조건, 계약조건 등의 발주처의 요구사항을 고려하여 내역서와 견적서를 작성 및 조정 할 수 있다.
		3. 급수급탕오배수 설비 적산하기	1. 급수급탕오배수설비 설계도서 등을 통하여 전체적인 시스템의 구성과 특수성을 파악할 수 있다. 2. 급수급탕오배수설비 설계도서를 파악하여 도면에 따른 자재물량을 산출하고 자재비를 산정할 수 있다. 3. 급수급탕오배수설비 설계도서를 파악하여 도면에 따른 공수를 산출하고 인건비를 산정할 수 있다. 4. 급수급탕오배수설비 설치에 따른 현장여건, 설치조건, 계약조건 등의 발주처의 요구사항을 고려하여 내역서와 견적서를 작성 및 조정 할 수 있다.
		4. 기타설비 적산하기	1. 소화설비의 설계도면을 파악하고 자재비와 인건비를 적산 할 수 있다. 2. 가스 등 연료설비의 설계도면을 파악하고 자재비와 인건비를 적산 할 수 있다. 3. 냉동공조 특수설비의 설계도면을 파악하고 자재비와 인건비를 적산 할 수 있다. 4. 기타 냉동공조 관련 설비의 설계도면을 파악하고 자재비와 인건비를 적산 할 수 있다.
	3. 공조설비운영 관리	1. 공조설비관리 계획하기	1. 건물, 특정장소의 기본계획 수립 단계부터 필요한 공조방식, 주요기기 사양운영방법, 실내조건 등을 파악할 수 있다. 2. 건물, 특정장소의 기본계획 수립 단계부터 필요한 공조방식, 주요기기 사양운영방법, 실내조건 등을 파악할 수 있다. 3. 공조방식과 공조운영방식을 파악하여 계획 및 관리할 수 있다. 4. 공조기 열원방식의 종류를 구분하고 운전경비, 공간, 기기 효율 저하, 내구수명 등 파악하여 계획 및 관리할 수 있다. 5. 공조 조닝별 공조방식과 특징을 파악하고 공조계획을 수립할 수 있다. 6. 건물 등급에 따른 공조기 운영계획 및 에너지 절약 계획을 수립할 수 있다.

실기 과목명	주요항목	세부항목	세세항목
		2. 가습기 점검하기	1. 세정기 구조와 하부수조 설치상태를 확인하고, 통과풍속, 수/공기비, 분무압력 등에 따른 세정상태를 점검할 수 있다. 2. 가습은 동절기주로 사용하며 가습방식에 대하여 파악하고 점검할 수 있다. 3. 적정한 증기압력이 유지되는지 확인하고 감압변 및 노즐막힘 등에 대하여 점검할 수 있다. 4. 전극식 가습기일 경우 전극봉 청소 등 관리기준에 의거하여 점검할 수 있다. 5. 기화식 가습일 경우 급수탱크 및 공급라인의 오염상태를 점검할 수 있다. 6. 수무부식 가습일 경우 공급압력 및 노즐막힘에 대하여 확인하고 점검할 수 있다. 7. 실내 열환경 4대 요소(온도, 습도, 기류, 복사)를 파악하고 실내 환경 기준에 맞는 습도를 관리할 수 있다.
		3. 공조기 자동제어장치 관리하기	1. 자동제어 장치를 공기조화기, 열원기기, 반송기기등의 계통으로 구별할 수 있다. 2. 공조기 계통에서는 실내온습도조절기, CO2농도조절기, 엔탈피 조절기를 사용하고 점검할 수 있다. 3. 열원기기 계통에서는 온도 조절기, 압력조절기, 대수제어를 사용하고 점검할 수 있다. 4. 각 공조기, 열원기기 등에 컴퓨터를 이용한 분산 DDC 조절기를 설치하고 에너지절약 제어 프로그램에 대하여 파악하고 점검할 수 있다. 5. 공조기 제어기능의 종류(원격설정제어, 수동/자동교체제어, 회전수 속도 교체제어, 외기도입제어, 최적기동/정지제어, 최소부하제어 등)를 파악하고 점검할 수 있다. 6. 시스템 하드웨어 및 통신 상태를 확인할 수 있다. 7. 시스템 운영상태 점검하고 지속적으로 모니터링 할 수 있다. 8. 데이터베이스의 백업상태 및 자동제어판넬의 DDC상태를 점검할 수 있다.
		4. 전열교환기 점검하기	1. 설계도면, 계산서 및 설계에 참고되는 자료를 활용하여 전열교환기의 에너지를 분석할 수 있다. 2. 열교환기의 종류(회전형, 고정형)를 파악하고 계절에 따라 올바르게 관리할 수 있다. 3. 설치된 공조기 계통을 토대로 T.A.B 보고서와 각 장비의 사양을 보고 열교환기 성능을 확인 및 평가할 수 있다. 4. 전열교환기 본체 및 점검구, 필터, 보온재 등의 변형, 부식, 손상, 파손, 막힘, 오염, 노화유무 등을 점검 및 보수할 수 있다. 5. 열교환 엘리먼트 축 수분 소음·진동유무를 점검하고 구리스를 주입할 수 있다.

실기 과목명	주요항목	세부항목	세세항목
		5. 송풍기 점검하기	6. 열교환 엘리먼트의 막힘이나 손상 유무를 점검, 회전체 양부를 점검하고 오염이나 노화가 된 경우 청소, 보수할 수 있다. 7. 구동장치 벨트의 느슨함 및 손상 노화유무, 마모나 파손, 케이싱 오염, 부식유무를 점검 및 보수할 수 있다. 8. 전열교환기 전기계통 전압의 변동이 적합한 규정치(10%) 이내인지 확인할 수 있다. 9. 기어드 모터 절연저항 측정값이 적합한지 확인하고, 모터 표면온도, 오일누설의 이상유무와 전류가 정격치 내에 있는지에 대하여 점검할 수 있다. 10. 레일작동 상태, 단자류의 느슨함 등을 점검할 수 있다.
			1. 송풍기 외관 날개차의 오염 및 변형, 볼트의 느슨함 및 부식, 케이싱 접촉상태 등을 확인 및 점검할 수 있다. 2. 송풍기 방진재, 스톱퍼, 천장설치, 달대 지지 등의 느슨함과 부식을 확인할 수 있다. 3. 송풍기의 축 발열, 소음 및 진동 상태를 확인하고, 급유 보충, 교체할 수 있다. 4. 송풍 전동기의 손상, 부식상태 및 진동의 이상유무를 점검 및 확인할 수 있다. 5. 송풍 전동기의 올바른 회전방향과 절연저항치, 운전전류를 점검 및 확인할 수 있다. 6. 송풍기의 V-벨트의 손상유무 및 노화상태를 점검 및 확인할 수 있다.
		6. 공조기 관리하기	1. 공기냉각기, 공기가열기, 가습기, 송풍기 공기 여과기 등의 구성에 대해 파악하고 운전 관리할 수 있다. 2. 공기조화기를 종류에 따라 구분하고 각 특징에 맞게 관리할 수 있다. 3. 온도, 습도, 엔탈피 등 공기의 상태값을 선도에서 파악할 수 있다. 4. 선도 상태점에 따른 선도변화를 파악하고 장치의 성능을 관리를 할 수 있다. 5. 공조기를 계절에 따라 구분하여 점검 및 가동할 수 있다. 6. 시간대별 스케줄에 따라 가동하고 수시로 밸브 및 급·배기 개도를 확인하며, 감시반 모니터링에 의하여 온·습도 설정을 조정할 수 있다. 7. 동절기 공조기 가동시 외기온도, -5℃ 이하 OA/EA 댐퍼작동 여부 및 히팅가열기 상태, 혼합온도에 동파방지 경보가 설정되어 있는지를 확인할 수 있다. 8. 공조기 가동 후 정지 상태를 확인하고 공조기 가동시간 등 운전일지를 작성, 기록, 유지할 수 있다

실기 과목명	주요항목	세부항목	세세항목
		7. 펌프 관리하기	1. 펌프의 종류와 용도에 따라 펌프사양을 선정할 수 있다. 2. 펌프의 각 용도별 이상상태를 파악하고 고장원인과 그 대책을 수립할 수 있다. 3. 펌프의 용도별 설치 기준을 파악하고 유지관리의 용이성과 주의사항 등을 확인하여 적합하게 관리할 수 있다. 4. 펌프 운전시 유의사항을 이해하고 회전방향, 흡입불량 등 이상 유무를 점검할 수 있다. 5. 펌프의 서징현상, 캐비테이션 현상 발생 시 원인을 파악하고 점검을 통하여 방지대책을 수립할 수 있다. 6. 펌프 전원을 투입 후 전압계 및 전원표시등을 확인하여 펌프를 가동할 수 있다. 7. 펌프 운전 시 전류를 측정하여 정상여부를 파악하고 이상 시 운전중지할 수 있다. 8. 펌프 정지후 전류계를 확인하고 모터와 조작반의 절연 저항을 측정하여 이상 유무를 파악할 수 있다. 9. 장시간 펌프를 가동하지 않은 경우에는 샤프트 고착, 부식(녹)의 발생 유무를 확인하고, 교번운전을 수행할 수 있다. 10. 펌프 유지관리 기준을 작성하고 절연저항, 전선, 기기 및 단자의 조임 상태를 점검할 수 있다. 11. 전동기 점검을 통해 절연, 축수부 청소상태, 공극의 캡, 온도 상태를 확인할 수 있다. 12. 펌프교체 시 펌프성능곡선을 파악하여 흡입양정, 토출양정, 실양정, 전양정을 계산하고, 유량과 동력 등을 계산을 할 수 있다.
	4. 공조설비점검 관리	1. 방음/방진 점검하기	1. 소음전달 경로를 파악하고 원인에 대하여 확인 및 점검할 수 있다. 2. 공조기 기초에서 전파되는 소음 및 진동을 차단하기 위해 기초가대에 설치된 음향절연저항 재료의 시공 상태를 점검할 수 있다. 3. 공조기실 등에 차음벽을 설치 후 흡음재를 내장하고, 소음이 방사, 투과에 대한 시공상태를 확인 및 점검할 수 있다. 4. 공조기 출구에 급기챔버 설치 시 유리섬유 비산방지를 위해 설치된 동망 등의 시공상태를 확인 및 점검할 수 있다. 5. 덕트가 바닥이나 벽체를 관통하는 경우 소음이 구조체로 전파되지 않게 절연시켰는지 시공상태를 확인 및 점검할 수 있다. 6. 냉각탑의 소음을 검토하여 소음레벨이 허용값 이하인지 확인할 수 있다. 7. 차음벽이 올바르게 설치되어 있는지 확인할 수 있다. 8. 펌프, 송풍기에서 구조체로 전파되는 진동을 방지위한 스프링방진과 방진고무 등이 설비기기에 적용되었는지 확인 및 점검할 수 있다. 9. 장비와 접속되는 배관에 방진이음이 되었는지 확인하고 방진행거, 방진지지를 설치하여 시공 상태를 확인 및 점검할 수 있다.

실기 과목명	주요항목	세부항목	세세항목
		2. 배관 점검하기	1. 공조기 배관장치의 압력, 재질, 성질 등 종류와 용도를 구분하고 관리할 수 있다. 2. 공조기 각 계통이 시공도면 및 장비 제작사의 규격에 나타난 사항과 일치하는지 확인할 수 있다. 3. 냉수, 냉각수, 증기, 공기, 냉매, 전기, 가스 등 공급 및 순환계통, 분배계통의 적정성을 확인하고, 점검 후 보수할 수 있다. 4. 등배관 유지보수 작업시 알맞는 관접합방법(나사접합, 용접접합, 플랜지접합, 동관접합)을 선택하여 활용할 수 있다. 5. 배관 및 부속품의 용도에 맞는 재질, 규격, 압력, 온도 등을 파악하고 각 특성에 따라 분류 및 표시하여 유지보수작업에 활용할 수 있다.
		3. 공조기 점검하기	1. 공조기를 장소특성 및 사용목적에 적합한 상태로 운영기준에 맞게 점검할 수 있다. 2. 각 공조방식의 종류와 특징을 파악하고 점검할 수 있다. 3. 공조기 기초 베이스의 변형, 드레인 팬의 오염, 방청, 부식 등 유무를 점검 및 확인할 수 있다. 4. 공조기의 외관상태 보온, 흡음재 파손 등 노화유무를 점검할 수 있다. 5. 공조실 유지보수 시 팬, 필터 교체, 덕트 스페이스 등을 검토할 수 있다. 6. 공조기 본체의 부식, 변형, 파손 등의 노화 유무를 포함한 연결배관(팬 구동부 등)의 상태를 점검 및 관리할 수 있다. 7. 공조기 내부 열교환기의 냉.온수코일, 증기코일 등의 오손, 부식, 손상 등 노화 유무를 점검할 수 있다. 8. 공조기의 엘리미네이터 막힘이나 부식유무 점검을 확인할 수 있다. 9. 배수계통 드레인의 배수 오염 및 발청, 부식 등 본체 배수에 지장이 없는지 확인하고 공조기 U-트랩 봉수의 파괴 유무, 역할에 대해 점검 및 관리할 수 있다. 10. 공조기 초기 가동 시 점검하고, 가동 중 월 1회 이상 체크리스트에 의거하여 점검할 수 있다. 11. 공조기 내부의 점검램프가 점등하는 것을 확인할 수 있다.
		4. 공조기 필터점검하기	1. 공조기 필터의 종류별 특성을 파악하고, 점검 및 교체할 수 있다. 2. 필터의 용도에 따라 포집효율을 확인하고 공조기 공간에 맞는 사양을 선택할 수 있다. 3. 필터의 막힘여부를 점검하여 세정, 교체할 수 있다. 4. 차압계에 의한 압력손실이 점검 초기압의 2배 이상으로 판단되면 세정, 교체할 수 있다. 5. 차압계에 의한 압력손실을 확인하고 관리할 수 있다. 6. 필터 프레임, 케이싱의 변형, 부식 등 노화유무를 점검하여 수리, 교체할 수 있다.

실기 과목명	주요항목	세부항목	세세항목
			7. 필터 프레임 고정핀 부식 등 재질 및 불량 유무를 확인 점검 관리할 수 있다.
			8. 공기질 측정주기를 파악하고 유지항목과 권고항목의 기준에 따라 관리할 수 있다.
			9. 공조기 필터교체 이력 및 공기질 측정결과는 기록하고 관리할 수 있다.
		5. 덕트 점검하기	1. 덕트의 유속을 점검할 수 있다. 2. 캔버스 이음상태를 점검할 수 있다. 3. 풍량조절 댐퍼를 점검하고 작동상태를 점검할 수 있다. 4. 방화댐퍼의 퓨즈 용융 적정온도를 점검할 수 있다. 5. 가이드 베인의 시공상태를 점검할 수 있다. 6. 벽 등을 관통하는 덕트의 시공 상태와 덕트 접속부의 이완 및 누설여부를 점검할 수 있다. 7. 덕트의 단열시공 상태를 점검할 수 있다.
	5. 냉동설비운영	1. 냉동기 관리하기	1. 왕복동식, 터보식, 스크류식, 흡수식 냉동기의 특징과 구조에 대해 파악할 수 있다. 2. 각 냉동기의 형식에 알맞은 운전일지를 작성하고 냉동기의 적정한 운전성능과 이상유무를 판단할 수 있다. 3. 냉동기 가동 전후 냉동기 및 냉각탑 순환펌프의 작동 유무를 확인할 수 있다. 4. 냉동기 가동시 스케쥴 제어를 확인하고 제어로직에 의해 가동되는 장비가 있을 경우 로직 시퀀스를 확인할 수 있다. 5. 냉동기가 흡수식일 경우 냉수, 냉각수 밸브상태를 확인하며 원격 기동/정지시 현장 MCC판넬의 정상여부를 확인할 수 있다. 6. 냉수헤더 압력, 냉수온도, 냉수순환펌프 가동 상태, 냉각수 온도 및 펌프 가동상태를 감시할 수 있다. 7. 냉동기 가동 중 감시반 모니터링 및 가동상태의 이상 유무를 확인하고 냉동기 운전시간을 기록할 수 있다.
		2. 냉동기·부속장치 점검하기	1. 압축기, 응축기의 종류와 특징을 파악하여 점검 및 관리할 수 있다. 2. 증발기, 팽창밸브의 종류와 특징을 파악하여 점검 및 관리할 수 있다. 3. 부속기기의 종류(수액기, 유분리기, 액분리기, 열교환기, 가스퍼저, 액관 부속품 등)의 역할, 설치위치, 기능을 파악하고 점검 및 관리할 수 있다.

실기 과목명	주요항목	세부항목	세세항목
		3. 냉각탑 점검하기	1. 공기흐름과 송풍방식, 열전달 방법에 따른 냉각기의 구분을 파악하고 각 특성에 따라 관리할 수 있다. 2. 충진재 스케일, 부식에 대하여 점검 및 관리할 수 있다. 3. 산수기(살수기)의 회전 및 물분사 상태를 확인하고 파손 및 분사파이프 막힘 등을 점검하여 관리할 수 있다. 4. 팬의 각도 및 모터 전류를 측정하여 정상여부를 확인하고 축, 전동기, 벨트, 풀리, 윤활유 보급 등에 대하여 점검 및 관리할 수 있다. 5. 냉각수 유속을 확인하고 점검할 수 있다. 6. 냉각탑 수질관리를 위하여 살균제 등의 약품을 투여하여 레지오넬라균 등이 검출되지 않도록 관리할 수 있다. 7. 냉각탑 설치위치의 적합성 등 기초, 방진, 소음, 공기흡입이 원활한지 점검 및 관리할 수 있다. 8. 동절기 동결방지장치를 설치하고 써모스탯 설정치 작동, 보온 등의 대책을 수립할 수 있다.
	6. 보일러설비 운영	1. 보일러 관리하기	1. 보일러의 본체, 연소장치, 부속장치 등에 대하여 파악할 수 있다. 2. 보일러의 종류를 파악하고 특성에 맞게 운영 및 관리할 수 있다. 3. 보일러 관리 내용을 연료관리, 연소관리, 열사용관리, 작업 및 설비관리, 대기오염, 수처리 관리 등으로 분류하여 효율적으로 수행할 수 있다. 4. 에너지합리화법, 시행령, 시행규칙 등 관련법규를 파악할 수 있다. 5. 보일러 구조물과의 거리, 연료 저장 탱크와 거리, 각종 밸브 및 관의 크기, 안전밸브 크기 등 설치기준을 파악하고 관리할 수 있다. 6. 보일러 용량별 열효율표 및 성능 효율에 대해 파악하고 관리할 수 있다.
		2. 급탕탱크 관리하기	1. 급탕탱크의 배관방식에 맞는 관리방법을 파악하여 점검 및 관리할 수 있다. 2. 온수의 오염 및 부식상태를 점검하고 유량조정변의 조정 및 신축계수의 기능을 확인하여 보존 및 관리할 수 있다. 3. 급탕탱크의 고장상태에 따라 원인을 파악하고 대책을 강구할 수 있다. 4. 배관과 구배관의 신축, 관의 지지철물, 관의 부식에 대한 고려, 관의 마찰손실, 보온, 수압시험, 팽창관과 팽창수조, 저탕조에 급수관 등에 대하여 전체적인 관리할 수 있다. 5. 저탕조 배관 부속품 감압밸브, 증기트랩, 스트레이너, 온도조절밸브, 벨로우즈 등 기능을 확인하여 보수 및 교체할 수 있다.

실기 과목명	주요항목	세부항목	세세항목
		3. 증기설비 관리하기	1. 증기의 특성을 파악하여 증기량과 압력에 따라 배관구경을 결정할 수 있다. 2. 응축수량을 산출하여 배관구경을 결정할 수 있다. 3. 증기배관 구경에 따라 선도를 보고 증기통과량을 구할 수 있다. 4. 배관에서 증기의 장애 워터 해머링에 대해 파악하고 방지할 수 있다. 5. 증기배관의 감압밸브, 증기트랩, 스트레이너 등의 작동상태를 점검할 수 있다. 6. 증기배관 신축장치 볼트 너트를 견고하게 설치하고, 정상 작동 여부를 확인할 수 있다. 7. 증기배관 및 밸브의 손상, 부식, 자동밸브,계기류작동상태를 점검 및 확인할 수 있다. 8. 증기배관의 보온상태 점검 및 확인할 수 있다. 9. 증기배관의 적산 및 수선비를 산출할 수 있다
		4. 부속장치 점검하기	1. 보일러 부속장치의 종류와 기능 및 역할에 대하여 구분하고 파악할 수 있다. 2. 송기장치, 급수장치, 폐열회수장치 등의 특성을 파악하여 기능을 점검할 수 있다. 3. 분출장치의 필요성, 분출시기, 분출할 때 주의사항, 분출방법 등 파악하여 필요시 분출밸브와 분출 콕을 신속히 열어줄 수 있다. 4. 수면계 부착위치, 수면계 점검시기, 점검순서, 수면계 파손원인, 수주관 역할 등을 확인하고 점검할 수 있다. 5. 급수펌프의 구비조건에 대해서 파악하고 펌프 공동현상과 영향을 확인하여 공동현상 방지법을 이행할 수 있다. 6. 보일러 프라이밍, 포밍, 기수공발의 장애에 대해 파악 조치사항을 수행할 수 있다.
		5. 보일러 가동전 점검하기	1. 난방설비운영 및 관리기준, 보일러 가동전 점검사항에 대하여 확인할 수 있다. 2. 가동전 스팀배관의 밸브 개폐상태를 점검할 수 있다. 3. 스팀헷더를 점검하여 응축수가 있을 경우 배출하여 워터해머를 방지할 수 있다. 4. 가스누설여부 점검하고 배관 개폐상태를 점검할 수 있다. 5. 주증기밸브의 개폐상태를 확인하고 자체압력의 이상유무를 확인할 수 있다. 6. 수면계의 정상유무를 확인하고 급수측 밸브 개폐상태, 수량계 이상유무를 확인할 수 있다. 7. 보일러 컨트롤 판넬의 각종 스위치 상태 확인 MCC 판넬의 ON확인, 기동상태를 점검할 수 있다.

실기 과목명	주요항목	세부항목	세세항목
		6. 보일러 가동중 점검하기	1. 보일러 운전 순서를 파악하고 수행할 수 있다. 2. 보일러 점화가 불시착(소화) 시 원인 파악 후 충분히 프리퍼지하여 다시 가동할 수 있다. 3. 수면계, 압력계 등의 정상 여부를 확인 및 점검할 수 있다. 4. 급수펌프의 정상 작동 여부, 수위 불안정이 있는지 확인하고 점검할 수 있다. 5. 송풍기 가동상태, 화염상태의 색상(오렌지색)을 확인할 수 있다. 6. 헤더 및 배관 수격작용은 없는지 점검 및 확인할 수 있다. 7. 응축수탱크의 상태를 확인하고 경수연화장치의 정상 작동 여부에 대하여 점검 및 확인할 수 있다 8. 급수펌프 가동시 소음, 누수여부와 각종 제어판넬 상태를 점검, 확인할 수 있다. 9. 보일러 정지순서를 파악하여 컨트롤 판넬 스위치를 Off, 소화 후 일정시간 송풍기를 프리퍼지하고 연소실, 연도에 있는 잔류가스를 배출하여 폭발위험이 없도록 관리할 수 있다.
		7. 보일러 가동후 점검하기	1. 보일러 콘트롤 판넬은 OFF 상태로 되어 있는지 점검 및 확인할 수 있다. 2. 수면계수위상태를 파악하여 압력이 남아있는 경우 계속 급수 여부를 확인할 수 있다. 3. 가스공급계통 연료밸브의 개폐여부를 확인할 수 있다. 4. 보일러실의 각종 밸브류를 확인할 수 있다. 5. 보일러 운전일지를 기록하고 특이사항을 인수인계할 수 있다.
		8. 보일러 고장시 조치하기	1. 수면계의 수위 부족에도 불구하고 버너가 정지하지 않을 경우 즉시 정지하고 스위치 불량 원인을 제거할 수 있다. 2. 수위 부족에도 버너가 정지하지 않고 계속 운전되어 히터 본체가 과열로 판단될 경우 버너를 정지, 본체를 냉각시킬 수 있다. 3. 정상운전 중 정전 발생 시 버너 순환펌프 스위치를 정지시키고, 복전되면 수위확인 후 운전을 개시할 수 있다. 4. 연료가 불착화 정지시 불시착 원인을 제거 후 내부 판넬 프로텍트 릴레이 리셋을 눌러 재가동 시킬 수 있다. 5. 모터 과부하에 의한 정지될 경우 과대한 전류가 흐르게 되면 서모릴레이가 작동되어 버너가 정지됨을 확인할 수 있다. 6. 히터온도 과열정지 될 경우 온수온도 조절 스위치가 불량임을 확인할 수 있다. 7. 저수위차단 팽창탱크에 부착된 수위조절기, 보급수 전자변이 이상이 생기면 연료공급차단 전자변이 닫히고 버너가 정지되는 것을 확인할 수 있다.

실기 과목명	주요항목	세부항목	세세항목
	7. 냉난방 부하계산	1. 냉방부하 계산하기	1. 실내냉방부하에 영향을 주는 인자들을 파악하고 계산할 수 있다. 2. 외기부하에 영향을 주는 인자들을 파악하고 계산할 수 있다. 3. 장치부하, 재열부하에 영향을 주는 인자들을 파악하고 계산할 수 있다.
		2. 난방부하 계산하기	1. 실내난방부하에 영향을 주는 인자들을 파악하고 계산할 수 있다. 2. 외기부하에 영향을 주는 인자들을 파악하고 계산할 수 있다. 3. 가습부하에 영향을 주는 인자들을 파악하고 계산할 수 있다.
	8. 냉동사이클 분석	1. 기본냉동사이클 분석하기	1. 표준 냉동사이클을 해석하여 냉동능력을 계산할 수 있다. 2. 냉매 종류에 따른 냉동사이클을 분석하여 설계에 반영할 수 있다.
		2. 흡수식 등 특수냉동사이클 분석하기	1. 다단냉동사이클, 다원냉동사이클을 해석하여 냉동능력을 계산할 수 있다. 2. 흡수식 냉동 사이클을 해석하여 냉동능력을 계산할 수 있다.

강쌤의
당신만을 위한
합격 가이드!

강쌤의 노하우가 가득한 책과 무료 동영상으로 합격하자!

강쌤과 네이버 카페 [에듀강닷컴]에서 만나세요!

에듀강닷컴 http://edukang.com

강쌤이 직접 운영하는 네이버 카페로 이론 동영상 자료 및 실습 동영상 그리고 질문게시판까지 각종
자료들을 만나보실 수 있습니다.

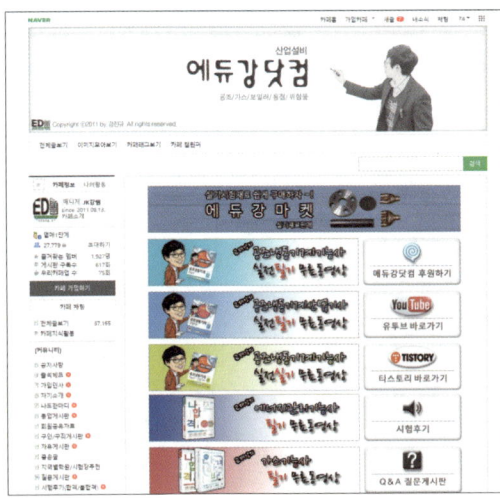

☙ 강쌤의 노하우가 가득한 책을 꼼꼼히 보세요!

에듀강닷컴 http://edukang.com

본 교재는 공조냉동기계기능사 · 산업기사 실기 자격시험을 대비하여, 수험자가 본 교재를 통해 배운 기술을 실전(시험)에서 바로 접목할 수 있도록 하는 것을 목표로 하였습니다.
따라서! 저자의 노하우가 가득한 교재의 내용을 놓치지 마세요!

1️⃣ 작업형의 시간과 합격기준을 확인!(준비기간별 동향분석은 덤!)

공조냉동기계기능사(Craftsman Air-Conditioning and Refrigerating Machinery)

① 실기 검정방법 : 작업형 [동관작업 (1시간55분, 50점), 동영상 (1시간, 50점)]
② 실기 합격기준 : 100점을 만점으로 하여 60점 이상

| 시험준비기간별 동향분석 |

종목명	연도	실기		
		응시	합격	합격률(%)
공조냉동기계 기능사	2021	5,749	3,320	57.7%
	2020	5,563	2,978	53.5%
	2019	6,019	3,086	51.3%
	2018	6,218	2,989	48.10%
	2017	5,688	2,867	50.40%
	2016	5,587	2,826	50.60%
	2015	5,026	2,792	55.60%
	2014	4,886	2,368	48.50%

※ 수험자동향 데이터는 큐넷사이트에서 원서접수 시 수집된 데이터로, 종목별 검정현황 데이터와 오차가 있을 수 있습니다.

2. 새롭게 발표된 출제기준과 책의 도면을 확인하세요!

이 책은 새롭게 바뀐 출제 동향에 따른 도면, 주의사항과 요구사항, 작업 시 가장 빠른 조립 순서와 연습 방법을 수록하였습니다. 이 교재가 실전에 최적화된 교재임을 확인하시고! 강쌤의 자부심도 함께 느껴보세요.

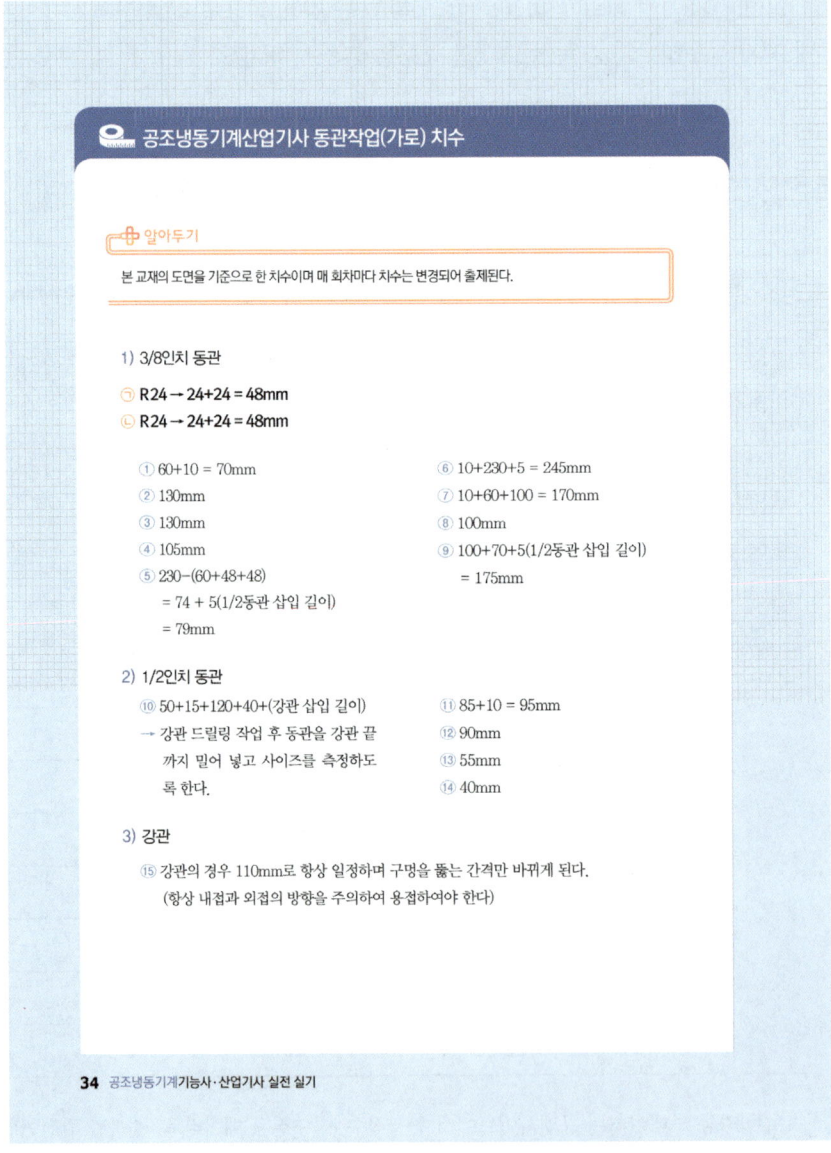

공조냉동기계산업기사 동관작업(가로) 치수

알아두기

본 교재의 도면을 기준으로 한 치수이며 매 회차마다 치수는 변경되어 출제된다.

1) 3/8인치 동관

ⓐ R24 → 24+24 = 48mm
ⓑ R24 → 24+24 = 48mm

① 60+10 = 70mm
② 130mm
③ 130mm
④ 105mm
⑤ 230−(60+48+48)
　　= 74 + 5(1/2동관 삽입 길이)
　　= 79mm

⑥ 10+230+5 = 245mm
⑦ 10+60+100 = 170mm
⑧ 100mm
⑨ 100+70+5(1/2동관 삽입 길이)
　　= 175mm

2) 1/2인치 동관

⑩ 50+15+120+40+(강관 삽입 길이)
→ 강관 드릴링 작업 후 동관을 강관 끝까지 밀어 넣고 사이즈를 측정하도록 한다.

⑪ 85+10 = 95mm
⑫ 90mm
⑬ 55mm
⑭ 40mm

3) 강관

⑮ 강관의 경우 110mm로 항상 일정하며 구멍을 뚫는 간격만 바뀌게 된다.
(항상 내접과 외접의 방향을 주의하여 용접하여야 한다)

친절한 책의 구성을 놓치지 마세요.

① 실질적인 작업 방법 및 모습을 사진으로 담았습니다.

---

① **플레어링툴셋**

플레어링이란 동관이음법중 압축 또는 나팔관 이음이라고도 한다.

| 플레어링툴셋 외부 모습 |

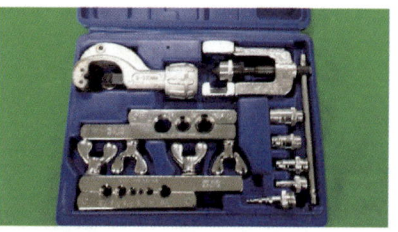

| 플레어링툴셋 내부 모습 |

---

② 저자의 노하우가 고스란히 녹아있는 참고사항과 알아두기를 수록!

수험자가 시험 전 꼭 알아야 할 중요 항목과 실기 작업 시 보다 빠르고 정확하게 작업할 수 있 도록 알아두기와 참고사항을 구성하였습니다.

✚ 알아두기

위 사진을 보면 3/8˝ 벤딩기 상부 0부터 L까지 거리가 24mm 임을 알 수 있다. 그렇기 때문에 원하는 치수를 마킹하고 L에서 벤딩을 하더라도 치수는 같을 수 밖에 없다.

❀ 참고하기

저자의 경우 두 번째 방법을 추천한다. 두 번째 방법으로 원하는 치수대로 마킹 하고 L을 기준으로 벤딩 을 해주면 작업소요 시간단축 및 벤딩기 치수 변동에 따른 실수를 줄일 수 있기 때문이다.

✿ 무료 동영상으로 실력을 다지세요!!

- **네이버카페** http://edukang.com
- **유튜브** https://www.youtube.com/user/win1008kr
- **티스토리** http://edukang.tistory.com/

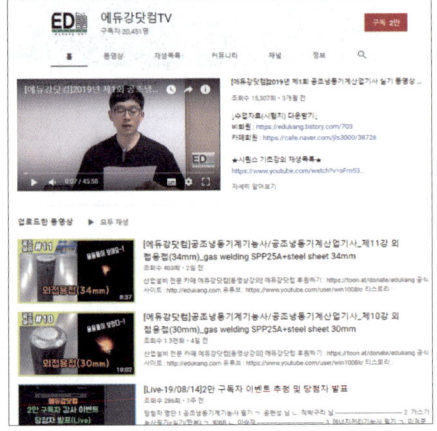

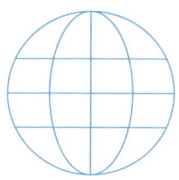

강쌤의

생생한 직강!

지금 바로 확인하세요.

You Tube TISTORY

NAVER 카페

무료 동영상으로 실력 JP

- 네이버카페 http://edukang.com
- 유튜브 https://www.youtube.com/user/win1008kr
- 티스토리 http://edukang.tistory.com/

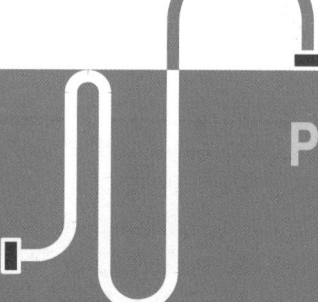

PART 01 동관작업

CHAPTER 01 공조냉동기계기능사 · 산업기사 동관작업

01 동관작업에 사용되는 공구
02 동관작업에 사용되는 재료
03 동관작업 완성작품 및 도면(기능사 · 산업기사)
04 공조냉동기계기능사 · 산업기사 동관작업 비교

CHAPTER 02 원포인트 레슨

01 동관용접
02 강관용접 외접
03 강관용접 내접
04 황동용접 강관+동관
05 동관작업 시 유의사항

PART 01

공조냉동기계기능사·산업기사 동관작업

01 동관작업에 사용되는 공구

동관작업 시 공구는 크게 플레어링툴셋, 동관커터, 리머, 동관벤딩기, 가스토치 이렇게 5가지로 나뉘게 된다.

이 외 보조 공구로는 몽키스패너(플레어볼트너트 조일 때 사용), 플라이어(용접 시 뜨거운 모재를 집을 때 사용), 줄(동관에 구멍을 뚫을 때 사용)도 사용된다.

❶ 플레어링툴셋

플레어링이란 동관이음법 중 압축 또는 나팔관 이음이라고도 한다.

| 플레어링툴셋 외부 모습 |

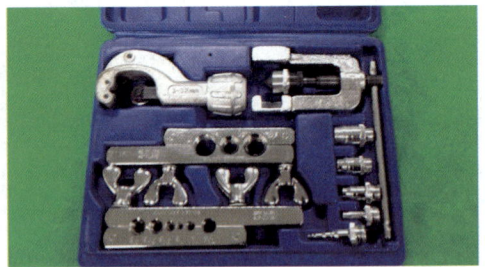

| 플레어링툴셋 내부 모습 |

위 사진 중 우측사진을 보면 플레어링툴셋 공구 박스 안에는 동관커터와 확관 및 플레어를 만들 수 있는 공구가 들어있는 것이 보인다. 그리고 흔히 동관커터 뒤편에는 리머가 붙어 있기 때문에 플레어링툴셋 하나만으로 플레어링/확관기, 동관커터, 리머 이 세 가지 공구가 모두 들어 있음을 알 수 있다.

(1) 플레어링 및 확관을 하기 위한 기본 공구

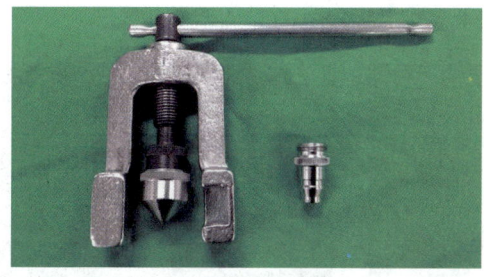

| 플레어링 및 확관기 |

| 플레어링용 팁 / 1/2˝ 확관용 팁 |

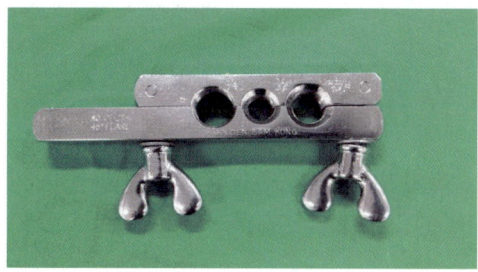

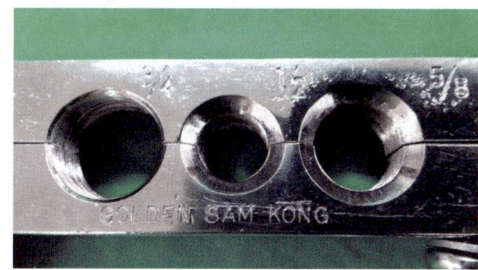

| 동관용 바이스 |

(2) 플레어링 및 확관 방법

나팔관(플레어링)을 내서 압축이음을 하거나 관을 넓혀(확관/익스팬더)용접이음을 할 수 있도록 하는 공구

1) 플레어링(나팔관) 방법

① 우선 동관용 바이스에 1/2˝ 관을 고정시킨다. 이때 주의할 점은 동관바이스 표면에서 관이 2mm 정도만 돌출될 수 있도록 고정시켜준다.

| 동관바이스에 고정된 동관(2mm 돌출) |

| 1/2˝ 동관을 고정시켜둔 바이스 |

② 동관바이스 고정 후 플레어링기를 이용해 동관바이스 표면 끝까지 돌려 넣어주면 나팔관 형태로 성형된다(이때 주의할 점은 중심점이 제대로 맞지 않거나 힘을 주어 빠르게 돌릴 경우 동관이 찢어질 우려가 있으니 중심점을 잘 맞추어 서서히 돌려주는 것이 좋다).

| 플레어링 작업 |

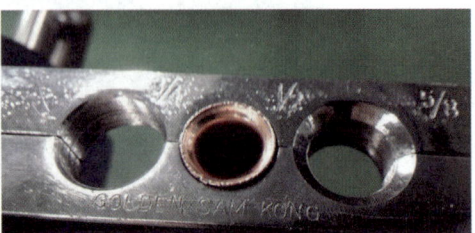
| 플레어링 완성 |

2) 확관(익스팬더) 방법

① 우선 동관용 바이스에 1/2″ 관을 고정시킨다. 이때 주의할 점은 동관바이스 표면에서 관이 10~12mm 정도 돌출될 수 있도록 고정시켜 준다(플레어링은 2mm이지만 확관의 경우 10mm 돌출시켜 주어야 한다).

| 동관바이스에 고정된 동관(10mm 돌출) |

| 1/2″ 동관을 고정시켜둔 바이스 |

② 동관바이스 고정 후 플레어링기를 이용해 동관바이스 표면 끝까지 돌려 넣어주면 확관(익스팬더) 형태로 성형된다(이때 주의할 점은 중심점이 제대로 맞지 않거나 힘을 주어 빠르게 돌릴 경우 동관이 찢어질 우려가 있으니 중심점을 잘 맞추어 서서히 돌려주는 것이 좋다).

| 확관 작업 |

| 확관(익스팬더) 완성 |

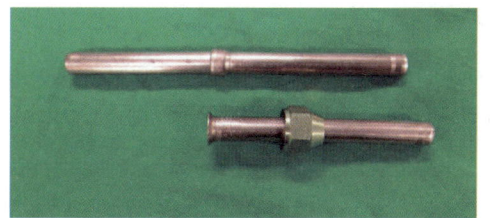

| 플레어링 및 확관된 동관 |

 참고하기

공조냉동기계기능사·산업기사의 경우 확관 및 플레어링은 1/2 ″ 동관에만 적용된다.

② 동관커터

동파이프를 커팅(절단)하는 공구이다.

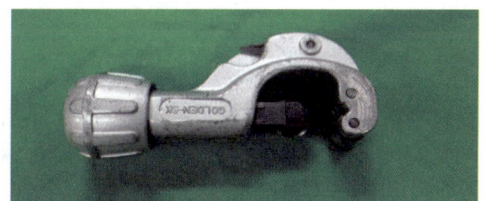

| 동관커터 |

1) 사용방법

동관커터의 경우 커터손잡이를 좌측으로 돌리면 열리고 우측으로 돌리면 닫히게 되는데 이를 이용해 커팅을 하는 공구이다.

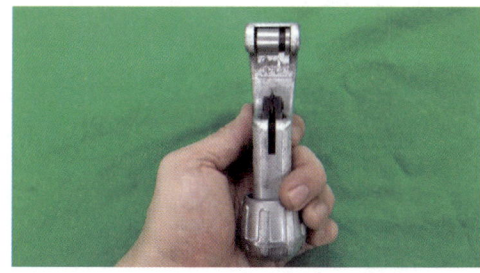

| 손잡이를 좌측으로 돌린 모습 |

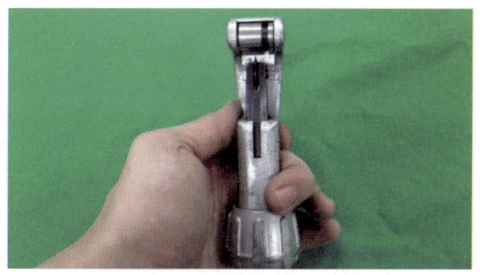

| 손잡이를 우측으로 돌린 모습 |

2) 커팅 시 주의할 점

처음 동관에 커터를 고정시킬 때 한번에 너무 많이 조여버리면 동관이 찌그러져 커팅이 안될 수 있다. 그렇기 때문에 손잡이는 항상 조금씩 돌리면서 서서히 커팅하도록 한다.

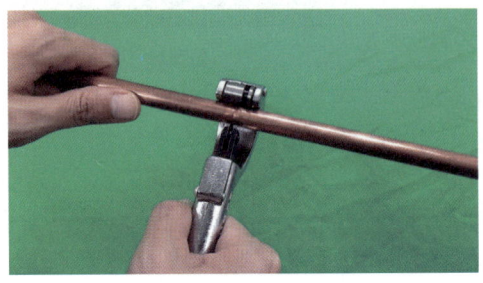

| 1/2 ″ 동관 커팅 모습 |

③ 리머

리머는 동관을 커팅할 경우 동관 내에 거스러미(찌꺼기) 등을 제거하기 위한 공구이다. 보편적으로 커터 뒤편에 달려있지만 리머가 없는 커터도 있으므로 만약 없을 경우 별도로 사용할 수 있는 리머도 있다.

| 별도로 준비된 리머 | | 커터에 달린 리머 |

1) 사용방법

동관커팅 후 아래와 같이 한손에 리머를 들고 한손에는 동관을 들어 내부의 거스러미를 제거해주면 된다.

 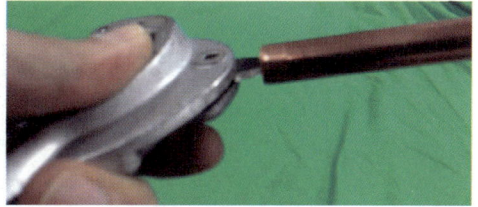

| 리머 사용 모습 |

2) 주의할 점

동관과 리머가 맞닿는 부분에서 리머날이 아래쪽에 위치하도록 하고 동관입구가 아래를 향하게 해야 한다. 만약 리머날이 위쪽에 있거나 동관입구가 아래로 오게 되면 동관의 거스러미가 동관 내부로 들어갈 우려가 있기 때문이다.

④ 동관벤딩기

동관을 벤딩하여 원하는 방향 또는 원하는 모양으로 제관하는 공구이다. 동관벤딩기는 3/8″동관과 1/2″동관 사이즈에 맞는 벤딩기를 사용해야 된다.

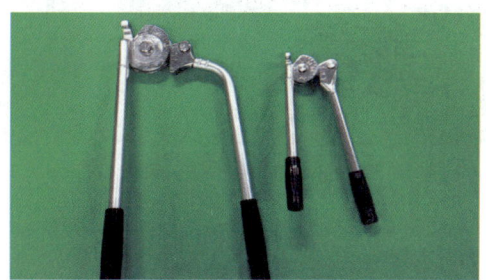

| 1/2″벤딩기 | | 3/8″벤딩기 |

1) 벤딩기 모습

벤딩기 전면에는 원하는 만큼 벤딩할 수 있도록 각도가 표시되어 있다.

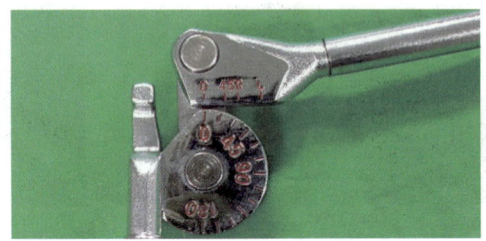

| 벤딩기전면 모습 |

2) 벤딩 방법

첫 번째 벤딩방법

① 우선 첫 번째 방법으로 200mm를 벤딩하고 싶다면 200mm에서 24mm를(3/8 ″ 벤딩기 기준)빼주어 동관에 마킹한다. 200 − 24 = 176 이므로 아래사진과 같이 176mm에 마킹을 해준다.

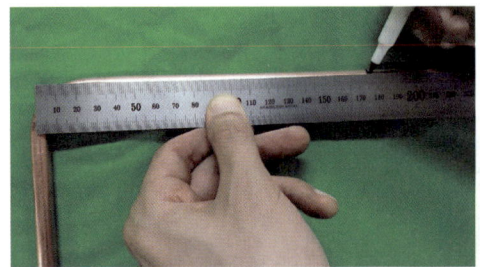 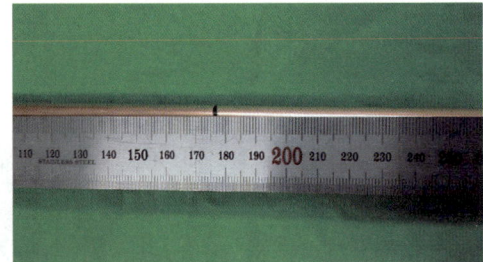

| 200mm 벤딩을 위해 176mm에 마킹하는 모습 |

참고하기

배관에 치수를 표시할 때 기준선은 항상 배관 끝이 아닌 가운데(센터)를 기준으로 하여야 한다.

② 마킹 후 그 마킹부분을 벤딩기 상부 0과 하부 0이 맞닿는 부분에 위치시킨 후 벤딩을 해준다.

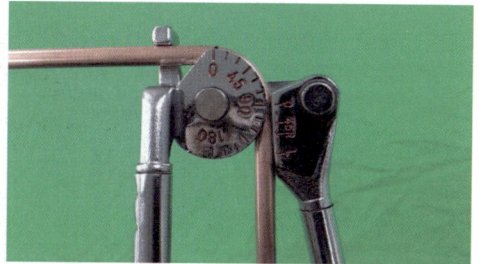

| 실제 벤딩모습 |

③ 176mm에 마킹하고 벤딩을 하여 최종 치수를 측정해보니 동관 좌측 센터부터 동관 우측 센터까지가 200mm가 됨을 알 수 있다.

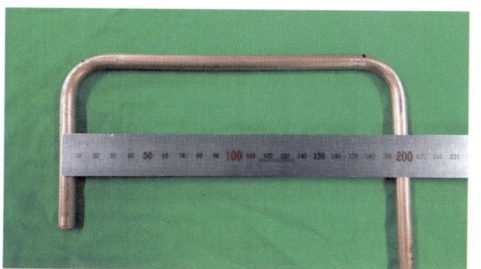

| 동관 좌측 센터부터 동관 우측 센터까지 치수가 200mm |

두 번째 벤딩방법

① 두 번째 벤딩 방법은 위 첫 번째 방법의 경우 200mm로 벤딩을 하고 싶으면 24mm를 빼고 176mm를 마킹해주었지만 이번에는 200mm를 벤딩하고 싶다면 그대로 200mm에 마킹을 해주면 된다.

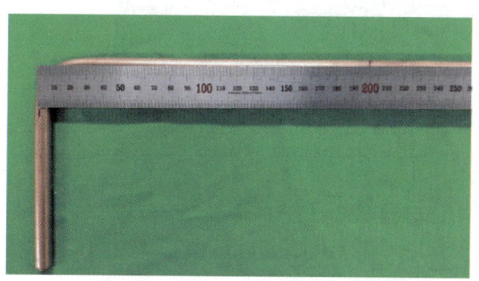

| 200mm 벤딩을 위해 200mm에 마킹하는 모습 |

② 마킹 후 그 마킹부분을 벤딩기 상부 L과 하부 0이 맞닿는 부분에 위치시킨 후 벤딩을 해준다.

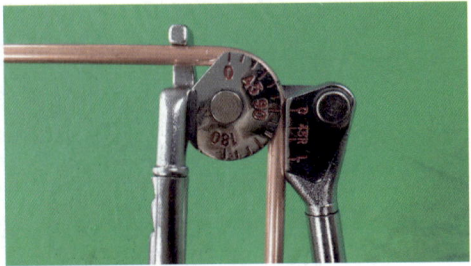

| 실제 벤딩모습 |

③ 200mm에 마킹하고 밴딩을 하여 최종 치수를 측정해보니 동관 좌측 센터부터 동관 우측 센터까지가 200mm가 됨을 알 수 있다.

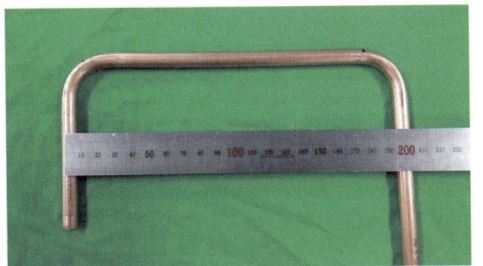

| 동관 좌측 센터부터 동관 우측 센터까지 치수가 200mm |

3) 정리를 해보면 원하는 치수에서 24mm를 빼고 0과 0을 마주해 벤딩을 하는 경우와 원하는 치수에 마킹을 하여 상부 L과 하부 0을 마주하여 벤딩할 경우 두가지 방법 모두 원하는 치수대로 벤딩이 됨을 알 수 있다.

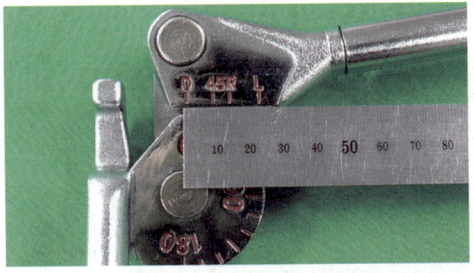

| 3/8″ 벤딩기 전면 모습 |

3) 사진을 보면 3/8˝ 벤딩기 상부 0부터 L까지 거리가 24mm임을 알 수 있다. 그렇기 때문에 원하는 치수를 마킹하고 L에서 벤딩을 하더라도 치수는 같을 수 밖에 없다.

4) 그렇다면 모든 벤딩기는 0부터 L까지 거리가 24mm인가란 질문을 할 수 있을 것이다. 답은 '아니다'이다. 아래 사진을 보면 1/2˝ 벤딩기의 경우 0과 L까지의 거리가 38mm임을 알 수 있다. 그러니 0과 0을 기준으로 벤딩할 경우에는 벤딩기 치수에 따라 원하는 치수에서 빼주는 값이 다를 수 있음을 주의해야 한다.

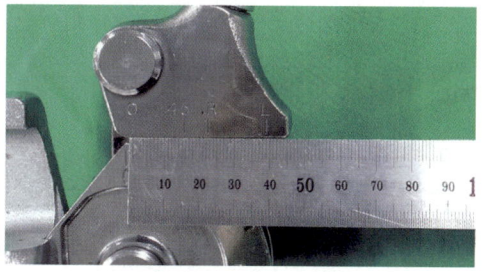

| 1/2˝ 벤딩기 전면 모습 |

🔅 참고하기

저자의 경우 두 번째 방법을 추천한다. 두 번째 방법으로 원하는 치수대로 마킹을 하고 L을 기준으로 벤딩을 해주면 작업소요 시간단축 및 벤딩기 치수 변동에 따른 실수를 줄일 수 있기 때문이다.

⑤ 가스토치

동관 또는 강관을 용접하기 위한 용접기이다. 한쪽 노즐에서 가스(아세틸렌, LPG)를 공급하고 다른 한쪽 노즐에서는 산소를 공급한다. 이때 산소밸브 및 가스밸브를 조절해 용접개소에 알맞게 산소 및 가스 농도를 조정하고 불꽃의 조성을 맞추어 용접을 할 수 있게 하는 공구이다.

1) 스파크라이터

가스토치에 불꽃을 발생시켜 주는 공구이다.

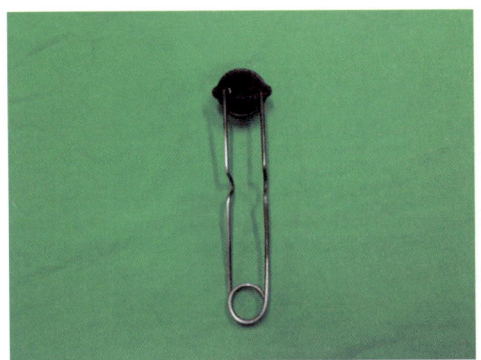 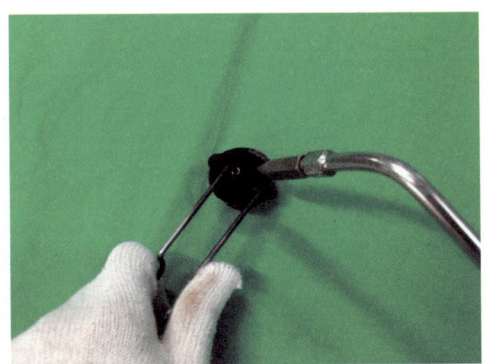

| 가스토치 앞에 불꽃을 발생시켜 화염을 형성시켜주는 공구 |

2) 가스토치(가스용접기) 사용방법

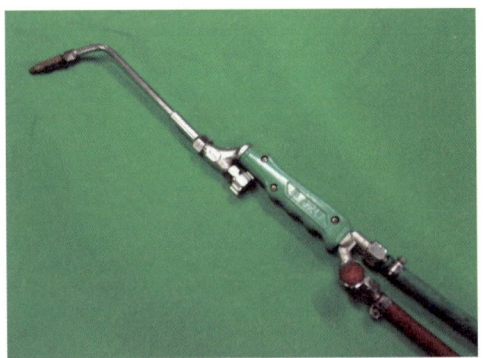

| 가스토치 전면 모습 |

① 가스토치(가스용접기)의 노즐은 아래와 같이 두 가지로 구분된다. 이때 녹색호스는 산소이고 적색호스는 아세틸렌(C_2H_2) 또는 LPG가 공급된다. 시험장에는 아세틸렌을 주로 사용하게 된다.

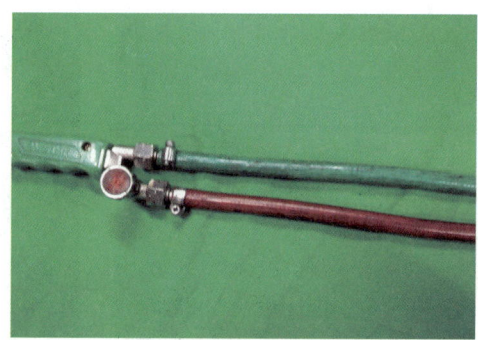

| 녹색호스 : 산소 |　　| 적색호스 : 가스(C_2H_2, LPG) |

② 녹색호스는 상부밸브와 연결되어 있고 적색호스는 하부밸브와 연결되어 있어 상부밸브를 산소조정밸브라 부르고 하부밸브를 가스조정밸브라 부른다.

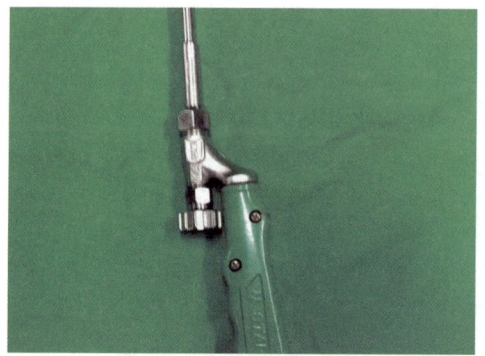

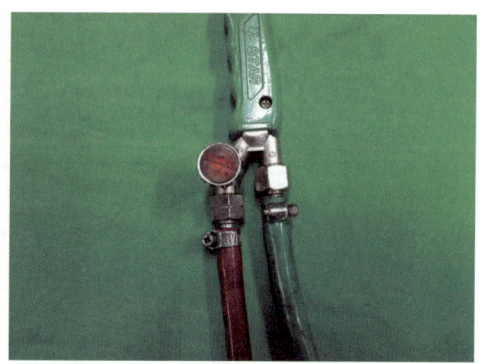

| 산소조정밸브 |　　| 가스조정밸브 |

③ 가스토치를 잡을 때는 상대방과 악수하듯이 움켜쥔다.

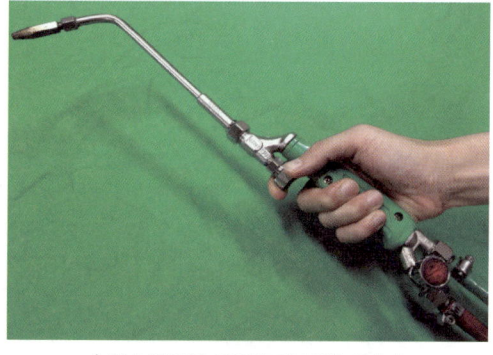

| 가스토치를 올바르게 잡은 모습 |

④ ③의 방법대로 가스토치를 잡고 오른손 엄지와 검지로 산소조정밸브를 조정하고 왼손으로 가스조정밸브를 조정하도록 한다.

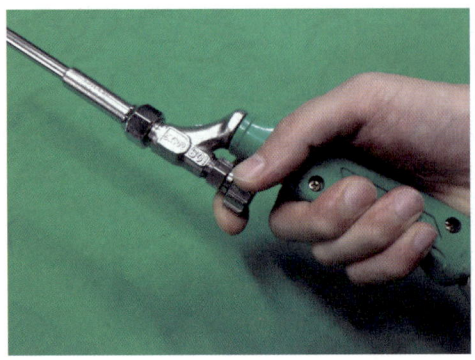

| 산소조정밸브 |

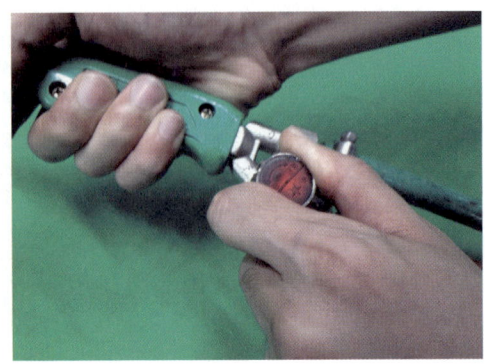

| 가스조정밸브 |

⑤ 항상 양손을 모두 사용하여 불꽃을 조정하는 습관을 들이게 되면 용접작업 시 각 용접부(강관, 동관 등)에 알맞게 불꽃을 조정하기가 쉬워진다.

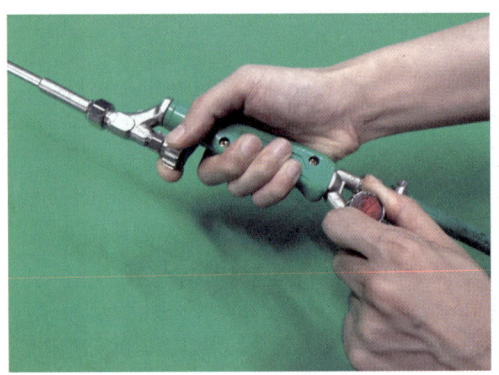

| 양손을 모두 사용하여 불꽃을 조정해준다 |

3) 가스토치(가스용접기) 용접봉의 종류 및 불꽃조정하기

① 다음 사진과 같이 공조냉동기계기능사·산업기사 동관작업에서 사용되는 용접봉은 세 가지로 구분할 수 있다. 동관용접에 사용되는 은납봉과 강관용접에 사용되는 철봉, 그리고 동관과 강관을 같이 용접(이종용접)할 때 사용하는 황동봉이 있다.

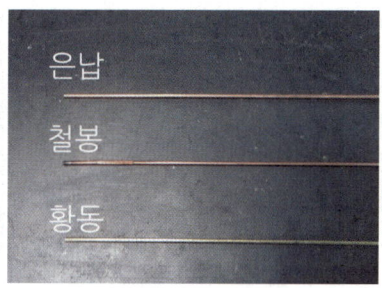

| 공조냉동기계기능사·산업기사에서 사용되는 용접봉 |

② 황동봉의 경우 육안으로도 확인할 수 있을 정도로 색깔의 차이를 보이지만 은납봉과 철봉의 경우 육안으로는 구분하기가 생각보다 쉽지가 않다. 그래서 다음과 같은 방법으로 구분을 해야 한다.

③ 은납봉과 철봉(가스용접봉) 구별하는 방법

가장 좋은 방법은 가스토치로 용접봉을 녹여 보는 것이다.

| 은납봉 : 녹색불꽃 |

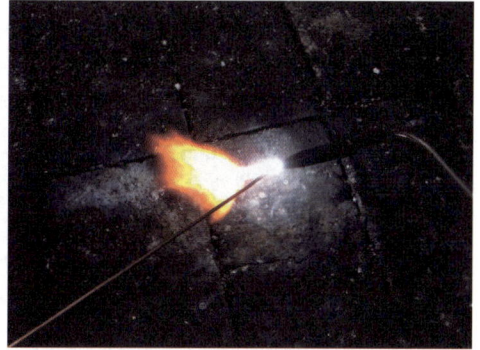

| 철봉(가스용접봉) : 적색불꽃 |

위와 같이 가스토치로 용접봉을 녹여보면 은납봉의 경우 녹색불꽃이 발생하고 철봉의 경우 적색불꽃이 발생하는 것을 알 수 있다. 시험장에서 용접봉의 색깔만으로 구분이 힘들 때는 위와 같은 방법으로 확인하면 보다 쉽고 정확하게 확인할 수 있다.

④ 가스토치 용접작업 시 불꽃의 세기는 철봉이 가장 강해야 한다. 그렇기 때문에 화염이 짧아지고 백심 역시 가장 짧아지게 된다. 그 다음으로 강해야 하는 불꽃이 황동용접이다. 화염의 길이가 철봉보다는 길지만 은납보다는 짧은 모습을 보인다. 그리고 불꽃의 세기가 가장 약해야 하는 불꽃이 은납용접인데 이때 화염의 길이와 백심의 길이는 가장 길어지고 불꽃의 세기와 온도는 가장 낮아진다.

| 철봉(가스용접봉): 강관 | | 황동: 동관 + 강관 | | 은납: 동관용접 |

 알아두기

화염의 온도와 세기 : 철봉 〉황동 〉은납

참고하기

불꽃의 온도가 높을수록 불꽃의 길이는 짧아진다.

02 동관작업에 사용되는 재료

동관작업 시 지급재료는 다음과 같다.

일련번호	재료명	규 격	단 위	수 량
1	일반배관용 탄소강관(흑파이프)	25A x 110	개	1
2	일반구조용 압연강판	Ø26 x t2.0	장	1
3	일반구조용 압연강판	Ø30 x t2.0(공조냉동기계기능사)	장	1
4	일반구조용 압연강판	Ø34 x t2.0(공조냉동기계산업기사)	장	1
5	동관(연질)	3/8˝ x 1300	개	1
6	동관(연질)	1/2˝ x 410	개	1
7	플레어너트	1/2˝ 동관용	개	2
8	니플(플레어볼트)	1/2˝ 동관용	개	1
9	모세관	Ø2.0 x 60	개	1
10	가스 용접봉(철봉)	Ø2.6 x 500	개	1
11	은납 용접봉	Ø2.4 x 500	개	1
12	2구멍 분배관	공조냉동기계기능사	개	1
13	3구멍 분배관	공조냉동기계산업기사	개	1
14	붕 사	가스용접봉용	g	15
15	황동 용접봉	Ø2.4 x 450	개	1

🔷 알아두기

위 표는 공조냉동기계기능사를 참고한 표이다. 기능사와 산업기사 재료목록은 거의 비슷하며 단지 기능사의 경우 2구 분배관을 사용하고 산업기사의 경우 3구 분배관을 사용한다.(표 12번, 13번 문항 참고) 그리고 3/8˝동관의 길이가 산업기사에서는 조금 더 길어지게 된다.

1) 일반배관용 탄소강관(흑파이프) : 공조냉동기계기능사 · 산업기사 공통

압연강판을 이용한 내접 · 외접 작업과 드릴로 구멍을 뚫은 후 동관을 삽입하여 황동용접 작업까지 하게 된다.

| 탄소강관 25A x 110mm |

2) 일반구조용 압연강판 : 공조냉동기계기능사 · 산업기사 공통

흔히 내외접 강판이라고도 하며 Ø26×t2.0강판은 25A강관 내부에 들어가 용접 되어 내접강판이라 하고 Ø29×t2.0강판은 25A강관 외부에 얹어져 용접하기 때문에 외접강판이라 한다.

| 압연강판 : Ø26 x t2.0 | | 압연강판 : Ø30 x t2.0 | | 압연강판 : Ø34 x t2.0 |

3) 동관(연질) : 공조냉동기계기능사 · 산업기사 공통

공조냉동기계 실기작업에서 가장 많은 비중을 차지하는 재료이며 종류는 3/8 ″(9.5mm)동관과 1/2 ″(12.7mm)동관 두 종류로 작업을 하게 된다.

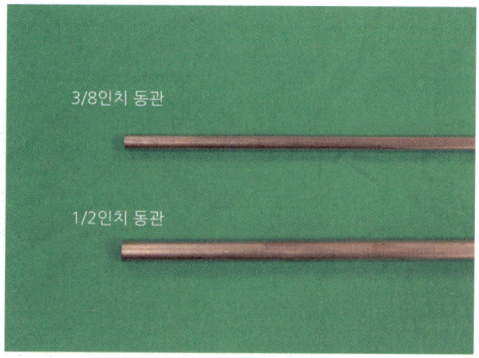

| 3/8 ″ 동관과 1/2 ″ 동관 |

4) 플레어볼트, 플레어너트 : 공조냉동기계기능사 · 산업기사 공통

플레어링 작업 시 사용되는 볼트와 너트이다. 압축이음 또는 나팔관이음이라고도 하며 동관을 나팔관모양으로 성형 후 볼트와 너트를 체결하는 방법이다. 이 이음방법은 고장수리, 점검, 보수 등에 용이한 장점이 있다.

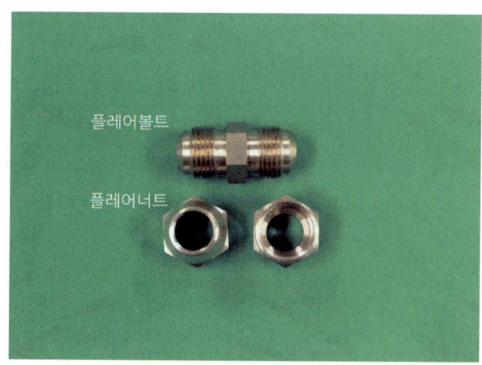

| 플레어볼트와 너트 |

| 플레어볼트와 너트가 체결된 모습 |

5) 모세관 : 공조냉동기계기능사 · 산업기사 공통

플레어작업이 끝나면 마지막에 동관을 찌그러트려 모세관을 삽입한 후 용접하게 되는데 용접 후 동관에 공기압을 가하였을 때 공기가 모세관을 통해서 나오는지 확인하게 된다. 이때 모세관이 막혀있으면 감점 요인이 된다. 그러므로 용접작업 시 주의하도록 하고 재료를 지급 받은 직후 모세관을 입으로 불어 확인해보는 것이 좋다.

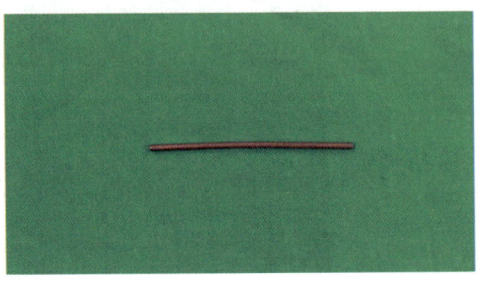

| 모세관 |

6) 용접봉(철봉/가스용접봉, 황동, 은납) : 공조냉동기계기능사 · 산업기사 공통

용접봉의 종류는 아래와 같이 철봉(가스용접봉), 황동, 은납 이렇게 세 가지가 있으며 불 세기는 철봉 〉 황동 〉 은납 순이 된다.
용접봉 상세설명은 17~18p를 참고하도록 하자.

| 가스용접봉/철봉 |

검은색 또는 은납과 같이
짙은 갈색을 띄기도 한다.

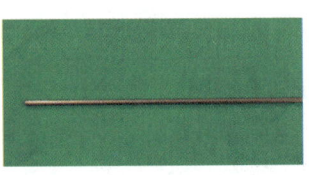

| 황동봉(황색) |

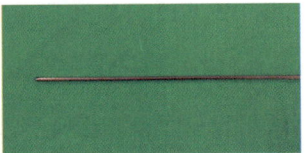

| 은납봉 |

7) 2구멍 분배관, 3구멍 분배관 : 공조냉동기계기능사 · 산업기사 상이

공조냉동기계기능사와 산업기사에서 유일하게 다르게 사용되는 재료이다. 기능사의 경우 2구 분배관을 사용하고 산업기사에서는 3구 분배관을 사용하게 된다.

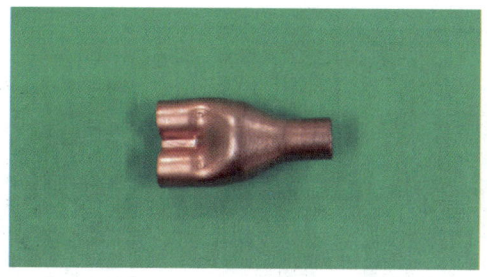 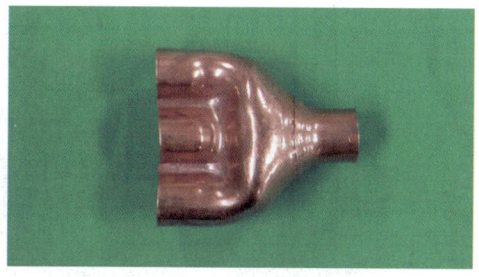

| 2구멍 분배관 | | 3구멍 분배관 |

8) 붕사 : 공조냉동기계기능사 · 산업기사 공통

붕사의 역할은 재질이 다른 두 가지 금속의 용융점을 최대한 비슷하게 만들어주는 것이다. 이런 성질을 이용하여 이종용접(강관+동관)을 할 수 있게 된다. 이종용접 시 사용되는 용접봉은 황동봉이다.

| 붕사 |

가스토치(가스용접기) 사용방법

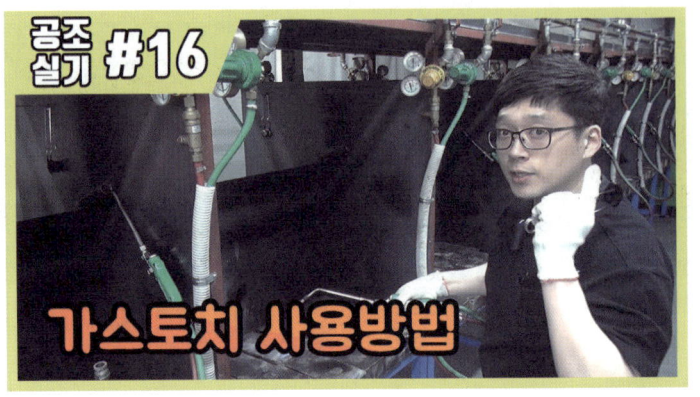

공조냉동기계기능사 실기 원벤딩 풀작업

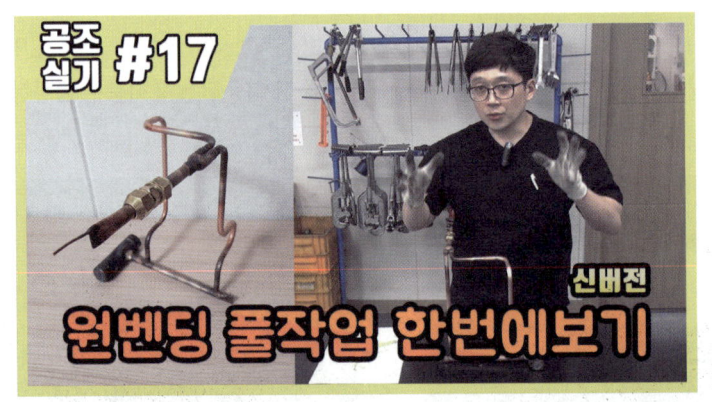

공조냉동기계기능사 실기 투벤딩 풀작업

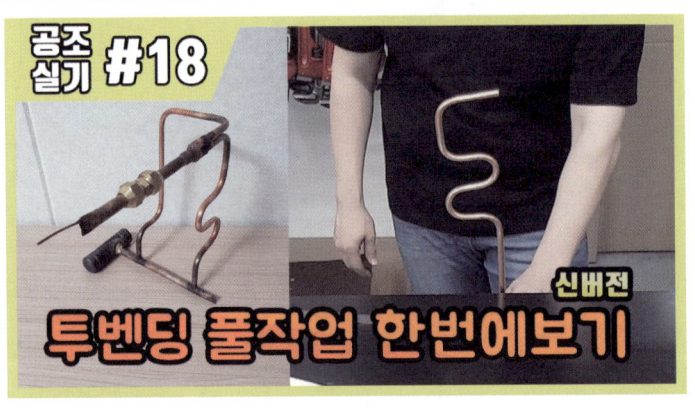

| 완성된 강관용접 신규내접의 모습 |

공조냉동기계기능사(완성작품)
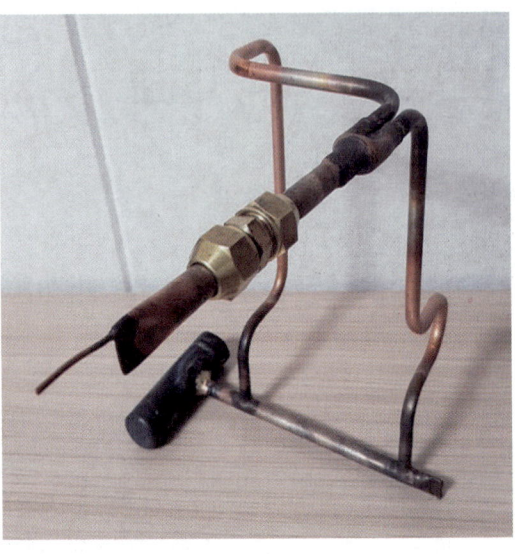
공조냉동기계기능사 원벤딩
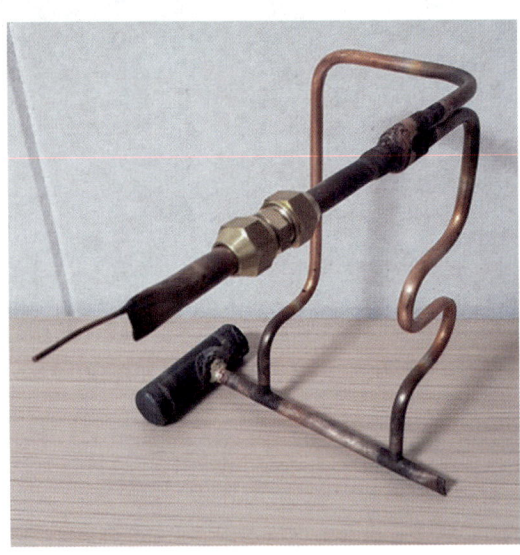
공조냉동기계기능사 투벤딩

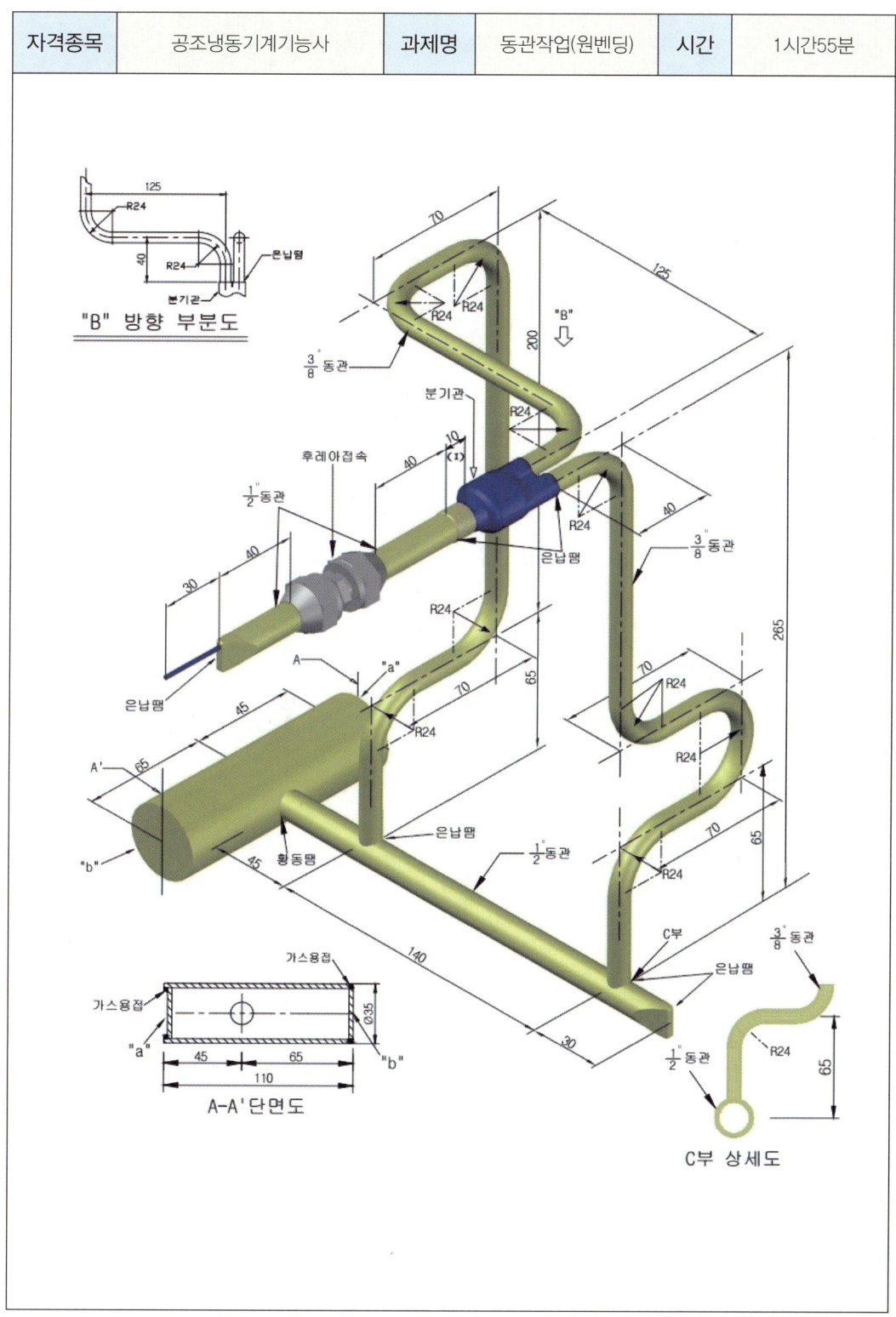

"B" 방향 부분도

A-A' 단면도

C부 상세도

자격종목	공조냉동기계기능사(연습)	과제명	동관작업(원벤딩)	시간	1시간55분

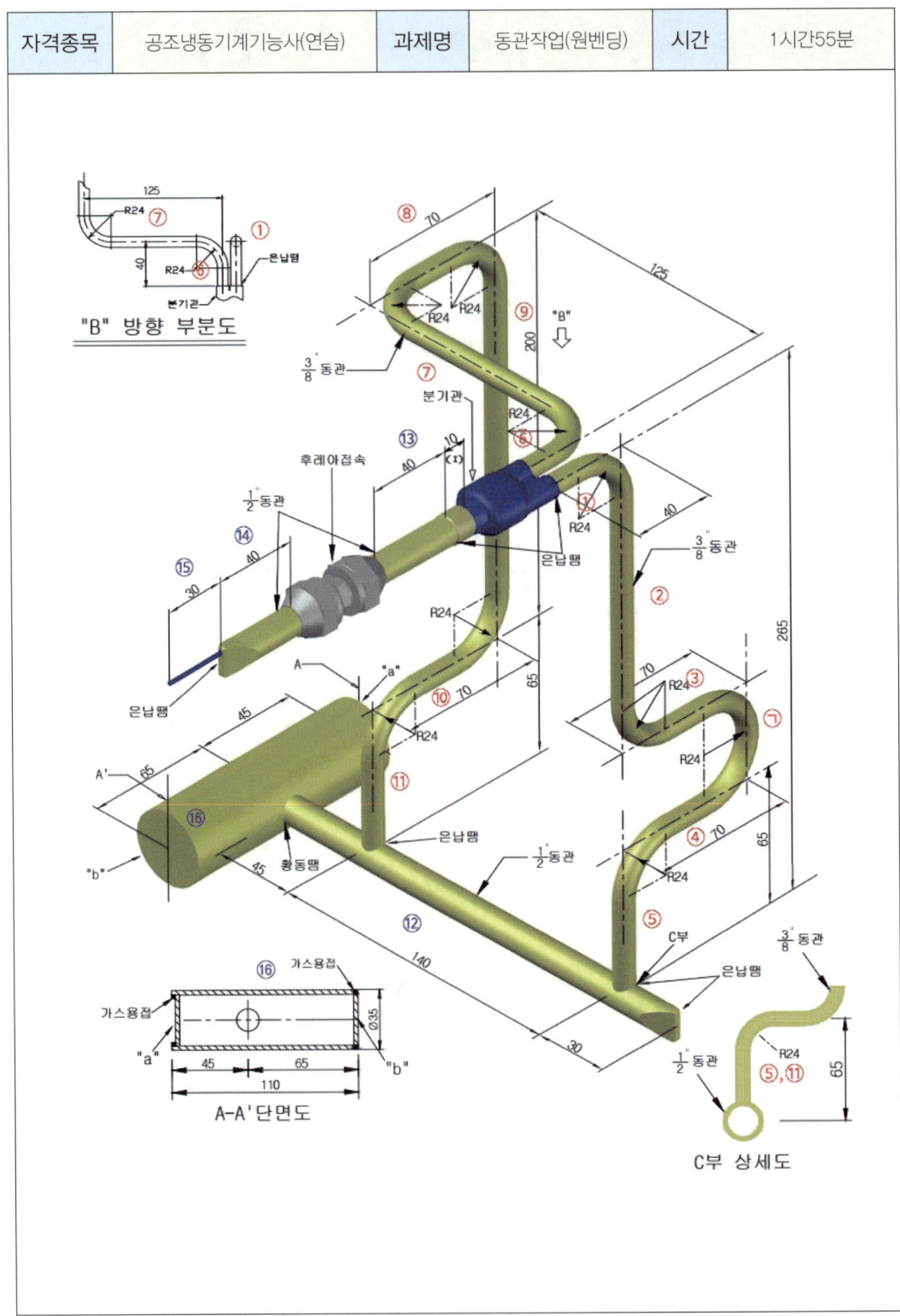

"B" 방향 부분도

A-A' 단면도

C부 상세도

알아두기

본 교재의 도면을 기준으로 한 치수이며 매 회차마다 치수는 변경되어 출제된다.

1) $\frac{3}{8}$ 인치 동관

ㄱ R24 → 24+24 = 48mm

① 40+10 = 50mm

② 265−(48+65) = 152mm

③ 70mm

④ 70mm

⑤ 65+5(1/2동관 삽입 길이) = 70mm

⑥ 40+10 = 50mm

⑦ 125mm

⑧ 70mm

⑨ 200mm

⑩ 70mm

⑪ 65+5(1/2동관 삽입 길이) = 70mm

2) $\frac{1}{2}$ 인치 동관

⑫ 45+140+30+(강관 삽입 길이)

→ 강관 드릴링 작업 후 동관을 강관 끝까지 밀어 넣고 사이즈를 측정하도록 한다.

⑬ 40+10 = 50mm

⑭ 40mm

⑮ 30mm

3) 강관

⑯ 강관의 경우 110mm로 항상 일정하며 구멍을 뚫는 간격만 바뀌게 된다.
  (항상 내접과 외접의 방향을 주의하여 용접하여야 한다)

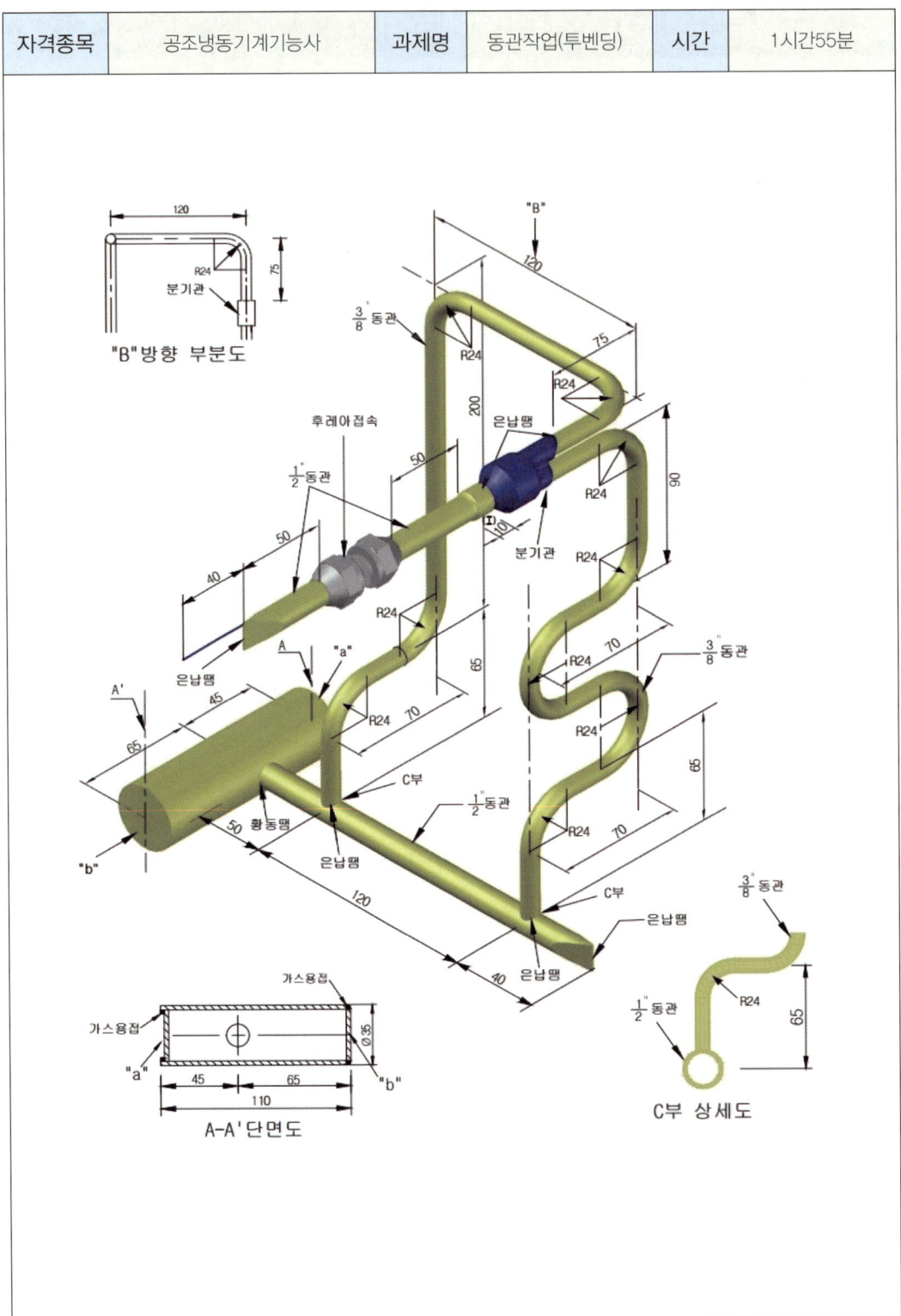

"B"방향 부분도

A-A' 단면도

C부 상세도

자격종목	공조냉동기계기능사(연습)	과제명	동관작업(투벤딩)	시간	1시간55분

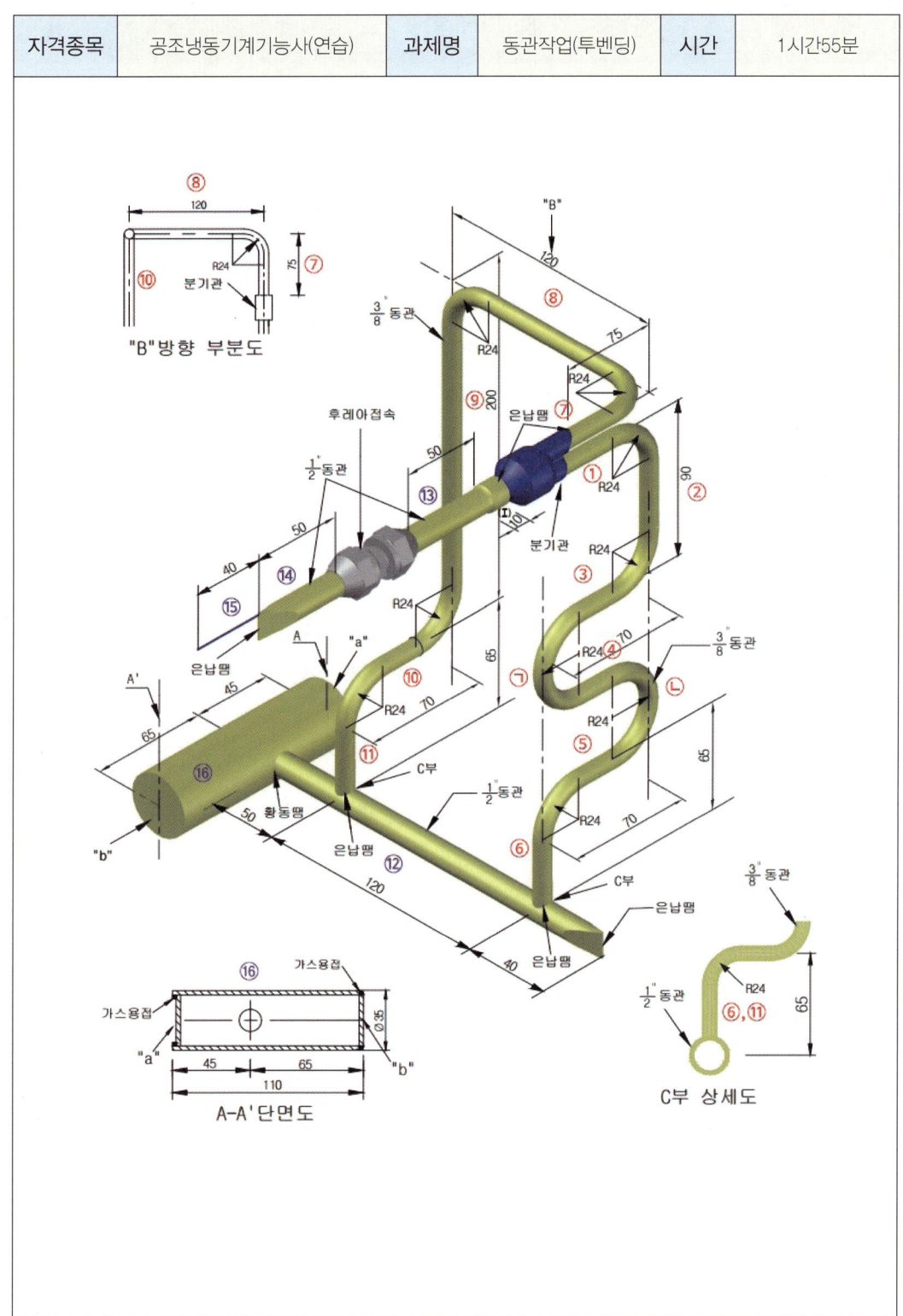

공조냉동기계기능사 동관작업(원벤딩) 치수

알아두기

본 교재의 도면을 기준으로 한 치수이며 매 회차마다 치수는 변경되어 출제된다.

1) $\frac{3}{8}$ 인치 동관

㉠ R24 → 24+24 = 48mm

㉡ R24 → 24+24 = 48mm

① 75+10 = 85mm
② 90mm
③ 70mm
④ 70mm
⑤ 70mm
⑥ 65+5(1/2동관 삽입 길이) = 70mm

⑦ 75+10 = 85mm
⑧ 120mm
⑨ 200mm
⑩ 70mm
⑪ 65+5(1/2동관 삽입 길이) = 70mm

2) $\frac{1}{2}$ 인치 동관

⑫ 50+120+40+(강관 삽입 길이)

→ 강관 드릴링 작업 후 동관을 강관 끝까지 밀어 넣고 사이즈를 측정하도록 한다.

⑬ 50+10 = 60mm
⑭ 50mm
⑮ 40mm

3) 강관

⑯ 강관의 경우 110mm로 항상 일정하며 구멍을 뚫는 간격만 바뀌게 된다.

(항상 내접과 외접의 방향을 주의하여 용접하여야 한다)

가스토치(가스용접기) 사용방법

공조냉동기계산업기사 실기 가로벤딩 풀작업
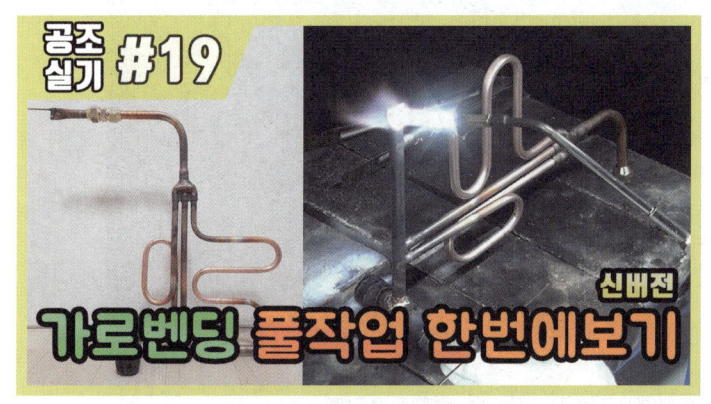 
공조냉동기계산업기사 실기 세로벤딩 풀작업
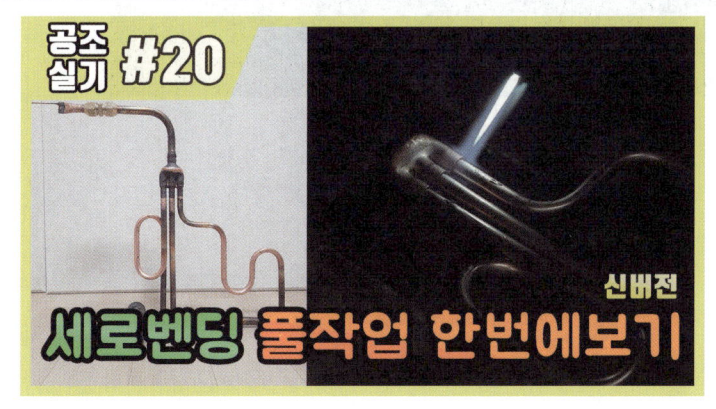 

| 완성된 강관용접 신규내접의 모습 |

공조냉동기계산업기사(완성작품)

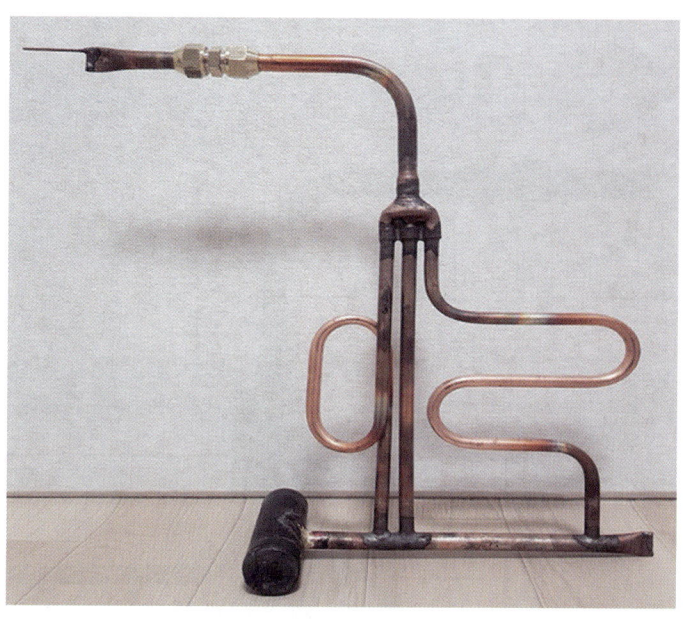

공조냉동기계산업기사 가로벤딩

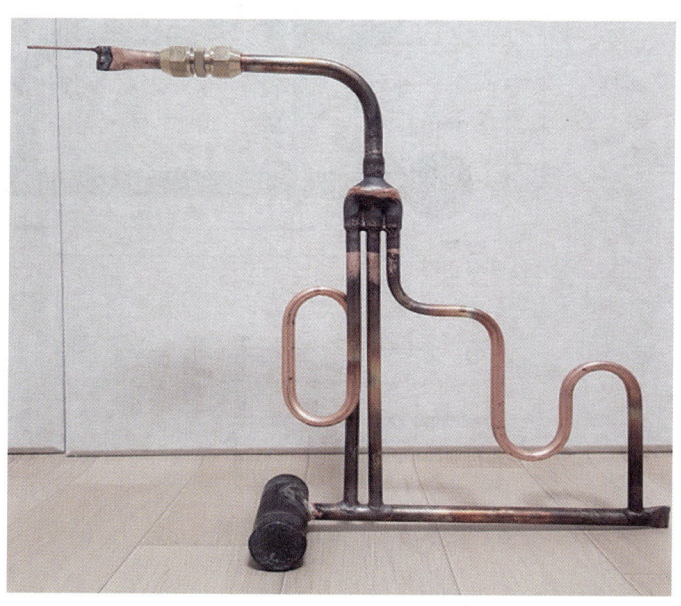

공조냉동기계산업기사 세로벤딩

자격종목	공조냉동기계산업기사	과제명	동관작업(가로)	시간	2시간35분

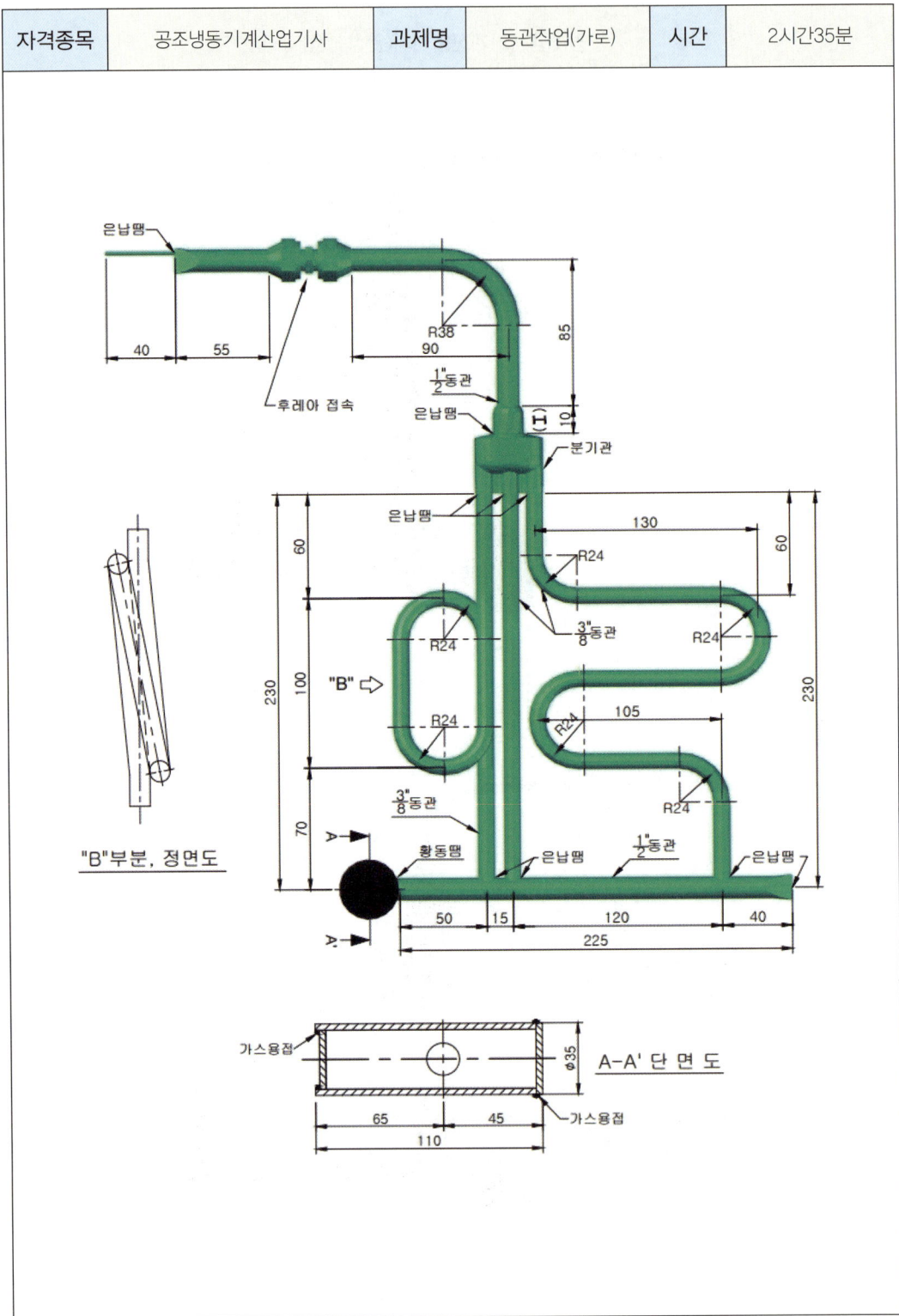

자격종목	공조냉동기계산업기사(연습)	과제명	동관작업(가로)	시간	2시간35분

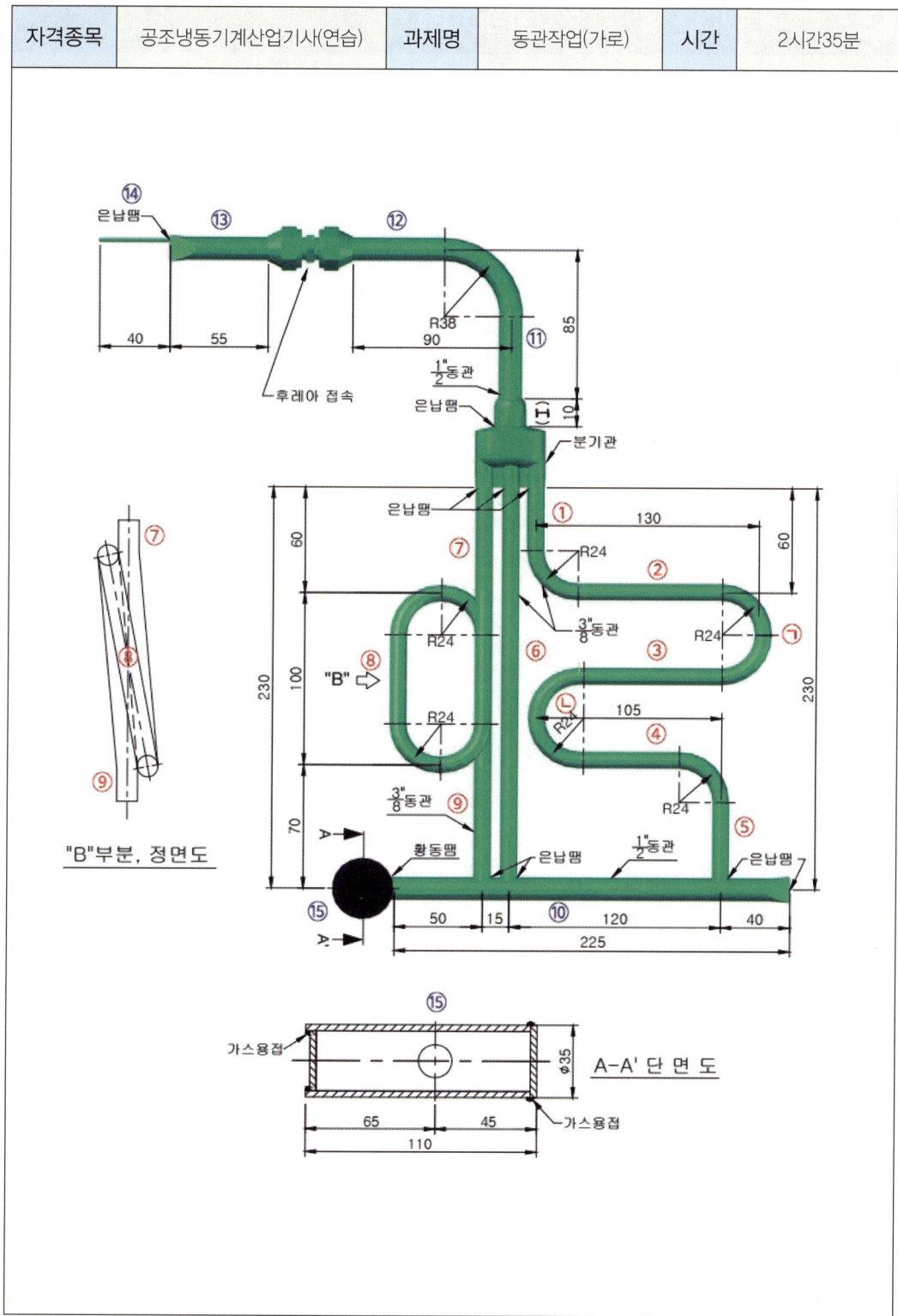

"B"부분, 정면도

은납땜

후레아 접속

분기관

은납땜

은납땜

황동땜

은납땜

가스용접

가스용접

A-A' 단 면 도

➕ 알아두기

본 교재의 도면을 기준으로 한 치수이며 매 회차마다 치수는 변경되어 출제된다.

1) $\frac{3}{8}$ 인치 동관

㉠ R24 → 24+24 = 48mm

㉡ R24 → 24+24 = 48mm

① 60+10 = 70mm

② 130mm

③ 130mm

④ 105mm

⑤ 230−(60+48+48)

    = 74 + 5(1/2동관 삽입 길이)

    = 79mm

⑥ 10+230+5 = 245mm

⑦ 10+60+100 = 170mm

⑧ 100mm

⑨ 70+5(1/2동관 삽입 길이)

    = 75mm

2) $\frac{1}{2}$ 인치 동관

⑩ 50+15+120+40+(강관 삽입 길이)

→ 강관 드릴링 작업 후 동관을 강관 끝
까지 밀어 넣고 사이즈를 측정하도
록 한다.

⑪ 85+10 = 95mm

⑫ 90mm

⑬ 55mm

⑭ 40mm

3) 강관

⑮ 강관의 경우 110mm로 항상 일정하며 구멍을 뚫는 간격만 바뀌게 된다.
(항상 내접과 외접의 방향을 주의하여 용접하여야 한다)

자격종목	공조냉동기계산업기사	과제명	동관작업(세로)	시간	2시간35분

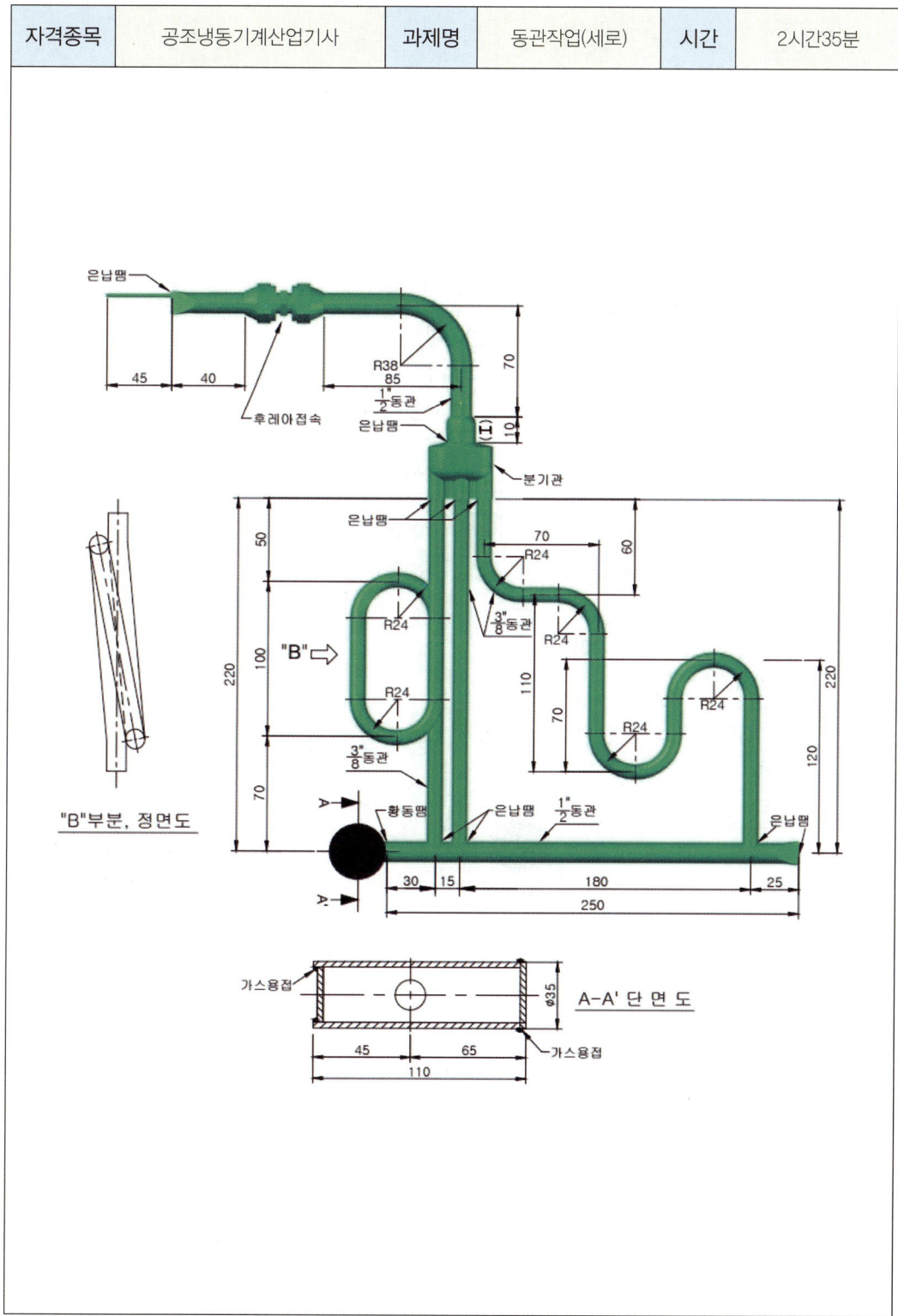

은납땜

45 40

후레아접속

R38
85
1/2"동관
은납땜

70

(I) 10

분기관

50

은납땜

70
R24

60

R24

"B"

3/8"동관

R24
R24

110
70

R24

R24

220

100

R24

220
120

3/8"동관

70

"B"부분, 정면도

A→

황동땜   은납땜
1/2"동관
은납땜

A'→

30 15   180   25
250

가스용접

φ35

A-A' 단 면 도

45   65
110

가스용접

자격종목	공조냉동기계산업기사	과제명	동관작업(세로)	시간	2시간35분

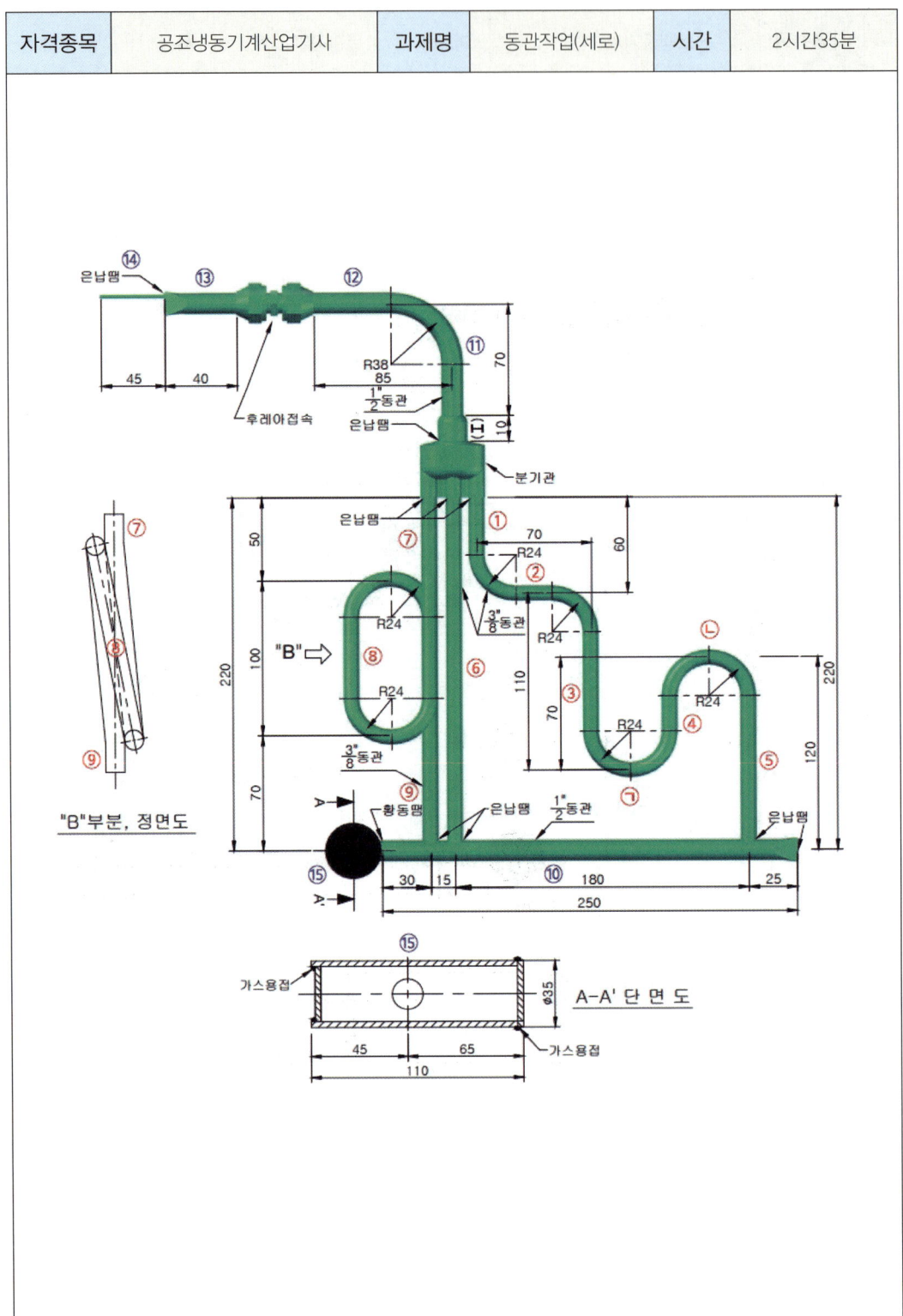

알아두기

본 교재의 도면을 기준으로 한 치수이며 매 회차마다 치수는 변경되어 출제된다.

1) $\frac{3}{8}$ 인치 동관

㉠ $\frac{3}{8}$ 인치 동관 부분과 $\frac{1}{2}$ 인치 동관 부분 사이 공간

① 60+10 = 70mm

② 70mm

③ 110mm

④ 70mm

⑤ 120+5(1/2동관 삽입 길이) = 125mm

⑥ 10+220+5(1/2동관 삽입 길이) = 235mm

⑦ 10+50+100 = 160mm

⑧ 100mm

⑨ 70+5(1/2동관 삽입 길이) = 175mm

2) $\frac{1}{2}$ 인치 동관

⑩ 30+15+180+25+(강관 삽입 길이)

→ 강관 드릴링 작업 후 동관을 강관 끝까지 밀어 넣고 사이즈를 측정하도록 한다.

⑪ 70+10 = 80mm   ⑫ 85mm   ⑬ 40mm   ⑭ 45mm

3) 강관

⑮ 강관의 경우 110mm로 항상 일정하며 구멍을 뚫는 간격만 바뀌게 된다.
(항상 내접과 외접의 방향을 주의하여 용접하여야 한다)

04 공조냉동기계기능사·산업기사 동관작업 비교

학생들이 저자에게 자주 하는 질문 중 공조냉동기계기능사와 산업기사의 차이점과 기능사에 비해 산업기사가 얼마나 어려운지에 대한 질문을 많이 하는 것을 느꼈다. 그래서 이번 장을 통해 간단하게 차이점에 대해 짚고 넘어가려 한다.

우선 완성작품을 통해 그 차이점을 들여다 보도록 하자.

완성작품

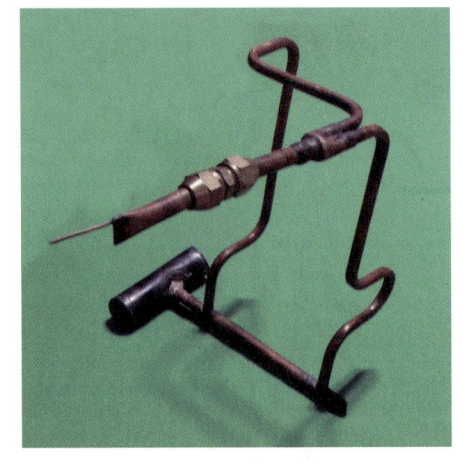 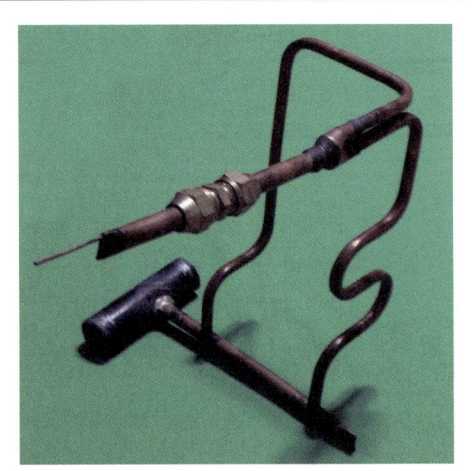

① 공조냉동기계기능사 원벤딩, 투벤딩

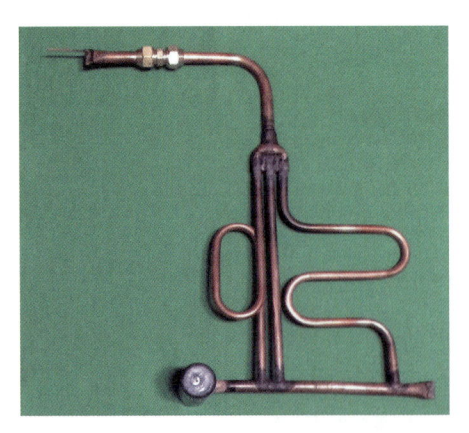 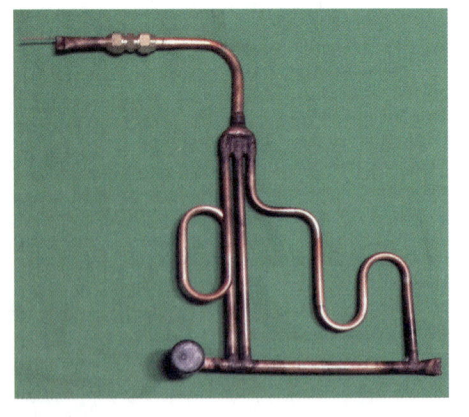

② 공조냉동기계산업기사 가로벤딩, 세로벤딩

①번 사진은 공조냉동기계기능사 원벤딩, 투벤딩 완성작품이고 ②번 사진은 공조냉동기계산업기사 가로벤딩, 세로벤딩 사진이다. 사진을 놓고 봤을 때 가장 큰 차이점은 세 가지로 나눌 수 있다.

첫 번째는 분기관이다. 우선 기능사의 경우 2구 분기관을 쓰는 반면 산업기사의 경우 3구 분기관을 쓴다는 걸 알 수 있다. 그리고 2구 분기관보다는 3구 분기관이 용접하기가 조금 어려워 이 부분에서 난도가 조금 높다고 할 수 있다.

두 번째는 공조냉동기계기능사에는 없지만 공조냉동기계산업기사에만 있는 $180°+180°=360°$ 부분인데 이부분을 $360°$부분이라고 하기에는 좀 애매하긴 하지만 본 교재에서는 $360°$부분이라고 표시하도록 하겠다. 그럼 아래 사진을 통해 그 부분이 어느 부분인지 알아보도록 하자.

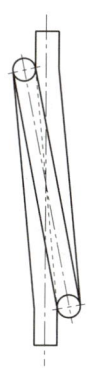

"B"부분, 정면도

| $360°$부분 정면도 |

도면상에서 "B"부분 정면도라고 나오는 바로 이 부분이다. 이 부분이 기능사에 없는 부분이고 기능사의 경우 위 $360°$ 대신 $180°$만 있으므로 이 부분 역시 기능사보다 산업기사가 더 어려운 부분이라 할 수 있다.

세 번째는 1/2인치 동관 벤딩부분이다.
공조냉동기계기능사에는 1/2인치 동관벤딩이 없고 공조냉동기계산업기사에서는 1/2인치 동관벤딩이 있기 때문에 공조냉동기계산업기사 시험 시 1/2인치 벤딩기를 준비해가야 한다는 차이점도 있다.

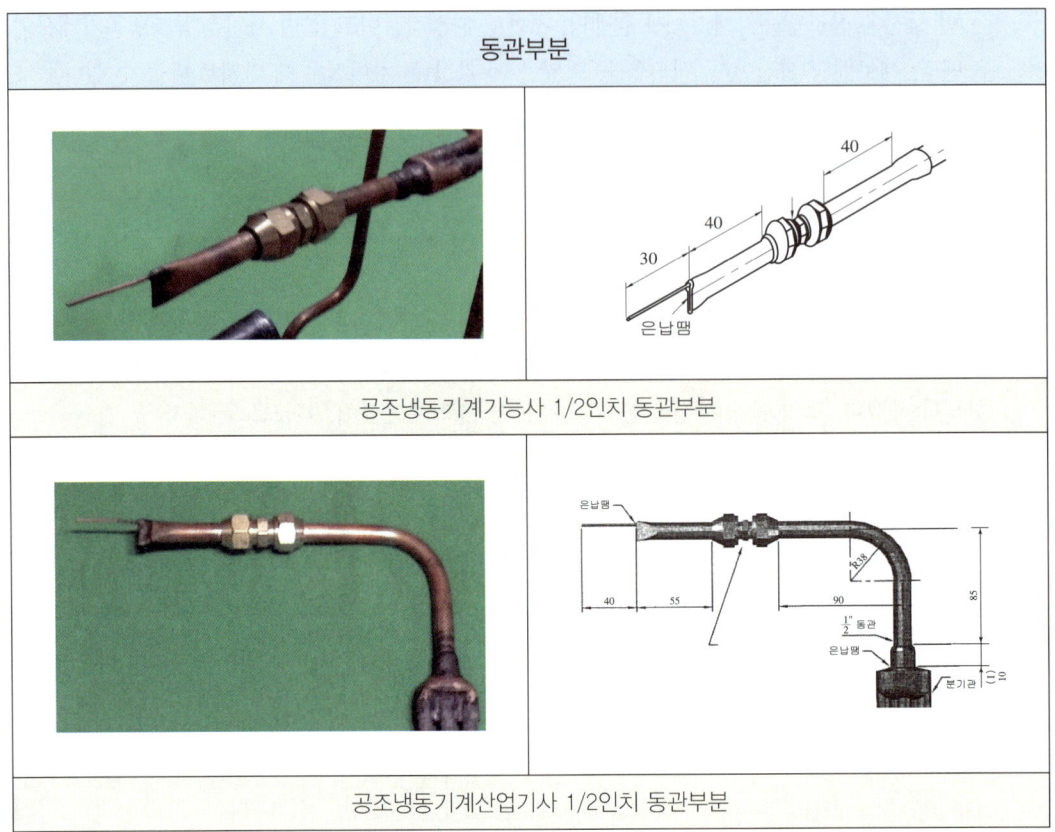

동관부분
공조냉동기계기능사 1/2인치 동관부분
공조냉동기계산업기사 1/2인치 동관부분

위 사진과 같이 기능사의 경우 1/2인치 동관은 직렬로 연결이 되고 산업기사의 경우 1/2인치 동관을 벤딩한 후 연결되는 모습을 볼 수 있다.

마지막으로 요약해보면 공조냉동기계기능사와 산업기사의 경우 큰 차이점은 ① 분기관(2구/3구), ② 360° 부분, ③ 1/2인치 동관 벤딩부분 이렇게 세 가지가 있음을 알 수 있다.

위 차이점을 정리하면서 대략적으로 눈치 챈 수험생들도 있을 것으로 예상된다. 저자의 생각을 담자면 공조냉동기계기능사를 합격한 수험생이라면 공조냉동산업기사도 충분히 합격할 수 있을 것으로 생각된다. 그러니 지레 겁먹을 필요가 없다. 산업기사 자격 요건이 된다면 기능사를 건너뛰고 산업기사 시험을 보는 것도 추천하는 바이다.

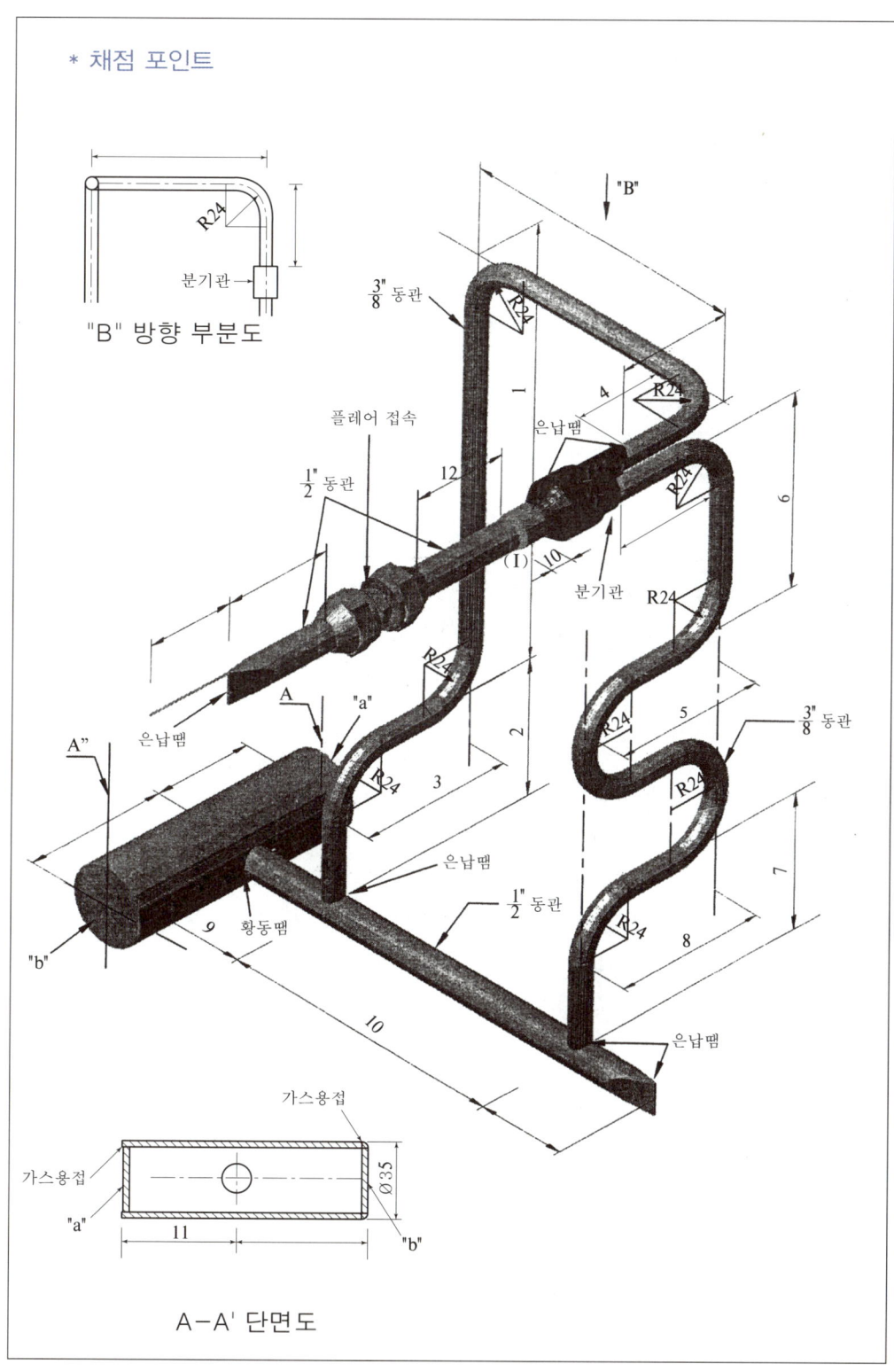

"B" 방향 부분도

R24

분기관→

3/8" 동관

R24

R24

"B"

은납땜

플레어 접속

1/2" 동관

12

1

4

6

R24

(I)

10

분기관

R24

은납땜

A

"a"

A"

2

5

3/8" 동관

R24

은납땜

R24

3

R24

은납땜

1/2" 동관

7

R24

"b"

9

황동땜

8

은납땜

10

가스용접

Ø 35

가스용접

"a"

11

"b"

A-A' 단면도

01 동관용접

동관용접은 기본적으로 동관과 동관을 용접하는 것이며 은납봉을 사용하기 때문에 은납용접이라고 하기도 한다. 동관의 경우 열전도율이 좋고 부식에 대한 내식성이 우수하여 냉난방에 널리 사용되고 있다.

❶ 동관용접 시 주의사항

동관의 경우 열전도율이 우수하지만 열에는 쉽게 녹는 단점이 있다. 그렇기 때문에 항상 동관이 녹지 않도록 불꽃 조절을 잘 해줘야 한다.

동관용접 시 한가지 팁으로는 우선 보편적으로 금속은 가열할 때 금속의 색깔을 살펴보면 붉은색에서 서서히 노란색으로 변하는 것을 알 수 있다. 그리고 이 노란색에서 조금 더 가열하게되면 금속은 녹아 내린다. 그렇기 때문에 동관이 노란색이 띄게 되면 녹기직전의 온도이기 때문에 특별히 이 시점이 용접시점임과 동시에 동관이 녹기 직전 온도이므로 주의하여 용접을 한다면 동관이 녹는 것을 피할 수 있을 것이다.

> 🌸 참고하기
>
> **금속이 녹을 때 색깔의 변화 순서**
> 붉은색(빨간색) → 노란색 → 이후 열을 가하면 금속은 녹아 액체로 변한다.

❷ 동관용접 순서

1) 동관용접을 위해 용접하기 위한 동관을 확관 후 지그에 물려 준비한다.

| 확관 후 용접하기 위해 준비된 동관 |

2) 동관 예열과 가열

① 동관 예열의 경우 자세를 바르게 잡고 용접할 부위를 골고루 예열해주는 것이 좋다.

| 예열모습 |

② 불꽃 색깔이 노랗게 될 때까지 가열한다. 단, 노란색에서 더 가열하면 동관이 녹을 수 있으므로 불꽃을 떼었다 붙였다 하면서 동관온도를 유지해야 한다.

| 붉은색으로 변한 동관 |

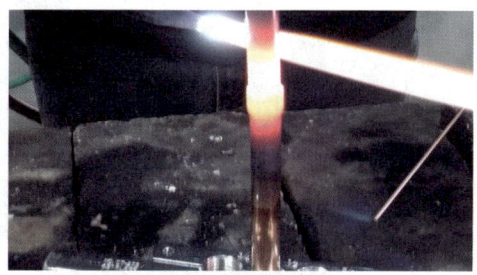

| 노란색으로 변한 동관 |

③ 충분히 예열되어 노랗게 변한 동관표면에 용접봉을 넣어준다. 충분히 예열이 된 동관 표면을 따라 모세관 현상이 일어나면서 은납봉이 돌아들어가는 모습을 볼 수 있을 것이다.

| 충분히 가열된 동관에 은납봉을 넣어주는 모습 |

❄ 참고하기

위 사진을 보면 노랗게 가열된 동관이 녹지 않게 하기 위해 가스토치를 최대한 동관에서 멀리 들고 있는 모습이 보일 것이다. 이처럼 동관이 녹지 않게 하기 위해 불꽃거리를 멀리해서 열을 조정하는 방법도 있다.

| 충분히 가열된 동관에 용접봉을 넣는다. |

| 모세관현상에 의해 용접액이 한바퀴 돌아
용접된 모습 |

④ 동관용접이 끝났을 경우 동관이 검은색으로 변할 때까지 기다린 후 물에 식혀주면 된다.

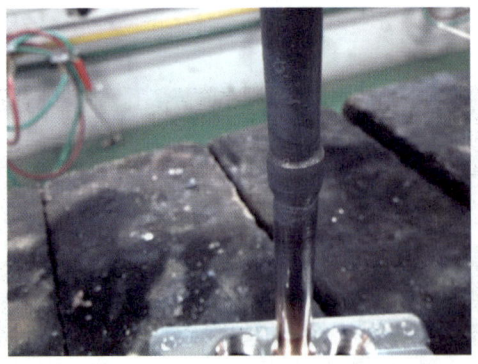

| 물에 식히기 전의 동관용접 부위 |

| 물에 식힌 후의 동관용접 부위 |

❸ 가스토치와 용접봉의 방향

가스토치와 용접봉 방향은 크게 두 가지로 나뉘게 된다.

1) 첫 번째 : 가스토치와 용접봉이 같은 곳을 향할 경우

불꽃과 용접봉이 같은 부분을 향하는 경우이다. 이 때는 한 부분만 집중적으로 가열하기 때문에 가열 후 용접부의 용접이 미비한 부분 또는 동관 이음쇠의 구조 특성상 동관을 삽입했을 때 용접공간이 클 경우(예: 분기관)에 사용하는 방법이다.

2) 두 번째 : 가스토치와 용접봉이 서로 반대 방향으로 향하는 경우

이 방법은 동관용접에서 모세관 현상을 극대화시키는 방법이다. 가스토치와 용접봉을 완전히 반대로 향하게 함으로써 동관을 전체적으로 예열한 후 동관의 열로만 용접봉을 녹여 뒤에서 앞으로 은납봉이 타고 흐를 수 있도록 하는 방식으로 가장 기본적이면서도 가장 깔끔한 방법이다.

| 첫 번째 방법 |
가스토치와 용접봉이 같은 방향

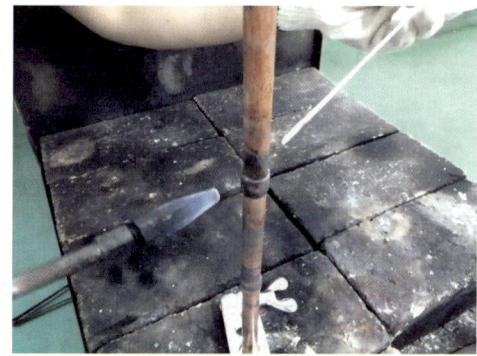

| 두 번째 방법 |
가스토치와 용접봉이 반대 방향

╬ 알아두기

모세관 현상

가는 유리관을 물속에 넣으면 유리관의 안쪽을 따라 물이 따라 올라오는데, 이처럼 매우 가는 유리관 같은 공간의 벽을 통해 액체가 따라 올라오는 현상을 모세관 현상이라 한다. 즉, 동관용접에서 사용되는 모세관 현상이란 동관을 확관해서 재단하게 되면 확관된 동관과 삽입된 동관 사이에 아주 작은 틈이 생기게 된다. 이때 용접을 하게 되면 용접봉이 녹아 이 작은 틈을 타고 들어가게 되는 현상을 말한다.

02 강관용접 외접

강관용접 외접은 강관의 구멍 위에 강판을 얹어 용접하는 형태이다. 강관과 강판 두 모재의 재질이 강(steel)이므로 철용접봉(가스용접봉)을 이용하는데 재살용접의 경우 철용접봉을 많이 사용하지 않고 모재와 모재를 녹여 용접을 하게 된다. 본 교재에서는 재살용접을 주로 다루고 있다.

① 강관용접 시 주의사항

강관용접은 불꽃의 세기와 온도가 높다. 그러므로 가스용접기를 다룰 때 각별히 안전에 신경써야 하며 강관의 경우 동관보다 가열시간이 오래 걸린다. 하지만 기본적으로 불꽃의 색깔이 "빨간색 → 노란색 → 용액"이 되는 순서는 똑같으므로 불꽃의 감각을 익히는 것이 중요하다. 그리고 강관용접 시 강을 녹이지 않고 용접봉을 용접부에 넣는 경우가 많은데 이 경우 용접봉이 녹지 않고 강관 표면에 덕지덕지 붙는 모습을 볼 수 있다. 그러므로 강관용접 시에는 강관이 완벽히 녹아 용액이 된 후 용접봉을 넣어주거나 가스토치의 불꽃을 이용해 용접해주도록 한다.

② 강관용접 외접 순서

1) 강관외접은 외접강판을 강관 위에 얹는 형태이다.

| 강판이 강관 위에 얹어진 상태(외접) |

2) 강관과 강판에 가접을 한다.

이 때 가스토치의 불꽃을 이용해 강관과 강판을 녹여 자연스럽게 가접되도록 해주는 것이 좋다. 물론 이 방법이 어렵다면 동관이 용액이 되는 순간에 용접봉을 넣어 가접해주어도 무방하다. 그리고 가접은 강관의 양쪽으로 두 번 해주는 것이 가장 이상적이다.

| 가접된 강관의 모습 |

3) 가접한 부분에서 용접을 시작하며 이 때 강판과 강관을 서로 녹여가며 용접하고 플라이어를 이용해 강관을 조금씩 돌려가면서 재살용접을 하도록 한다.

| 가접한 부위 중 한쪽에서 용접을 시작한다. |

🌸 참고하기

① 용접을 하다가 두 번째 가접부위를 만나면 두 번째 가접부위 역시 녹이면서 지나가준다.
② 용접이 끝나는 부분(처음 가접부분과 만나는 점)도 용접물을 덮어준다는 느낌보다는 녹이면서 조금 더 진행 해주는 것이 바람직하다.

| 완성된 강관용접 외접의 모습 |

03 강관용접 내접

강관내접은 강관의 구멍 안쪽으로 강판을 삽입하여 용접하는 형태이다. 강관과 강판 두 모재의 재질이 강(steel)이므로 철용접봉(가스용접봉)을 이용하는데 재살용접의 경우 철용접봉을 많이 사용하지 않고 모재와 모재를 녹여 용접을 하게 된다. 본 교재에서는 재살용접을 주로 다루고 있다.

❶ 강관용접 시 주의사항(외접과 동일)

강관용접은 불꽃의 세기와 온도가 높다. 그러므로 가스용접기를 다룰 때 각별히 안전에 신경써야 하며 강관의 경우 동관보다 가열시간이 오래걸린다. 하지만 기본적으로 불꽃의 색깔이 "빨간색 → 노란색 → 용액"이 되는 순서는 똑같으므로 불꽃의 감각을 익히는 것이 중요하다. 그리고 강관용접 시 강을 녹이지 않고 용접봉을 용접부에 넣는 경우가 많은데 이 경우 용접봉이 녹지 않고 강관 표면에 덕지덕지 붙는 모습을 볼 수 있다. 그러므로 강관용접 시에는 강관이 완벽히 녹아 용액이 된 후 용접봉을 넣어주거나 가스토치의 불꽃을 이용해 용접해주도록 한다.

❷ 강관용접 내접 순서

1) 강관내접은 내접강판이 강관안쪽으로 들어가는 형태이다.

| 내접 강판이 강관 속으로 들어가는 모습 |

2) 외접강판은 강관 위에 얹어지는 형태라 가접하기가 쉽다. 하지만 내접강판의 경우 강관 속으로 쏙 들어가는 사이즈이다 보니 가접하기가 쉽지 않으므로 아래와 같은 방법으로 가접할 수 있다.

① 철봉(가스용접봉)을 강관 구멍 안쪽에 살짝 녹여서 택을 만들어 붙여준다.

| 철봉을 강관에 녹인다 | | 녹여서 만든 택의 모습 |

② 택을 만들고 철봉(가스용접봉)을 내접의 가운데에 살짝 가접하고 앞서 강관의 택을 놓은 위치에 가지고 간다(※ 중요 : 2021년 이후 가운데 가접 된 경우 용접이외의 용접 개소로 간주하여 오작되는 경우가 있으니 반드시 사이드부분에 가접하여 작업할 것. 57p 내용참고).

| 내접 가운데 가접된 모습 |

| 택을 놓은 부분에 내접강판을 가지고 간다 |

③ 택을 놓은 위치에 내접강판을 가접한 후 반대편도 가접해 양쪽을 가접한 형태가 된다.

| 택과 내접강판을 가접한 모습 |

| 반대쪽도 강관과 내접강판을 녹여 가접한 모습 |

 참고하기

강관과 내접강판을 가접할 때 강관 속으로 들어가는 내접 강판의 깊이는 약 2~3mm가 가장 적당하다.

3) 내접강판 가접이 끝났다면 가접 부분에서 용접을 시작한다. 용접 요령은 강관의 벽을 녹여 강판 쪽으로 흘려내린다는 느낌으로 해준다. 이때도 철봉을 사용하지 않고 재살용접으로 용접한다.

| 가접 부위에서 용접 시작 |

| 완성된 모습 |

🌸 참고하기

① 용접을 하다가 두 번째 가접부위를 만나면 두 번째 가접부위 역시 녹이면서 지나가준다.
② 용접이 끝나는 부분(처음 가접부분과 만나는 점)도 용접물을 덮어준다는 느낌보다는 녹이면서 조금 더 진행 해주는 것이 바람직하다.

| 완성된 강관용접 내접의 모습 |

③ 지그 사용하기

1) 앞서 설명한 가접방법이 어렵다면 아래와 같은 지그를 사용하여 가접한 후 용접할 수 있다.

| 강관 내접용 지그 |

2) 강관내접 지그 사용 시 위와 같이 내접강판이 강관 속으로 2~3mm 들어가 가접해주어야 한다.

| 강관을 꼽고 지그 위에 내접용 강판을 얹어주면 된다 |

 참고하기

위 지그는 자체 제작한 것으로 참고용으로 본교재에 싣게 되었다.
※ 2019년 이후부터 지그사용이 금지되고 있으니 참고만 할 것

④ 완성된 강관용접 외접과 내접

외접과 내접의 모습은 확연히 차이나기 때문에 감독관이 판단할 경우 내접과 외접의 위치를 쉽게 판단할 수 있다. 그러므로 내외접의 위치가 바뀌지 않도록 조심해서 용접하도록 한다.

| 강관용접 외접과 내접 |

| 완성된 강관용접 신규내접의 모습 |

04 황동용접(강관+동관)

황동용접은 강관과 동관을 같이 용접하는 이종용접(두 종류의 금속)에 속하며 이때 사용하는 용접봉은 황동용접봉이다. 황동용접은 모재의 재질이 다른 두 금속을 용접하기 때문에 위 용접방법에 비해 어려운 편이다.

❶ 황동용접 시 주의사항

활동용접의 불꽃 세기는 동관용접보다는 강해야 하고 강관용접보다는 약해야 한다. 그리고 예열을 할 때 강관용접처럼 완전히 녹여서는 안되며 동관용접과 같이 강관과 동관을 적당히 예열하여 두 모재의 색을 최대한 비슷하게 만들어 주는 것이 포인트이다. 두 모재의 색깔이 "빨갛게"된 상태에서 황동봉을 넣어주는 것이 중요하며 또한 강관보다 동관이 녹는점이 낮으므로 두 모재를 동시에 가열할 경우 동관이 먼저 녹아내리지 않도록 주의하여야 한다.

❷ 황동용접(강관+동관) 순서

1) 황동용접을 위해 붕사, 강관, 동관 황동용접봉을 준비한다.

| 붕사, 강관, 동관, 황동용접봉 |

> 🔆 **참고하기**
>
> **붕사의 사용 용도**
> 황동용접(이종용접)에서 붕사를 사용하는 이유는 다음과 같다.
> ① 동관과 강관의 녹는점을 최대한 가깝게 만들어 용접봉이 쉽게 융착되도록 한다.
> ② 붕사는 세정 성분도 포함되어 있어 용접 부위를 깨끗하게 만들어 준다.

2) 강관 예열하기

동관보다 강관의 용융점이 높으므로 강관을 먼저 예열해주어야 한다.

| 강관 예열 전 |

| 강관 예열 후 |

3) 강관을 충분히 예열한 후 용접 부위에 붕사를 묻혀 다시 가열한다.

| 붕사를 묻힌다 |

| 붕사를 묻히고 다시 가열하여 붕사를 녹여 준다 |

4) 강관 가열이 끝났다면 동관을 강관에 꼽고 다시 예열한다. 이 때 동관쪽으로 열이 가게 되면 녹을 수 있으므로 강관을 예열하여 동관에 열이 전달되도록 한다.

| 강관과 동관을 연결 후 예열한다. |

| 이때 불꽃은 강관쪽으로 향하도록 한다. |

❄ 참고하기

예열 시 가스토치 불꽃방향은 항상 강관을 향한다.

| 가스토치의 불꽃방향 |

5) 예열이 끝났다면 황동용접봉을 조금 가열해 붕사를 찍은 후 동관쪽에 붕사를 묻혀 동관에도 붕사를 발라 준다. 이후 용접봉에 붕사를 계속 찍어주면서 용접부를 용접하는데 용접봉이 용접부 위에 닿는 순간에 불꽃방향은 동관을 향하도록 해야 동관에 황동용액이 스며들며 용접이 된다.

| 강관에 동관을 꽂고 예열한다. |

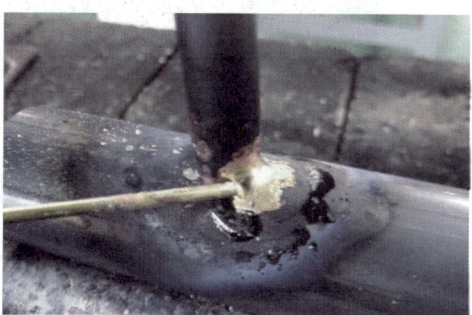
| 이때 불꽃은 강관쪽으로 향하도록 한다. |

❄ 참고하기

용접 시(용접봉을 넣을 때) 가스토치의 방향은 동관을 향한다. 이 때 용접봉에 붕사를 묻힌 상태에서 용접이 이루어져야 한다.

| 용접봉을 넣을 때 가스토치 불꽃의 방향 |

③ 완성된 황동용접(강관+동관)

| 황동용접(강관+동관) 완성된 모습 |

05 동관작업 시 유의사항

본 교재의 저자는 공조냉동기계기능사 · 산업기사 실기시험장에서 사소하지만 이것을 몰라 불합격한 수험생들을 많이 봐왔다. 그러므로 본 장에서는 그 사소한 유의사항에 대해 설명해보려 한다. 아주 작지만 실수하기 쉬운 부분이므로 꼭 숙지하고 시험장에 갔으면 하는 바이다.

① 공조냉동기계기능사 · 산업기사 강관용접 외접과 내접의 방향

공조냉동기계기능사 · 산업기사의 경우 아래 도면과 같이 강판의 내접과 외접의 방향을 표시해준다. 이 방향에 맞추어 작업을 해주어야 하며 만약 내접과 외접의 방향이 바뀌거나 혹은 치수의 오차가($\pm$ 10mm) 이상 생기게 되면 도면상이가 되므로 탈락할 수 있다.

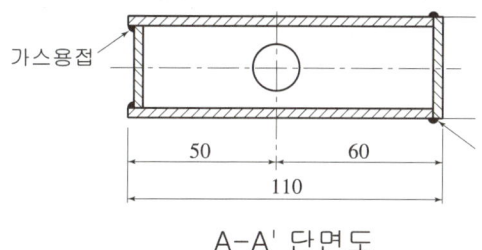

A-A' 단면도

| 공조냉동산업기사 세로벤딩 내 · 외접 표시 도면 |

위 도면을 실제 작업하게 되면 아래의 사진과 같이 된다. 도면에서 표시한 내용은 작품의 단면도가 되므로 작품을 정면에 놓았을 때 왼쪽이 내접용접이 되며 오른쪽은 외접용접이 된다. 기능사의 경우 도면 자체가 기울어져 있으므로 내 · 외접 표시를 쉽게 알아볼 수 있지만 산업기사의 경우 평면도상에 도면이 작도되어 있으므로 내접과 외접을 알아보기 어렵다. 그러므로 공조냉동기계산업기사를 준비하는 수험생이라면 이 부분은 꼭 이해하고 넘어가는 것이 좋다.

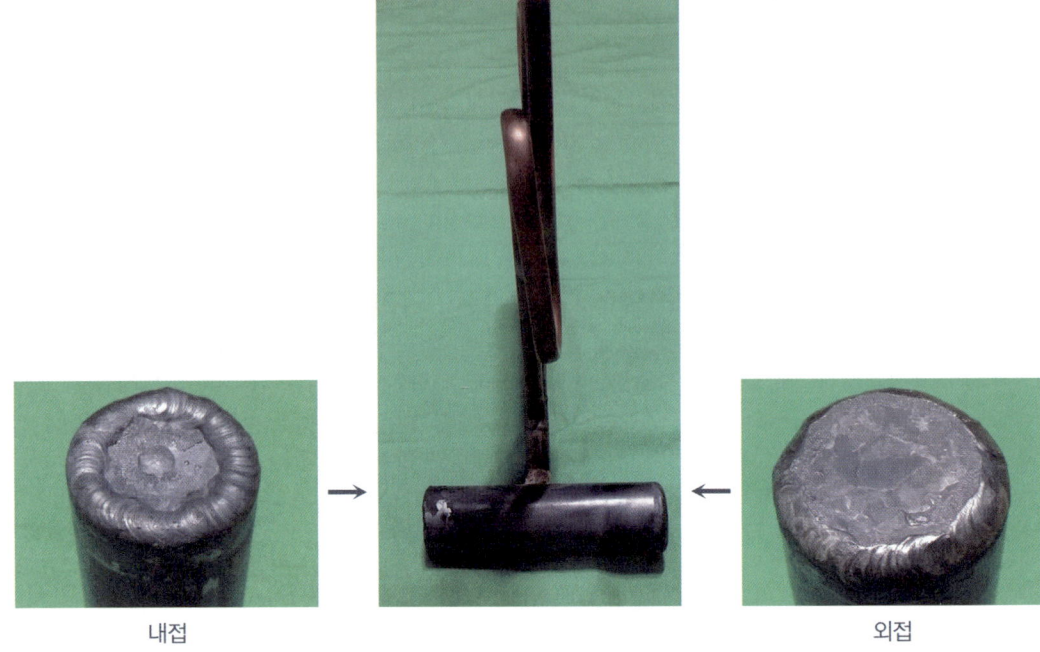

내접   외접

| 작품을 정면에서 촬영한 사진 : 이와 같이 정면에 놓았을 때 왼쪽이 내접, 오른쪽이 외접이 된다. |

② 공조냉동기계기능사 원벤딩,투벤딩 분기관 수직/수평

공조냉동기계기능사에 해당하는 부분이다. 현재까지 출제되어온 실기문제는 크게 두 가지 유형으로 나뉘게 되는데 바로 원벤딩과 투벤딩이다. 이 때 원벤딩의 경우 분기관이 수평으로 용접되며 투벤딩의 경우 분기관은 수직으로 용접되어 작업하게 된다. 물론 이런 내용들은 도면에 모두 표시가되므로 기본적인 도면해독이 가능하다면 크게 문제가 없으나 보통 이 부분을 쉽게 생각하고 놓치는 경우가 많다.

1) 원벤딩 도면 및 완성작품

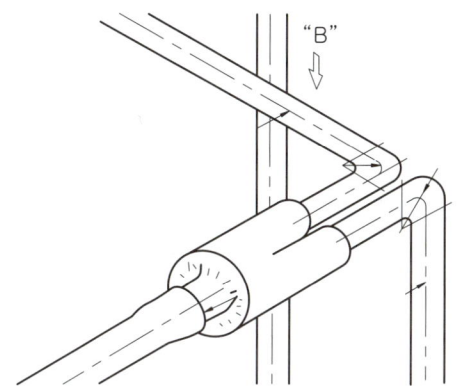

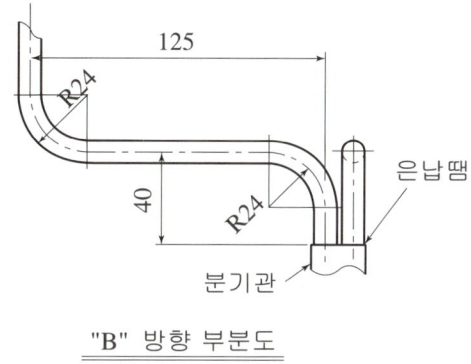

"B" 방향 부분도

| 공조냉동기계기능사 원벤딩 도면 : 분기관이 수평으로 작도된 모습이 보인다. |

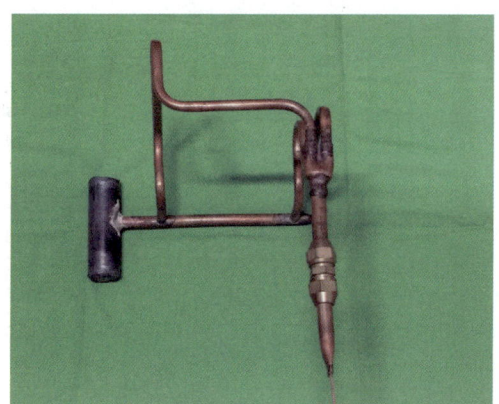

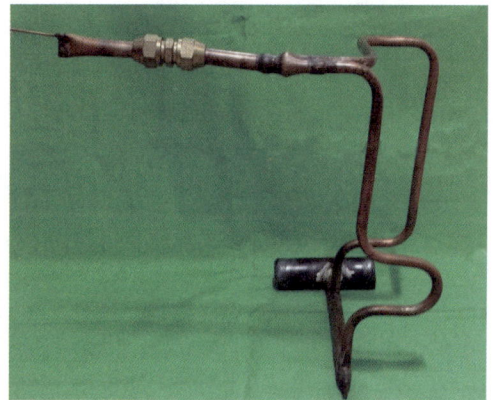

| 공조냉동기계기능사 원벤딩 완성작품(분기관 수평) |

2) 투벤딩 도면 및 완성작품

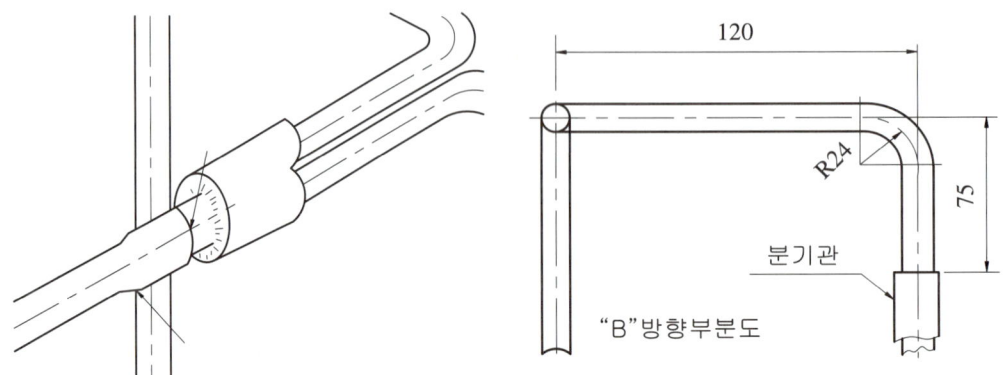

| 공조냉동기계기능사 투벤딩 도면 : 분기관이 수직으로 작도된 모습이 보인다. |

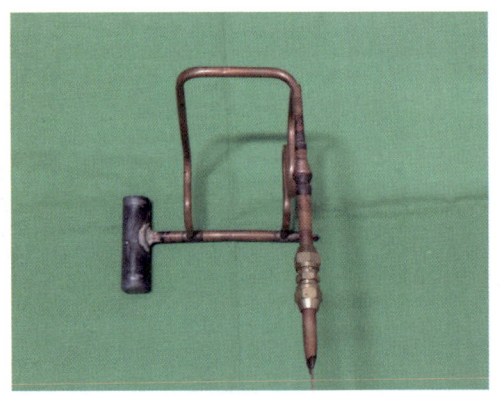

| 공조냉동기계기능사 원벤딩 완성작품(분기관 수직) |

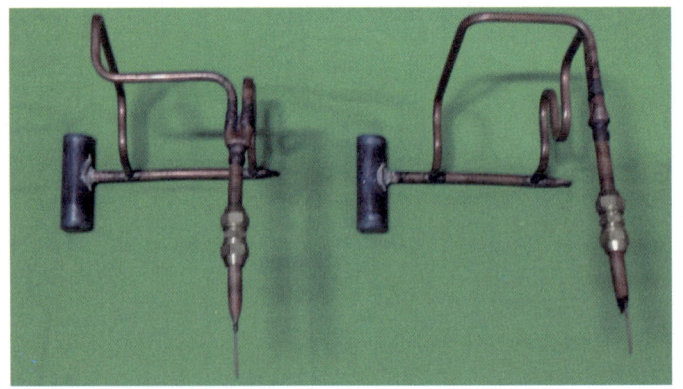

| 원벤딩(분기관 수평)과 투벤딩(분기관 수직) |

❸ 놓치기 쉬운 용접 부위

작업을 하다 보면 실수를 하기 마련이다. 특히 작업시간이 부족한 경우에는 더욱 많은 실수가 발생되는데, 공조냉동기계기능사·산업기사 실기 시험에서 시간이 촉박하여 급한 마음에 용접개소에 용접이 되지 않은 상태에서 제출하는 수험생들이 많이 발생된다. 그리고 공통적으로 용접되지 않은 용접개소가 많이 발생하는 부분이 있으므로 이번 단원에서는 놓치기 쉬운 용접부위에 대해 한번 알아보려 한다.

1) 분기관

공조냉동기계기능사·산업기사 실기에서 분기관 용접은 난도가 있는 편이다. 그래서 시간이 촉박해서 놓치는 경우도 있지만 용접 미숙으로 누수가 발생하는 경우도 허다하다. 그러므로 분기관 용접은 각별히 신경써주는 것이 좋겠다.

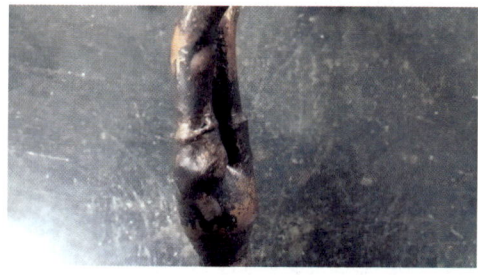

| 용접미숙 : 자세히 보면 왼쪽부분에 구멍이 보인다. 누수로 인한 불합격 |

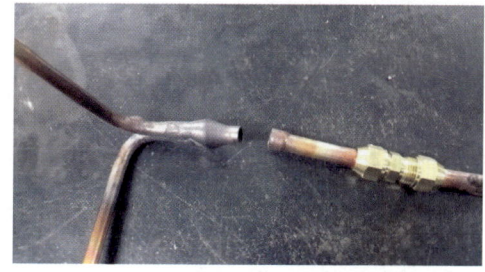

| 시간부족 : 시간이 촉박하여 용접작업을
마무리하지 못하고 제출된 작품, 도면과 상이로 불합격 |

2) 모세관

모세관 용접의 경우 시간이 촉박하다기보다는 작업 시 놓치기 쉬운 부분에 해당된다. 용접개소가 드러나 있는 부분이 아니고 동관의 끝부분이다보니 수험생들이 용접을 하지 않고 제출하는 경우가 많은데 이 부분 역시 용접하지 않고 제출하면 도면과 상이로 불합격할 수 있다. 그리고 모세관의 치수 역시 ±10mm 오차가 나게 되면 치수오차로 불합격을 할 수 있으므로 주의를 요한다.

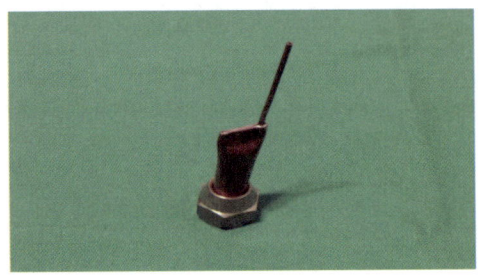

| 용접되지 않은 모세관 |

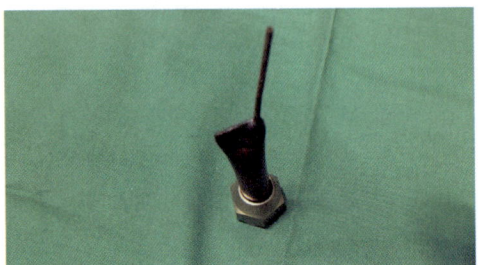

| 깔끔하게 용접된 모세관 |

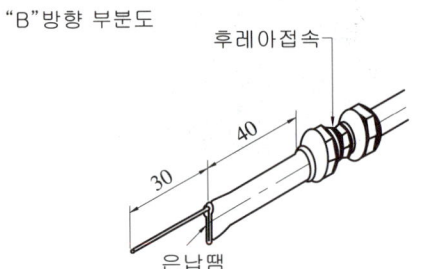

| 도면에서 모세관 길이를 30mm로 줬으나 실제 작업 시 모세관이 45mm로 (±10mm) 범위를 초과해 불합격 됨 |

3) 동관 끝 마무리 부분

동관 끝부분 역시 용접개소에 속한다. 그리고 모세관과 같이 시간이 촉박할 경우 실수하는 것보다 작업 시 놓치고 용접하지 않는 경우가 더욱 많다. 이런 부분들은 연습 시 항상 신경을 써주고 시험 당일 긴장하지 않고 차근차근 해 나갈 수 있는 습관을 기르는 것이 좋다. 특히 성격이 급한 수험자가 이런 실수를 하는 경우가 많이 나오므로 모든 작업을 차근차근 순차적으로 해 나가야 되며 작업마다 확인하는 습관을 기르는 것이 좋다.

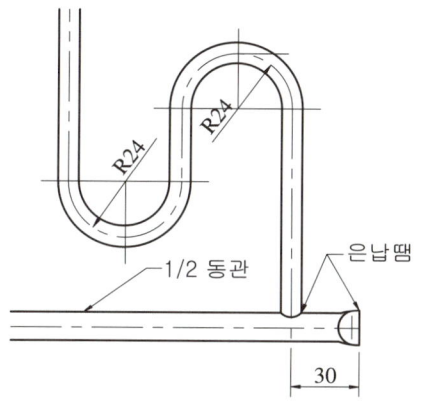
| 도면에서 은납땜으로 명시되어 있다 |

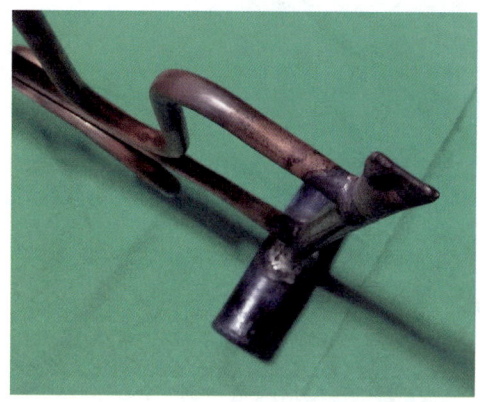
| 정상적으로 용접작업이 완료된 작품 |

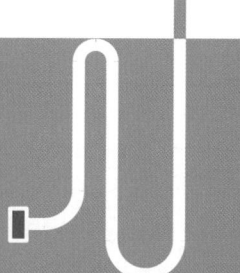

PART 02 전기(시퀀스)

CHAPTER 01   공조냉동기계기능사 · 산업기사 전기(시퀀스)작업 기초

01 전기(시퀀스)작업에 사용되는 공구
02 전기(시퀀스)작업에 사용되는 재료
03 기초 접점의 이해

· ·

CHAPTER 02   공조냉동기계기능사 시퀀스 제어회로 구성작업

· ·

CHAPTER 03   공조냉동기계산업기사 시퀀스 제어회로 구성작업

공조냉동기계기능사·산업기사 전기(시퀀스)작업 기초

01 전기(시퀀스)작업에 사용되는 공구

공조냉동기계기능사 · 산업기사 실기 전기작업에서 주로 사용되는 공구는 와이어 스트리퍼, 드라이버, 회로시험기 이렇게 세 가지 공구로 요약할 수 있다. 이외 종이테이프(기구 이름 표시), 호밍사(선 정리-지급재료), 자(기구배치), 전동드릴(본인지참 시) 등이 있으나 주공구 3가지만 있어도 시퀀스 작업은 충분히 가능하다고 할 수 있다.

❶ 와이어 스트리퍼

전선을 자르거나 피복을 제거하는 공구(니퍼, 팬치 등으로 대체가 가능하다.)

(1) 전선커팅 방법

와이어 스트리퍼의 역할은 크게 두 가지로 나뉘게 되는데 전선을 자르는 커팅작업과 피복을 제거하는 작업이다. 이중 전선을 커팅하기 위해서는 와이어 스트리퍼의 가장 안쪽부분에 있는 커팅 날을 이용하여야 하며 이는 빼찌와 사용방법이 같다고 볼 수 있다.

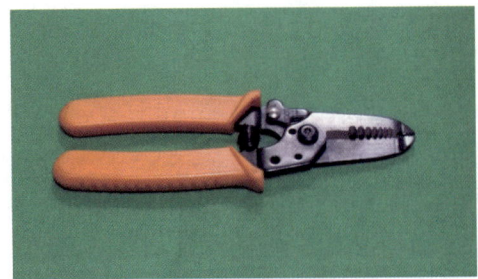

| 와이어 스트리퍼 전면 |

|전선을 자르는 커팅날의 모습 |

(2) 전선피복 제거작업 방법

와이어 스트리퍼를 이용해 피복을 제거하기 위해 우선 전선의 두께를 알아야 한다. 공조냉동기계기능
사 · 산업기사의 경우 붉은색 전선의 피복은 와이어 스트리퍼 1.6mm, 파란색 전선의 피복은 와이어 스
트리퍼 1.3mm에 맞추어 피복을 제거해준다.

| 붉은색 1.6mm |

| 파란색 1.3mm |

1) 와이어 스트리퍼 피복제거 순서

① 전선의 두께에 맞추어 와이어 스트리퍼를 대각선으로 기울여 물린다.

| 와이어 스트리퍼를 대각선으로 전선에 물린다 |

② 대각선으로 물린상태에서 와이어 스트리퍼를 다시 수직으로 고정시킨다. 이때 피복은 자연스럽게 잘리게 된다.

| 대각선으로 물린 와이어 스트리퍼를 다시 수직으로 고정시킨다. |

③ 왼쪽 엄지로 서서히 와이어 스트리퍼를 밀어주면서 피복을 벗겨 완전히 벗겨낸다.

 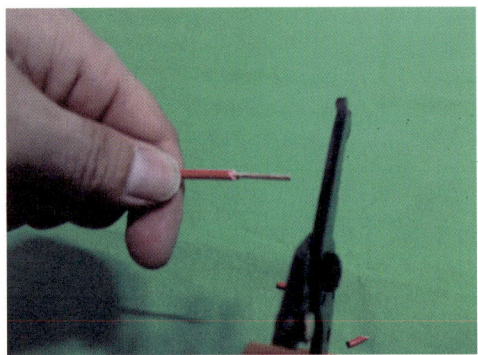

| 왼손으로 와이어 스트리퍼를 밀면서 피복을 완전 제거한다. |

② 드라이버

공조냉동기계기능사 · 산업기사 실기 전기작업에서 없어서는 안될 공구 중 사용방법이 가장 쉽고 가장 대중적이면서 가장 중요한 공구가 드라이버다. 드라이버는 양용(십자+일자)드라이버를 준비해가는 것이 좋다. 십자로 작업을 하다가 나사가 마모가 날 경우 일자로 대체하여 작업이 가능하기 때문이다. 여유가 된다면 개인용 전동드릴(핸드드릴) 역시 준비해가는 것도 좋다. 전동드릴 없이 작업은 충분히 가능하지만 전동드릴을 준비해간다면 좀더 빠르게 작업을 할 수 있으므로 시간을 절약할 수 있다.

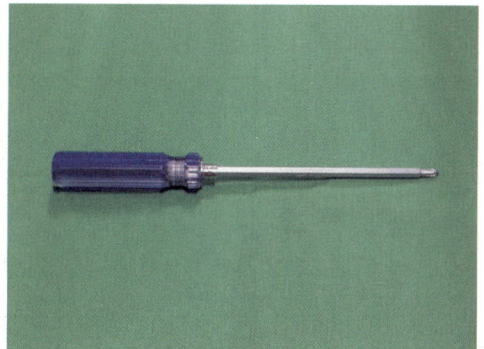

| 드라이버 |

③ 도통시험기(회로시험기)

시퀀스 작업이 끝난 후 제출하게 되면 합격 여부를 떠나 재검토가 불가능하다. 그러므로 작품 제출 전 자신의 생각대로 전선이 정확히 결선되었는지 확인 후 제출하여야 한다. 이때 필요한 공구가 도통시험기이다. 이 공구가 주공구가 아니다라는 의견도 있지만 필자의 소견으로는 공조냉동기계기능사 · 산업기사 실기 합격률을 가장 높일 수 있는 공구 중 한 개라고 생각되어 본 교재에 담게 되었다.

| 도통시험기 |

(1) 도통시험기 사용방법

도통시험기 사용방법은 크게 두 가지로 나뉘게 된다. 알람(소리) 형식과 조명(불빛) 형식으로 되어 있으며 주로 많이 사용되는 방식은 알람형식이지만 본 교재에서 소리에 대한 내용을 담을 수 없어 조명형식으로 소개한다.

우선 도면을 보고 자신이 결선한 부분에 도통시험기의 (+극)과 (−극)을 갖다댄 후 도통시험기 상단에 조명이 들어오는지 확인하고 조명이 들어온다면 자신이 원하는대로 전선이 연결되어 있음을 알 수 있다.

| 도통시험기 상단의 붉은 불빛을 확인할 수 있다. |

① 스위치

(1) 조작 스위치

조작 스위치는 사람이 직접 손으로 조작하여 명령을 주거나 처리방법을 변경, 수동 및 자동으로 변환시키는 스위치를 말한다.

1) 푸시버튼 스위치

버튼을 누르는 것에 의해 접점 기구부가 개폐되는 동작에 의하여 전기 회로를 개로, 폐로하는데 손을 떼면 스프링의 힘에 의해 원상태로 되돌아오는 복귀형과 한번 누르고 손을 떼도 유지되는 유지형이 있다.

| 복귀형 |　　　| 유지형 |

| 푸시버튼 스위치 |

참고하기

버튼 뒷면 NO와 NC에 대한 설명
· NO(Normal Open) : 무통전 시 열려있다.(A접점을 의미함)
· NC(Normal Close) : 무통전 시 닫혀있다.(B접점을 의미함)

2) 조광형 푸시버튼 스위치

한 개의 제품으로 스위치 기능과 램프의 역할을 가지고 있는 스위치. 즉 푸시버튼 스위치에 램프가 추가된 형태의 스위치라 할 수 있다.

| 조광형 푸시버튼 스위치 |

|조광형 푸시버튼 스위치 접점 부분 |

참고하기

버튼 뒷면 접점에 대한 설명
- NO(Normal Open) : 평상시 붙어있지 않는 접점. 위 사진에서 노멀 상태에는 아래쪽 접점이 떨어져 있으므로 아래쪽 접점이 A 접점이 된다.
- NC(Normal Close) : 평상시 붙어있는 접점. 위 사진에서 노멀 상태에는 위쪽 접점이 떨어져 있으므로 위쪽 접점이 B 접점이 된다.

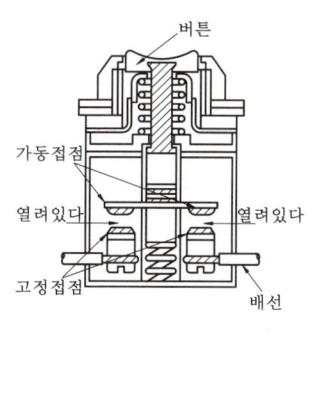
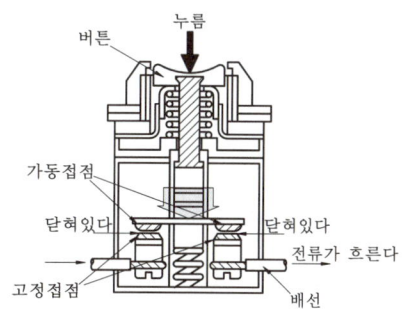
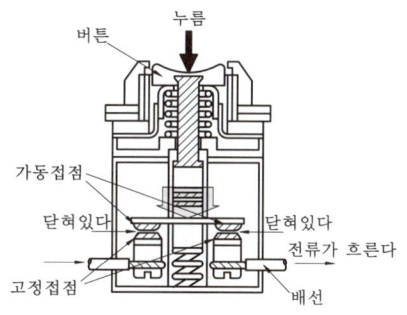
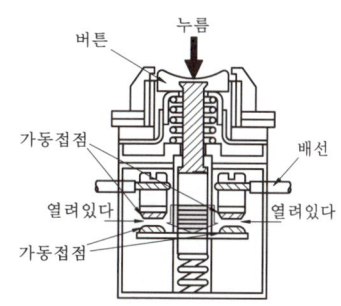

| 푸시버튼 스위치의 a, b접점 동작 원리 |

3) 셀렉터 스위치

푸시 버튼과는 달리 별도의 접점이 없으므로 혼동할 수 있으니 주의하는 것이 좋다. 다른 말로 선택 스위치라고도 하며 조작을 가하면 반대 조작이 있을 때까지 조작접점 상태를 유지하는 스위치로 운전/정지, 자동/수동, 연동/단동 등과 같이 조작 방법의 절환 스위치이다.

| 셀렉터 스위치 |

4) 검출스위치

검출스위치는 물체의 유무나 위치 또는 온도, 압력 등의 변화를 검출하고, 자동적으로 접점을 개폐하는 스위치로서 인간의 눈이나 귀 등의 감각에 해당하는 동작을 한다.

① 리미트 스위치

제어대상의 위치 및 동작 상태 또는 변화를 검출하는 스위치로 공작기계 등 모든 산업현장에 사용되며 구조는 접촉자, 접점, 외장 등으로 구성되어 있으며 기계적 접점 스위치로 기기들이 움직일 때 정해진 위치에서 동작 검출하는 스위치이다.

(a) 표준 롤러 레버형 (b) 조절 롤러 레버형 (c) 양 레버 걸림형 (d) 조절 로드 레버형
| 리미트 스위치 종류 |

② 마이크로 스위치

미소 접점 간격과 스냅 동작기구를 가지고 규정된 힘으로 개폐동작하는 접점 기구가 케이스로 덮여 있고 그 외부에 액추에이터에는 다른 물체의 접촉 시 접점 개폐를 할 수 있는 기구를 갖추고 있다.
압력검출, 액면 검출, 바이메탈을 이용한 온도조절, 중량검출 등에 사용된다.

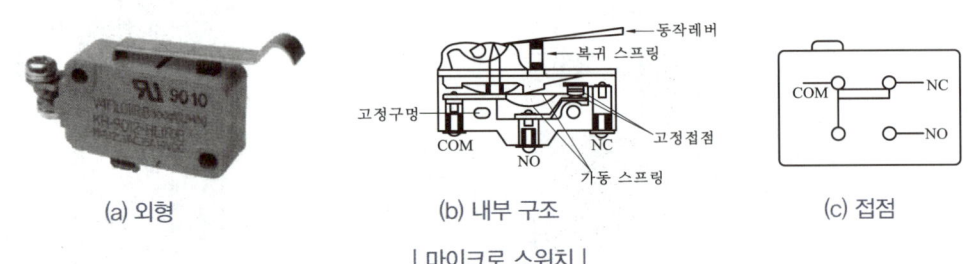

(a) 외형 (b) 내부 구조 (c) 접점
| 마이크로 스위치 |

❷ 표시등(램프)

전기의 공급으로 불빛이 들어오는 장치이다. 공조냉동기계기능사 · 산업기사 전기(시퀀스) 실기의 경우 완성 후 동작테스트를 하게 되는데 이때 실제 모터 대신 램프의 작동 순서 및 색깔별 정확한 동작을 확인함으로써 합격여부를 판단하게 된다. 램프는 접점이 없으므로 In/Out 으로 표시한다.

| 기본형 램프 전면 |

| 기본형 램프 후면(좌우 In/Out 접점) |

| 리셉터클 램프 |

❸ 구동용 기기 및 안전장치(MC, THR, MCCB, 퓨즈)

(1) 전자 접촉기(Magnetic Contactor)

전자 접촉기는 전자코일에 전류가 흐르면 전자석으로 되어 가동 철심을 흡인하여 접점을 개폐하는 주회로 개폐용으로 큰 접점 용량이나 내압을 가진 릴레이를 말한다. 주회로는 각 선로에 전자 접촉기의 접점을 넣어 모든 선로를 개폐한다.

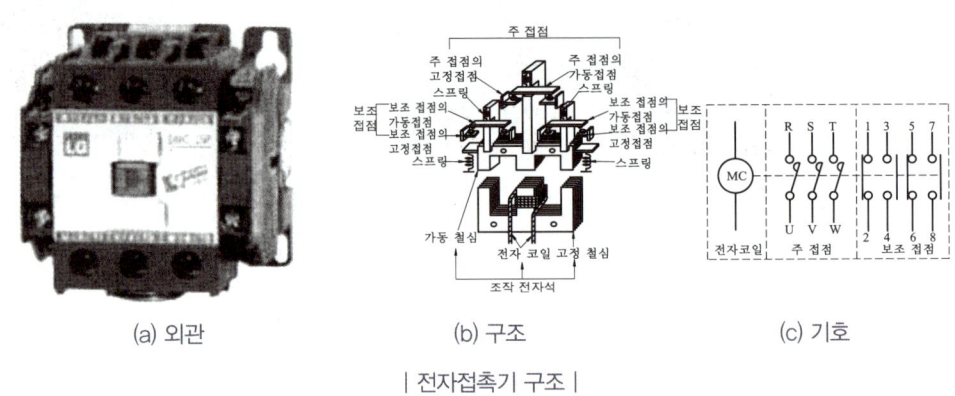

(a) 외관   (b) 구조   (c) 기호

| 전자접촉기 구조 |

(2) 전자 개폐기(Magnetic Switch)

전력으로 개폐 조작을 하게 하는 스위치로, 일종의 자동 개폐기이다. 즉 고정철심과 가동철심에 감겨 있는 전자 코일에 전류가 흐르면 전자석으로 작용하여 다수 접점이 동시 접촉시키는 것으로 전자 접촉기에 과전류 제한장치를 부착한 것을 말한다. 과전류 계전기의 유무에 따라 전자 접촉기 또는 전자 개폐기로 구분된다.

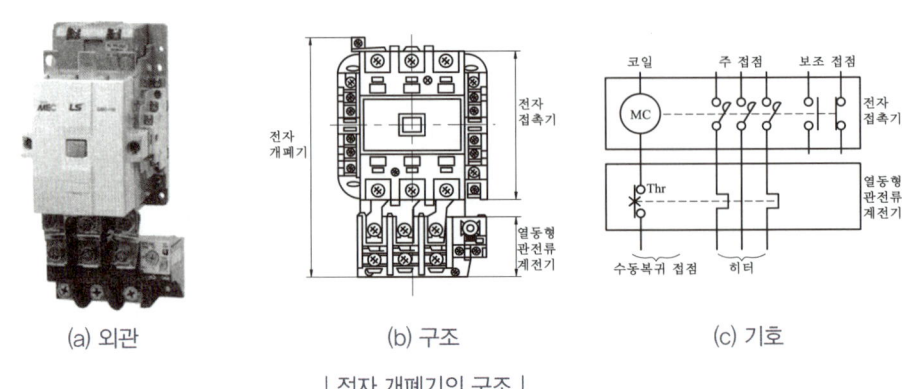

(a) 외관   (b) 구조   (c) 기호

| 전자 개폐기의 구조 |

(3) 열동형 계전기

열동형 계전기는 THR이라고도 하며 부하 이상에 의한 정상전류 증가를 검출하고 회로를 차단하는 대표적인 과부하 보호 장치로, 열전달 방식에 따라 직렬식과 반 간접식, 병렬식이 있다.

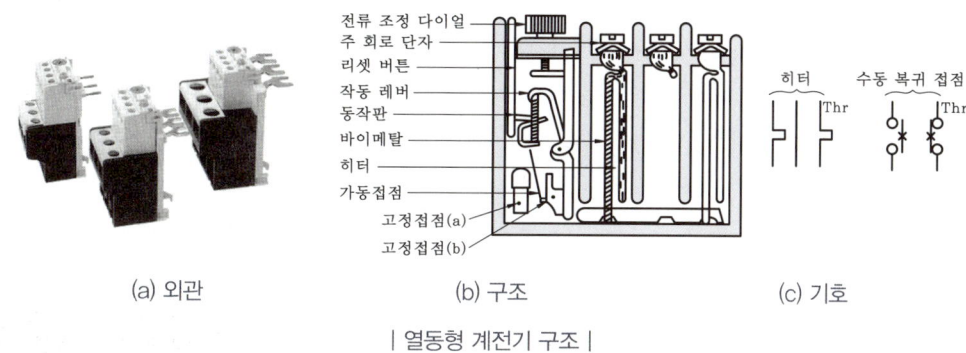

| 열동형 계전기 구조 |

(a) 외관   (b) 구조   (c) 기호

(4) 배선용 차단기(MCCB)

개폐기구 트립 장치 등 절연물 용기 속에 일체로 조립한 차단기로 부하 전류의 개폐를 하는 전원 스위치로 사용되는 것 외에 과전류 및 단락 시에는 열동 트립 기구가 동작하여 자동적으로 차단한다. 과부하 장치가 있는 것으로 NFB라 하며 주택 배전반용 및 각종 제어반에 사용되고 있다.

(5) 퓨즈(fuse)

과전류, 단락 전류가 흘렀을 때 퓨즈 엘리먼트가 용단되어 회로를 자동 차단시켜 주는 역할을 하고 퓨즈는 납, 주석 등 가용체로 되어 있으며, 종류에는 포장형과 비포장형이 있다.

(a) 유리형   (b) 통형

④ 릴레이 및 단자대 종류

(1) 8핀 릴레이

2개의 A접점, 2개의 B접점, 2개의 C접점으로 이루어진 릴레이로서 동작원리는 전자개폐기와 같다. 즉 전원이 들어오면 전자석에 의해 A접점은 붙게 되어 전기가 통하게 되며 B접점은 떨어져 전기가 통하지 않게 되는 원리이다.

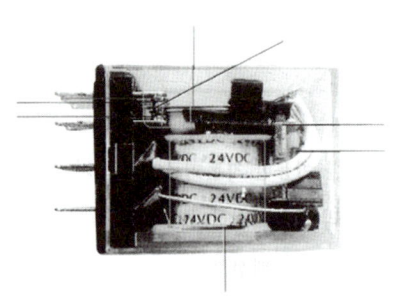

| 8핀 릴레이 |

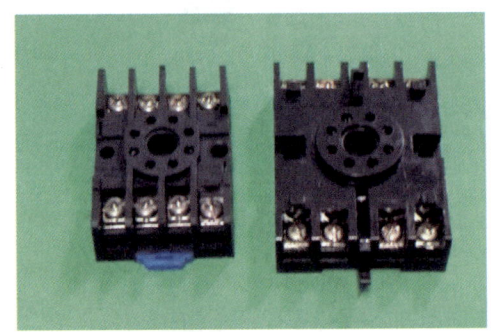

| 8핀 릴레이 소켓 |

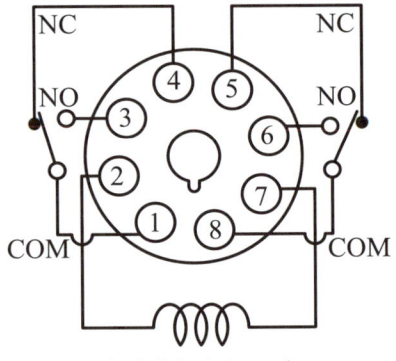

| 릴레이 접점 구조 |

(2) 20핀 릴레이 : 전자접촉기(MC)

8핀 릴레이와 같은 원리. 공조냉동기계기능사 · 산업기사 전기(시퀀스) 실기에서 20핀 릴레이가 전자접촉기(MC)로 사용되고 있다.

| 20핀 릴레이 정면 |

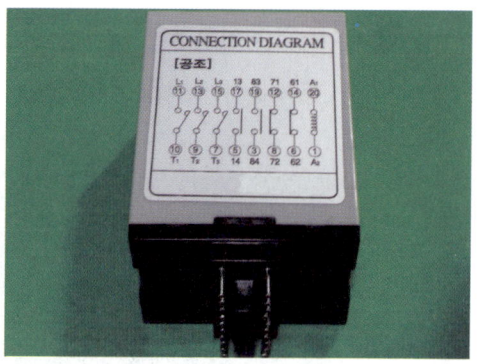

| 20핀 릴레이 측면(내부회로도) |

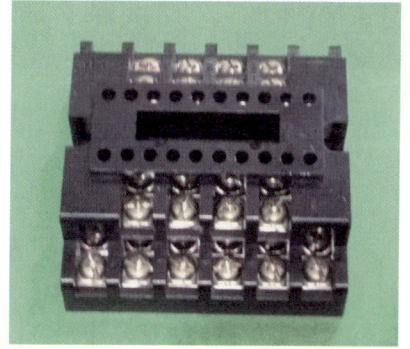

| 20핀 릴레이 소켓 |

(3) 타이머(Timer)

전기적, 기계적 압력을 부여하여 시간이 지난 후 그 접점이 폐로 및 개로시키는 것을 말하며 종류로는 모터식, 전자식, 제동식 등이 있다.

1) 한시동작 순시복귀

입력신호가 들어오고 설정시간이 경과한 후 접점이 동작하며 신호 차단 시 접점이 순시 복귀되는 형태(A접점과 비슷한 형태)

2) 순시동작 한시복귀

입력신호가 들어오고 순간적으로 접점이 동작하여 입력신호가 소자하면 접점이 설정시간 후 동작되는 형태(B접점과 비슷한 형태)

3) 한시동작 한시복귀

한시동작 순시복귀형과 순시동작 한시복귀형을 합성한 형태

| 타이머 정면 |

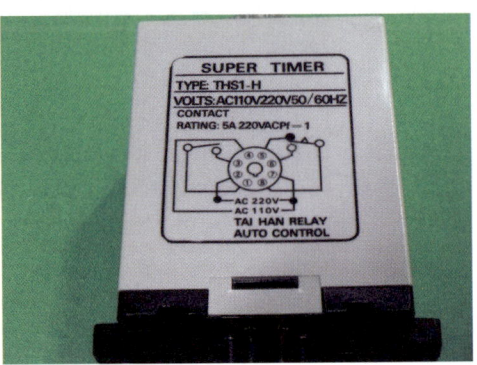

| 타이머 측면(내부 회로도) |

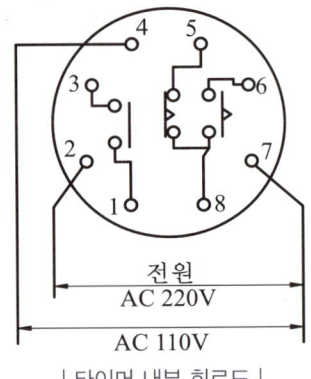

| 타이머 내부 회로도 |

(4) 플리커 릴레이(Flicker Relay)

전원이 투입되면 a접점과 b접점이 교대로 점멸되며 점멸시간을 조절할 수 있으며 신호등 및 자동차용 방향지시등으로 흔히 사용된다.

(a) 플리커 릴레이 외형

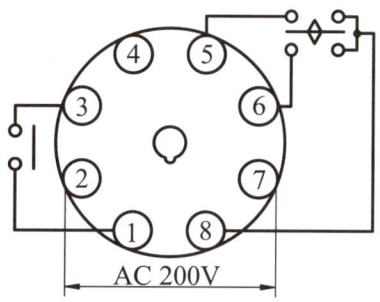

(b) 플리커 릴레이 내부 회로도

| 플리커 릴레이 |

(5) 단자대

콘트롤반과 조작반의 연결을 위해 사용하는 것으로 단자대에 접속하는 방법은 압착단자, 링고리, 누름 판 압착 방법이 있고 단자대는 고정식과 조립식이 있다.

| 4핀 단자대 | | 3핀 단자대 |

(6) 부저

시퀀스 제어회로의 고장이나 긴급한 상황 시 소리에 의해 기계의 이상 유무를 알리기 위한 장치로, 비상등과 교대점멸로 사용되며 노출형과 매립형이 있다.

| 부저 |

| 전동드릴 사용금지 문구 |

| 부저 접점 |

03 기초 접점의 이해

❶ 접점의 종류

시퀀스 작업에 앞서 가장 먼저 알아야 할 것이 바로 접점이다. 이 접점에 대한 이해 없이는 시퀀스 작업을 시작할 수조차 없을만큼 접점은 가장 기초적이며 가장 중요하다고 볼 수 있다. 시퀀스 회로의 접점은 a접점, b접점, c접점 이렇게 세 가지로 나뉘는데 이때 a접점은 Normal Open, b접점은 Normal Close, c접점은 Common이라 칭한다.

✛ 알아두기

접점 쉽게 이해하기

접점을 쉽게 이해하려면 집에 설치된 형광등을 생각해보는 것이 좋다. 형광등을 켤 때 우리는 흔히 형광등 스위치를 누르게 되는데 형광등을 켜기 위해 작동되는 회로를 ON이라 하고 형광등을 끄기 위한 스위치를 OFF라고 상상 해보자.

그럼 ON버튼은 우리가 손으로 스위치를 작동하기 전에는 전기가 통하지 않다가 손으로 스위치를 누르면 전기가 통한다. 그렇다면 ON버튼은 Normal 상태에서 접점이 열려 있어 전기가 통하지 않으므로 Normal Open이 되므로 a접점이라 가정할 수 있다.

이번엔 Off스위치를 생각해보면 Off스위치는 Normal 상태에서는 접점이 닫혀 전기가 통하다가 손으로 스위치를 작동하면 접점이 떨어져 전기가 통하지 않게 된다. 그렇다면 Off버튼은 Normal 상태에서 접점이 닫혀있으므로 Normal Close가 되고 b접점이라 가정할 수 있다.

C접점은 중립 접점이라고 하며 Common 접점으로 표시하기도 한다.

(1) a접점(NO)

「ON」조작을 하면 닫히고, 「OFF」조작하면 열리는 접점으로, 메이크(make) 접점 또는 NO(Normal Open) 접점이라고도 한다(도면에서는 접점의 바가 오른쪽과 위쪽에 표시된 경우 a접점으로 본다).

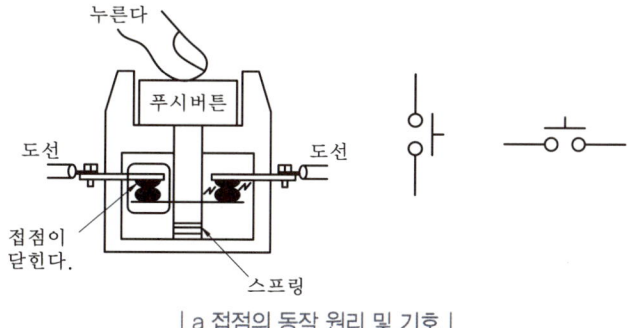

| a 접점의 동작 원리 및 기호 |

(2) b접점(NC)

「ON」조작을 하면 열리고, 「OFF」조작 하면 닫히는 접점으로, 브레이크(break) 접점 또는 NC(Normal Close) 접점이라고도 한다(도면에서는 접점의 바가 왼쪽과 아래쪽에 표시된 경우 b접점으로 본다).

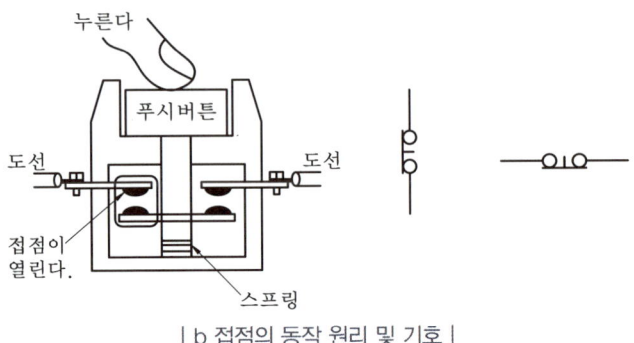

| b 접점의 동작 원리 및 기호 |

(3) c접점(Common)

a접점과 b접점을 공유하고 있으며 「ON」조작을 하면 a접점이 닫히고(b접점은 열리고), 「OFF」조작을 하면 a접점이 열리는(b 접점은 닫히는) 접점으로 절환(change -over)접점 또는 트랜스퍼(transfer) 접점이라고도 한다.

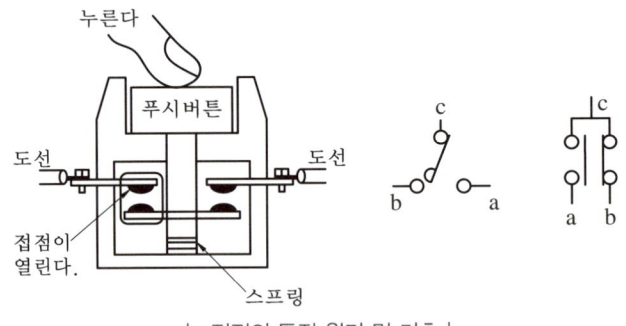

| c접점의 동작 원리 및 기호 |

(4) 접점의 기호

항목		a접점		b접점		c접점	
		횡서	종서	횡서	종서	횡서	종서
수동조작접점	수동 복귀						
	자동 복귀						
릴레이접점	수동 복귀						
	자동 복귀						
타이머접점	한시 동작						
	한시 복귀						
기계적 접점							

❷ 자기 유지 회로

유지형 스위치를 사용하면 램프를 켜고 끌 수 있으며, 새로운 입력이 있을 때까지 현재 상태가 계속 유지되나 유지형 스위치를 이용해서는 자동제어를 수행하기 곤란하여 시퀀스 제어에서는 복귀형 푸시버튼 스위치를 일반적으로 사용한다. 복귀형 스위치는 누를 때만 상태가 유지되고 압력을 가하지 않으면 초기 상태로 복귀한다. 따라서 푸시버튼 스위치를 이용하여 그 상태를 계속 유지하기 위해 사용하는 회로가 자기 유지 회로이다.

(1) 자기 유지 기본 회로

기억회로라 하며 누름 버튼 스위치 PB1접점을 ON하면 릴레이 작동 후 X–a 접점이 붙어 버튼 스위치 PB1 접점을 Off하여도 X–a 접점은 계속 붙어 있어 X–a 접점을 통해 회로를 유지시켜 계속 동작하는 회로이다.

① PB1을 눌러 전원 공급했을 때 코일 X는 여자되어 X–a 접점도 닫힌 상태에서 유지된다. 따라서 코일 X에 전류가 흐른다. (자기 유지 회로)
② 입력 PB1을 Off하여도 회로는 X–a 접점은 여자되어 있는 상태이므로 X–a접점을 통해 계속 전류가 흐르므로 코일은 동작을 계속한다.

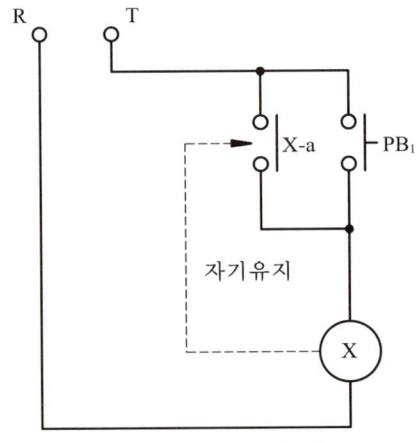

| 자기 유지 기본 회로 |

(2) ON 우선 동작 회로

입력 차단방법을 말하며 누름버튼 스위치 PB1과 PB2를 동시에 누르면 릴레이가 여자되어 동작하는 회로이다.

① 누름버튼 스위치 PB1과 PB2를 동시에 눌렀을 때 누름버튼 스위치 PB1에 의해서 회로가 연결되어 릴레이 X가 동작하므로 ON이 우선인 회로이다.

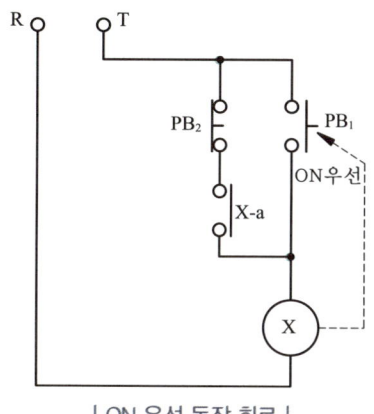

| ON 우선 동작 회로 |

(3) OFF 우선 동작 회로

입력 차단방법을 말하며 누름버튼 스위치 PB1과 PB2를 동시에 누르면 PB2에 의하여 회로가 차단되는 (b접점 입력이 열리면 릴레이 동작이 정지되는) 회로이다.

① 누름버튼 스위치 PB1과 PB2를 동시에 눌렀을 때 입력 PB2는 b접점이기 때문에 회로를 차단하여 릴레이가 동작하지 않는다.

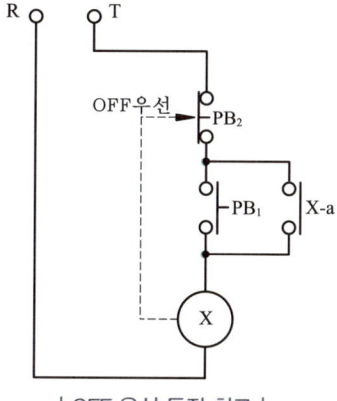

| OFF 우선 동작 회로 |

(4) 쌍안정 회로

기계적 접점인 유지형 접점을 사용한 릴레이로서 작동 코일과 복귀 코일 2개 코일이 있으며 접점은 기계적 유지되고, 단 접점을 한 방향에서 다른 쪽으로 이동시키는 일을 한다.

① PB1을 눌러 전원을 공급했을 때 릴레이 코일 X1이 작동하고 릴레이 코일 a접점 X1이 닫혀 입력 PB1을 제거해도 그 상태를 계속 유지한다.

② PB2를 눌렀을 때 기계적 a접점이 X1이 작동 상태를 유지하고 있으므로 입력 PB2을 누르면 릴레이 코일 a접점 X1이 닫혀 있는 상태이므로 릴레이 코일 X2가 작동하고 릴레이 코일 b접점 X2가 열려 릴레이 코일 X1이 작동하지 않아 릴레이 코일 X2도 작동을 정지한다.

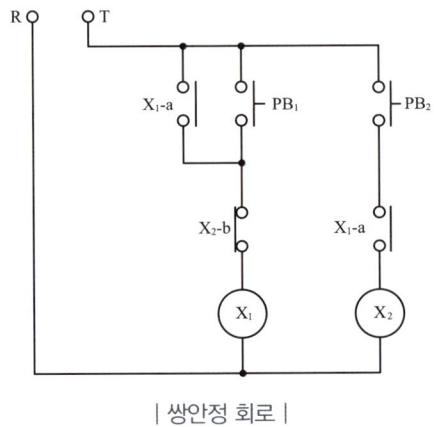

| 쌍안정 회로 |

(5) 수동 복귀 회로

열동형 과전류 계전기, 전자식 과전류 계전기 등에 사용되는 회로로, 한번 작동하면 기계적으로 작동 상태를 계속 유지하며, 회로 복귀는 손으로 하는 회로이다.

① THR 비작동 시 입력인 누름 버튼 스위치 PB1를 주었을 때 릴레이 코일 X가 작동된다.

② THR 작동 시 입력인 누름 버튼 스위치 PB1을 주었을 때 THR부에서 전원 차단되어 릴레이 코일 X는 작동되지 않는다.

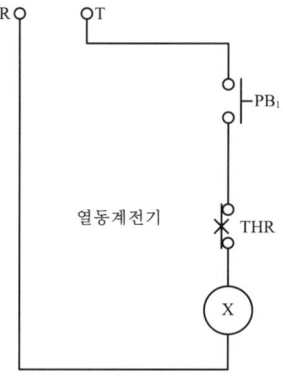

| 수동 복귀 회로 |

❸ 인터록 회로

2개 입력 중 먼저 작동시킨 쪽의 회로가 우선으로 이루어져 기기가 작동하며, 다른 쪽에 입력이 들어오더라도 작동하지 않는 회로로 퀴즈문제, 정·역회로, 기기의 보호 회로로 많이 사용하고 있다.

(1) 선행 우선 회로

여러 개의 입력 신호 중 제일 먼저 들어오는 신호에 의해 동작하고 늦게 들어오는 신호는 동작하지 않는 회로를 선행 우선 회로라 한다.

① PB1을 누르면 릴레이 코일 X1이 동작한다. 이때 릴레이 코일 X1의 b 접점은 떨어진다. 이때 PB2를 눌러도 X2는 동작하지 않는다.

② X1이 동작하지 않을 때 PB2를 누르면 릴레이 코일 X2 코일이 동작하고 릴레이 코일 X2의 b접점은 떨어진다. 이때 PB1을 눌러도 릴레이 코일 X2코일의 b접점에서 차단되어 릴레이 코일 X1는 작동하지 않는다.

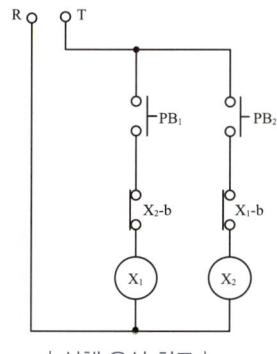

| 선행 우선 회로 |

(2) 우선 동작 순차 회로

여러 개의 입력 조건 중 어느 한 곳의 입력에 최초 입력이 부여되면 그 입력이 제거될 때까지는 다른 입력을 받아들이지 않고 그 회로 하나만 동작한다.

① 푸시버튼 PB1, PB2, PB3 중 제일 먼저 누른 스위치에 의해 X4의 릴레이가 동작한다. 이때 X4의 b 접점이 각각 회로에 직렬로 연결되어 있어 다른 푸시버튼 스위치를 눌러도 릴레이는 동작하지 않는다. 제일 먼저 누른 신호가 우선이다.

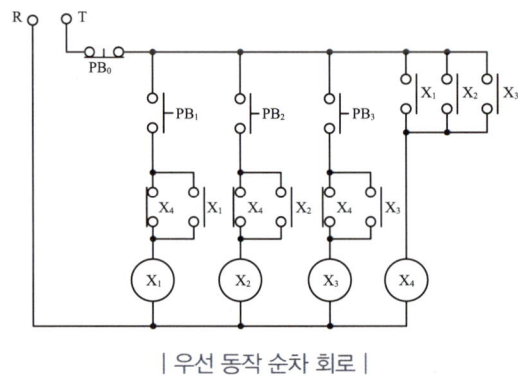

| 우선 동작 순차 회로 |

④ 타이머 회로

타이머의 시간차를 만들어 내는 방법에 따라 모터식, 전자식, 제동식 타이머 등이 있고 타이머 출력 접점에는 동작 시에 시간 지연이 있는 것과 복귀 시에 시간 지연이 있는 것이 있다.

(1) 지연 작동 회로

가장 기본적 작동 회로로 입력이 주어진 후 설정 시간이 되어야 출력이 나오는 회로이다.

① PB1을 눌렀을 때 타이머 코일 T가 동작이 시작되고 T가 동작되면 타이머의 순시 a접점 T가 닫혀 자기 유지된다.
② 입력 누름 버튼 스위치 PB1을 Off했을 때 자기 유지회로가 되어 타이머 작동은 계속된다.
③ 입력 누름 버튼 스위치 PB2를 눌렀을 때 타이머 전원이 차단되며 즉시 타이머 한시동작 순시 복귀 접점이 원래 상태로 돌아온다.

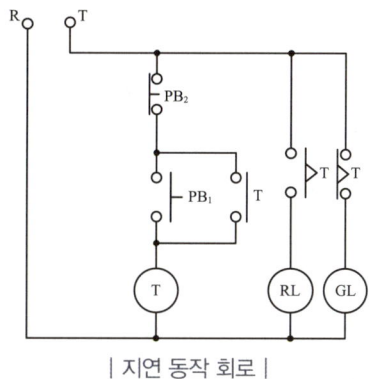

| 지연 동작 회로 |

(2) 한시 복귀 회로

입력이 주어지면 순시에 출력을 내고 입력을 제거해도 설정시간까지는 계속 출력을 내며, 설정시간 후 작동이 정지되는 회로이다.

① 누름 버튼스위치 PB1을 눌렀을 때 릴레이 코일 X1이 동작하여 릴레이 a접점 X1에 의하여 자기 유지된다.

② 누름 버튼스위치 PB2을 눌렀을 때 릴레이 코일 X1이 차단되고 릴레이 X1의 b접점이 닫혀 타이머 코일 T가 작동된다. 설정시간 후 타이머 한시 접점 T가 열려 릴레이 코일 X2의 전원도 차단시킨다.

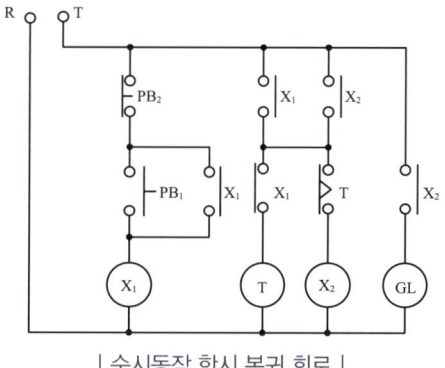

| 순시동작 한시 복귀 회로 |

(3) 한시동작 순시복귀 회로

입력신호가 부여된 후 설정시간이 지난 다음 출력을 내고 입력이 제거되더라도 계속 출력을 내다가 설정시간이 지나면 정지되는 회로이다.

① 동작 순서 : 최초 차단기가 올라간 상태에서는 RL은 소등되어 있고 GL은 점등 되어있다. 그 상태로 PB1을 누르면 T1전원이 동작하고 T-a(순시)접점이 붙어 자기유지가 이루어지며 이 후 t초가 지나면 타이머 T-a(한시)접점은 닫혀 RL이 점등되고, T-b(한시)접점은 열려 GL이 소등된다.

② 정지 순서 : PBS2를 누르면 T-a(순시)접점이 떨어져 T-a(한시)접점이 열리고, T-b(한시)접점이 닫히면서 RL은 소등되고 GL은 다시 점등된다.

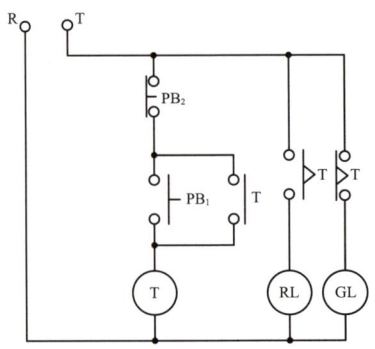

| 지연 동작 한시 복귀 회로 |

(4) 지연 간격 동작 회로

입력 신호를 주면 설정 시간이 지난 후부터 출력을 내기 시작해 일정시간 동안 출력을 내는 회로이다.

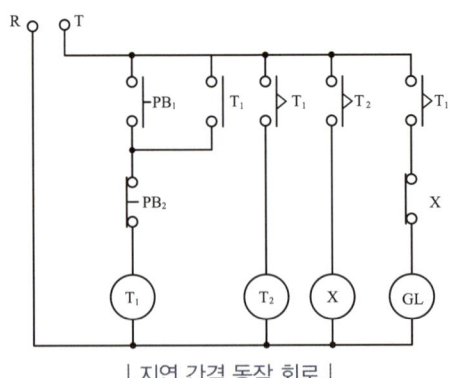

| 지연 간격 동작 회로 |

⑤ 신호 검출 회로

기기 동작 상태나 신호 및 출력 상태를 나타내는 회로로 현재 상태를 표시하는 방법에 따라 신호 발생, 신호 소멸, 동작 릴레이 검출 회로 등이 있다.

(1) 신호 발생 검출 회로

입력 신호를 수신하였을 대만 검출하는 회로이며, 설정시간 동안만 출력을 발생시키는 펄스 신호를 발생하는 회로이다.

① 입력인 누름 버튼 스위치 PB1의 신호가 들어오면 릴레이 X1이 동작하여 램프 GL가 점등되었다가 타이머 T에 의해 t초 후 자동으로 소등된다.

② 누름 버튼 스위치 PB1의 신호가 Off되면 다시 원 상태로 돌아와 신호를 대기하게 된다.

③ 입력 신호가 인가되는 동시 릴레이가 작동하고 출력을 내며, 설정시간 후 타이머는 ON 되고 출력은 소멸된다.

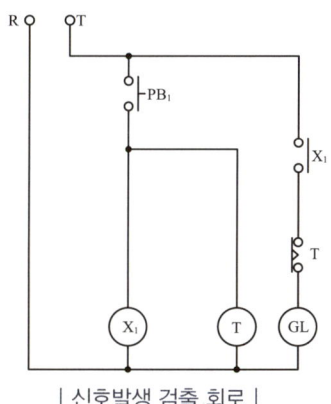

| 신호발생 검출 회로 |

(2) 신호 소멸 검출 회로

입력신호를 수신했을 때는 펄스신호를 발생하지 않고 입력 신호 수신 후 제거되었을 때만 펄스신호를 발생하는 회로이다.

① 입력인 누름 버튼 스위치 PB1을 누르면 입력 PB1을 누르면 릴레이 코일 X1이 동작되고 b접점 X1이 열려 출력을 차단시킨다. 또한 입력 PB1을 누르면 Off 릴레이 타이머 코일 T가 동작 상태를 대기하게 된다.

② 누름 버튼 스위치 PB1이 눌러진 후 다시 Off되면 Off 릴레이 타이머 코일 T의 동작이 시작되어 순시 동작 한시 복귀 a 접점 T가 닫힌다. 설정 시간 후에 다시 a접점 T가 열려 회로를 차단시키고 출력이 정지된 후 입력신호가 들어오면 릴레이 코일 X1과 타이머 코일 T는 동시 작동을 시작하고 출력은 나오지 않는다.

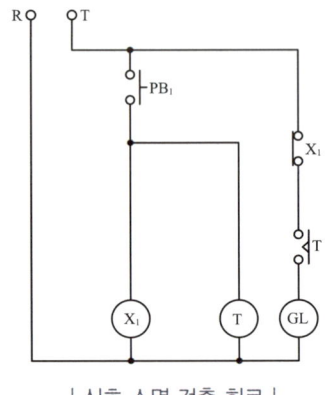

| 신호 소멸 검출 회로 |

❻ 전자 개폐기를 이용한 회로

전자 개폐기는 시퀀스 회로에서 전동기를 제어하는 데 가장 많이 사용되는 것으로 크게 주접점과 보조 접점으로 이루어져 있고 코일에 따라 전압이 다르게 되어 있다.

(1) 우선 회로

① stop 동작은 start과 stop 버튼을 동시에 누르면 회로는 항상 정지 상태를 유지하므로 정지 우선 회로라 하고, 자기 유지 접점은 X-a접점으로 start버튼을 누르면 X코일은 여자 되어 X-a접점은 접속되고, start 버튼을 놓았을 때도 X-a접점은 접속된 상태로 계속 있게 되어 X코일은 계속 여자 상태를 유지하게 된다. X-a접점은 X코일의 여자 상태를 계속 유지하므로 X-a접점을 자기 유지 접점이라 하고 회로를 자기 유지 회로라 한다.

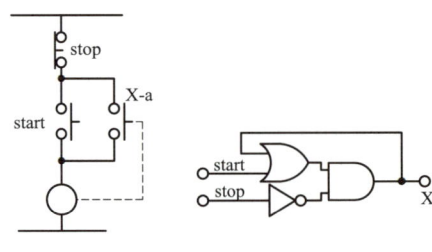

(a) stop 우선 회로

② start 동작은 start과 stop 버튼을 동시에 누르면 회로는 항상 기동 상태를 유지하므로 기동우선회로라
하고 순서 제어 또는 선택, 우선 회로에 사용한다.

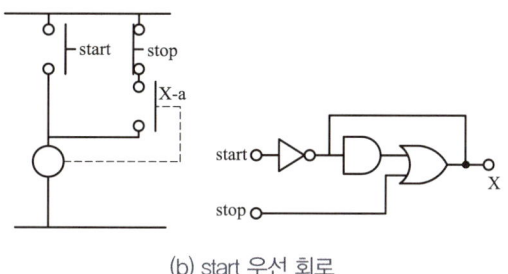

(b) start 우선 회로

(2) 인칭 회로

① 기동 버튼을 누르면 코일이 여자되어 자기 유지 접점, 즉 a접점이 ON되어 기동 버튼을 계속 누르고
있지 않아도 동작되는 회로이다.

② ①의 상태에서 인칭 버튼을 누르면 버튼 b접점에 의해 회로를 차단하고 인칭 버튼을 누르고 있는 동
안만 코일이 여자되어 동작한다.

③ 이때 정지 버튼을 누르면 처음 상태로 된다.

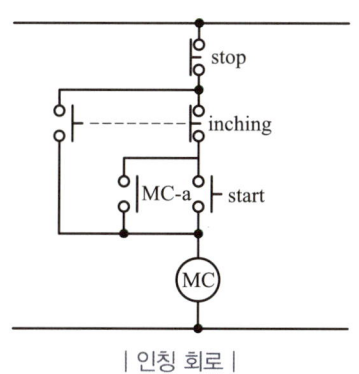

| 인칭 회로 |

(3) 인터록 회로

① start1을 누르면 MC1이 동작(정회전), start2를 누르면 MC2가 동작(역회전), 동작명령을 동시에 누를 경우에 정·역회전이 동시에 동작되지 않도록 상호 b접점을 이용하여 동작을 저지하는 회로, 즉 선행 우선인 회로이다.

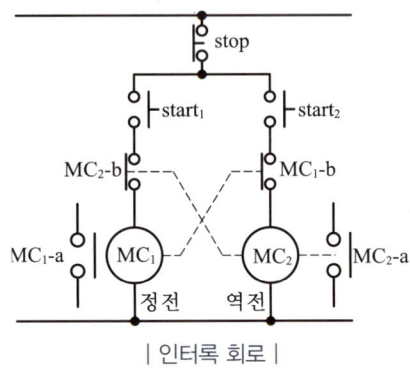

| 인터록 회로 |

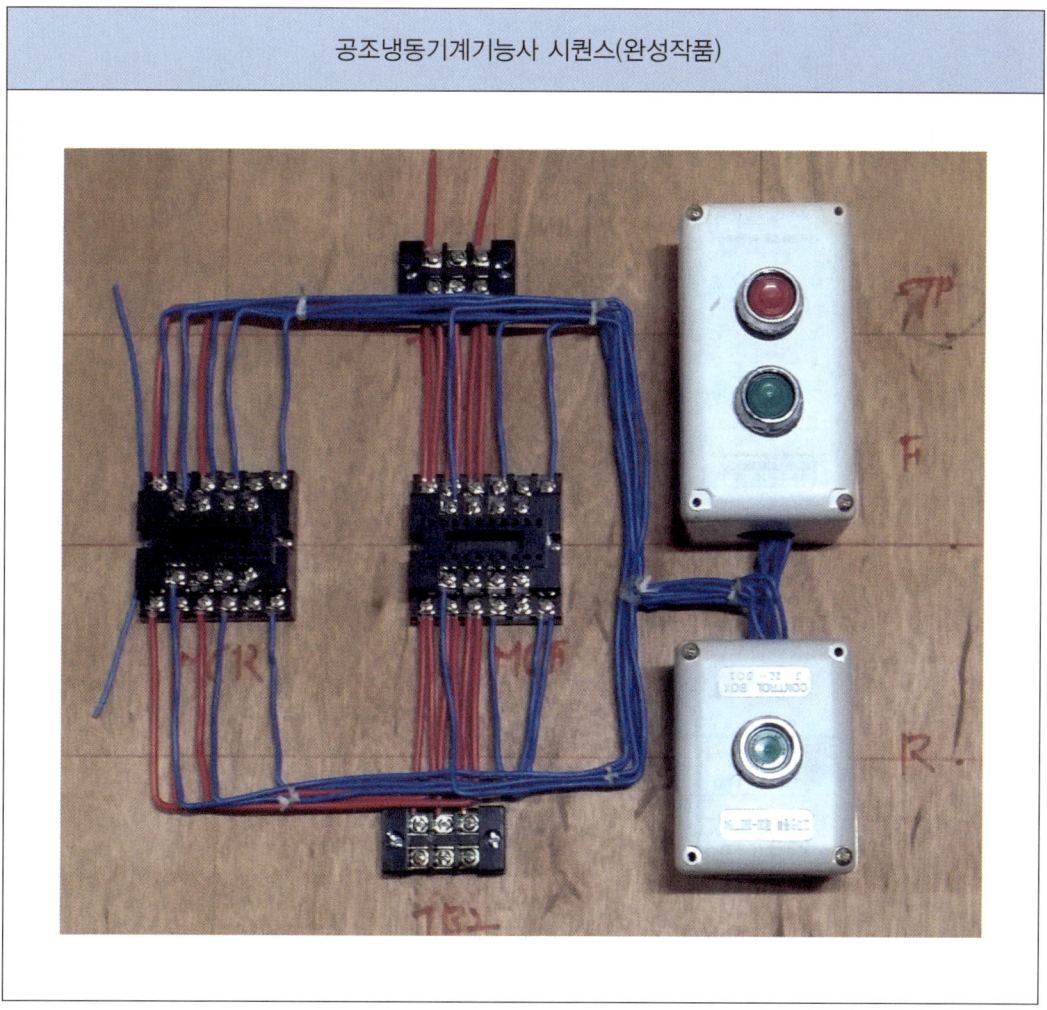

CHAPTER 02 | 공조냉동기계기능사 시퀀스 제어회로 구성작업

공조냉동기계기능사 시퀀스(완성작품)

자격종목	공조냉동기계기능사(1)	과제명	제어회로 구성작업	시간	1시간55분

1. 기구 배치도

2. 회로도

3. 전자접촉기, 릴레이 내부구조 및 소켓번호

(1) 핀번호-1

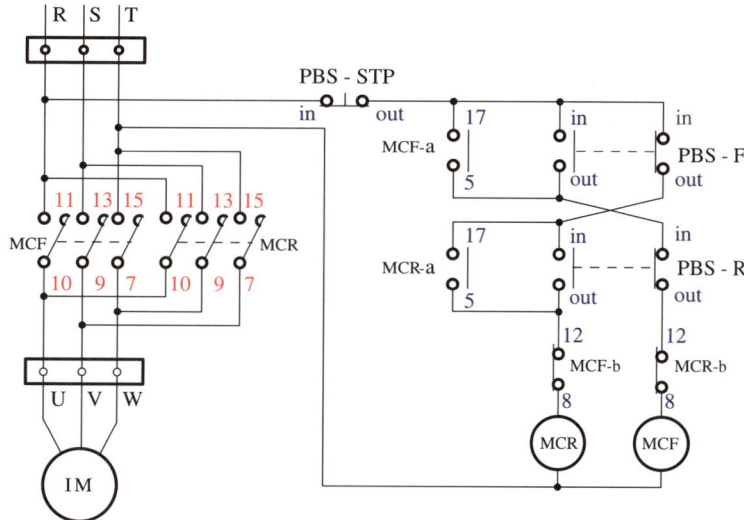

(2) 동작설명-1

① 전원을 투입한다.

② PBS-F 버튼을 누르면 MCF가 여자되어 MCF-a접점이 자기유지되므로 전동기가 정회전한다.

③ PBS-R 버튼을 누르면 MCF가 끊어지고 MCR이 여자되면서 MCR-a접점이 자기유지되므로 전동기가 역회전한다.

④ PBS-STP 버튼을 누르면 전체 전원이 차단되므로 유도전동기가 정지한다.

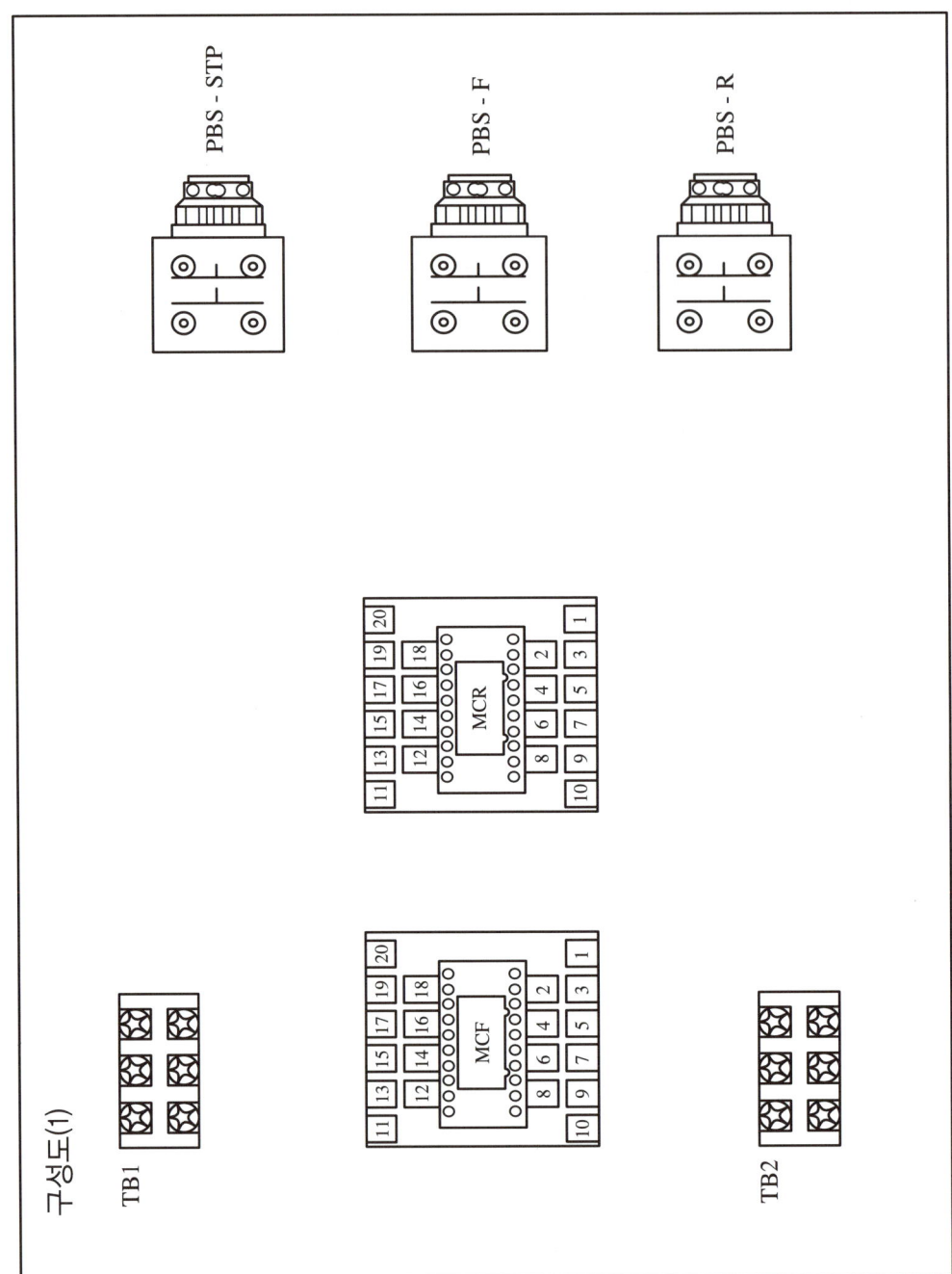

구성도(1)

자격종목	공조냉동기계기능사(2)	과제명	제어회로 구성작업	시간	1시간55분

1. 기구 배치도

```
┌─────────────────────────────────┐
│  ┌──────────┐                   │
│  │   TB1    │      ○  STP-BS/GL │
│  └──────────┘                   │
│  ┌──────────┐                   │
│  │    MC    │      ○  INCHING   │
│  └──────────┘                   │
│  ┌──────────┐                   │
│  │   THR    │      ○  ST-BS/RL  │
│  └──────────┘                   │
│  ┌──────────┐                   │
│  │   TB2    │                   │
│  └──────────┘                   │
└─────────────────────────────────┘
```

2. 회로도

3. 전자접촉기, 릴레이 내부구조 및 소켓번호

(1) 핀번호-2

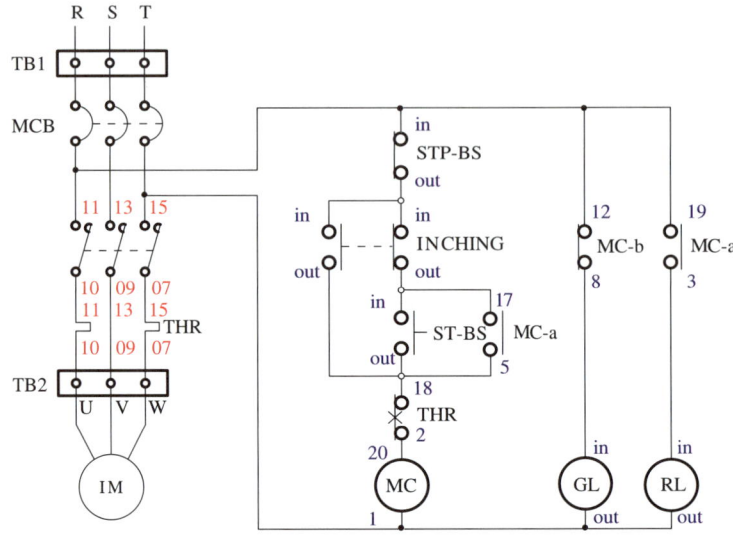

(2) 동작설명-2

① 전원을 넣으면 MC-b접점은 접점이 붙어 있어 전기가 통하므로 GL이 점등된다.

② PBS(inching) 버튼을 누르면 MC전원이 작동하고 MC-a가 여자되므로 RL이 점등되면서 MC-b가 차단되어 GL이 소등된다(버튼을 누르는 동안).

③ PBS(inching) 버튼을 놓으면 MC전원이 차단됨과 동시에 MC-a 접점이 떨어져 RL이 소등되고 MC-b가 다시 붙어 GL이 점등된다(버튼을 놓으면 원상복귀).

④ ST-BS 버튼을 누르면 MC가 작동하여 MC-b는 차단되므로 GL은 소등되고 MC-a가 자기유지되므로 RL이 점등되어 유지된다.

⑤ STP-BS 버튼을 누르면 운전이 정지되어 RL은 소등되고 GL은 점등된다.

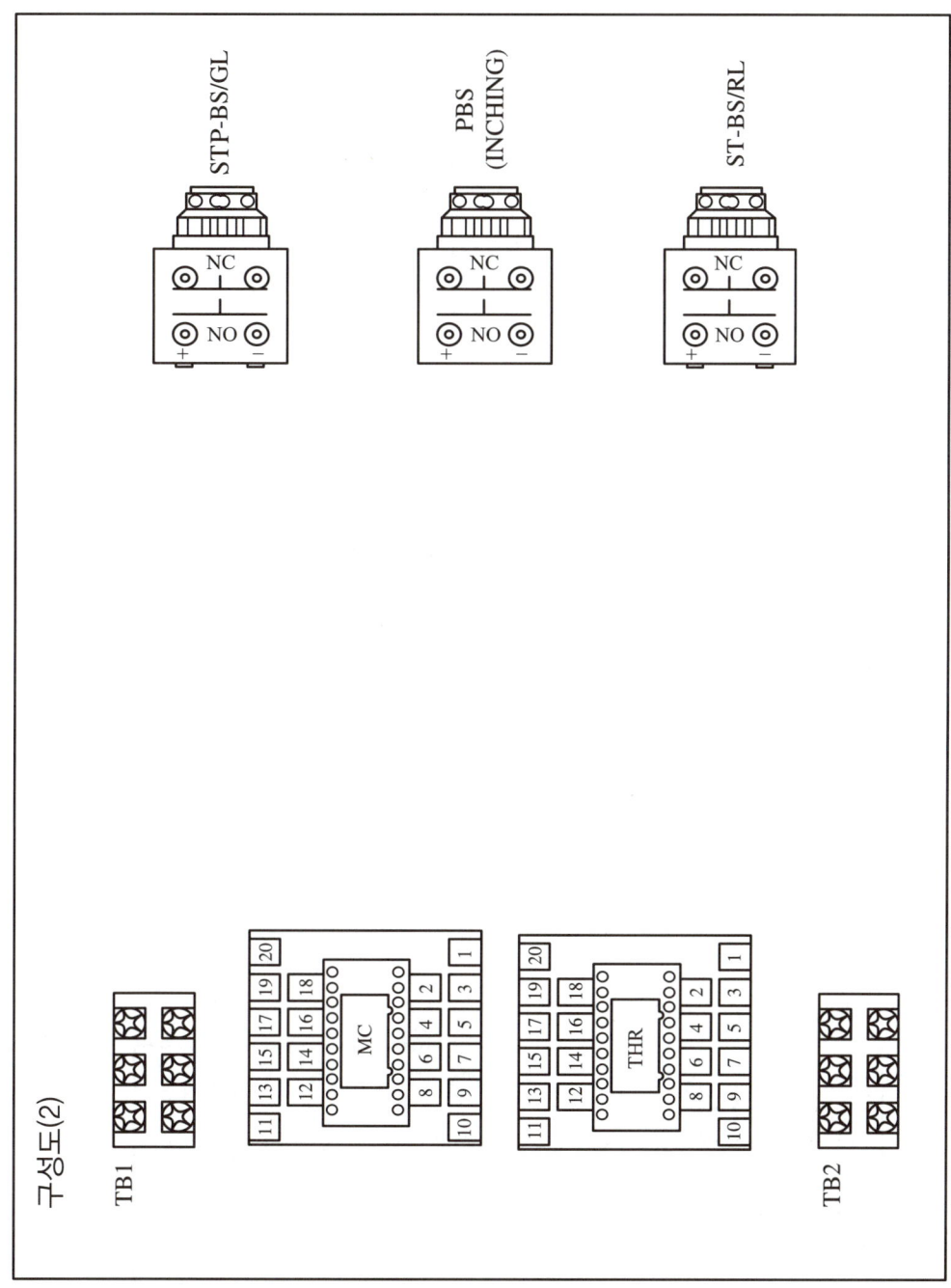

구성도(2)

자격종목	공조냉동기계기능사(3)	과제명	제어회로 구성작업	시간	1시간55분

1. 기구 배치도

TB1		○ STOP-GL
MC1	MC2	○ S1-YL
TB2		○ S2-RL

2. 회로도

3. 전자접촉기, 릴레이 내부구조 및 소켓번호

(1) 핀번호-3

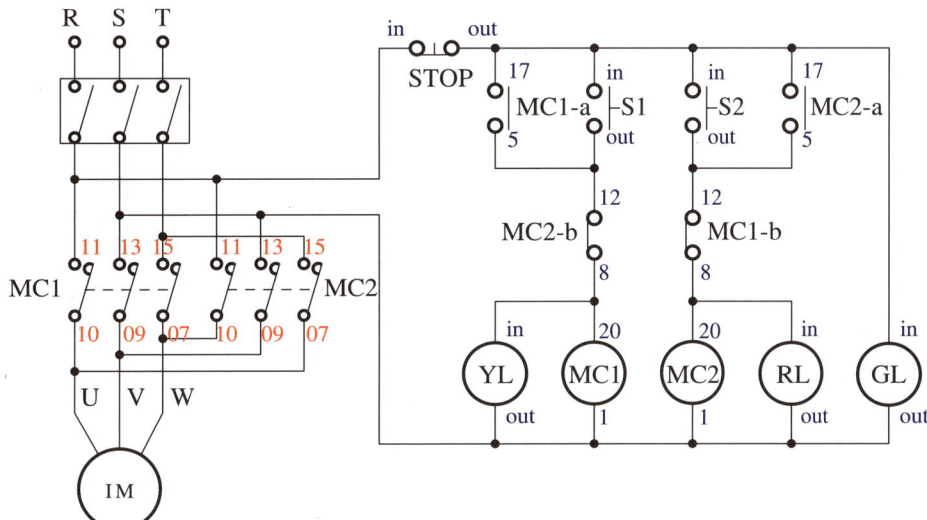

(2) 동작설명-3

① 전원을 넣으면 STOP(b)버튼 접점이 닫혀 있어 전기가 통하므로 GL이 점등된다.

② S1버튼을 누르면 MC1 전원이 작동하여 MC1-a접점이 닫혀 자기유지 되며 YL이 점등되고 유도전동기는 정회전 한다. 또한 MC1-b접점이 열려있으므로 S2버튼을 누르더라도 아무런 동작이 일어나지 않는다.(인터록)

③ 그 후 STOP(b)버튼을 누르면 MC1 전원이 off하여 YL이 소등하고 초기상태(GL만 점등)로 되돌아간다.

④ S2버튼을 누르면 MC2 전원이 작동하여 MC2-a접점이 닫혀 자기유지 되며 RL이 점등하고 유도전동기는 역회전 한다. 또한 MC2-b접점이 열려있으므로 S1버튼을 누르더라도 아무런 동작이 일어나지 않는다.(인터록)

④ 그 후 STOP(b)버튼을 누르면 MC2 전원이 off하여 RL이 소등하고 초기상태(GL만 점등)로 되돌아간다.

⑤ GL은 상시등으로 전원이 투입되면 항상 점등되어 있다.

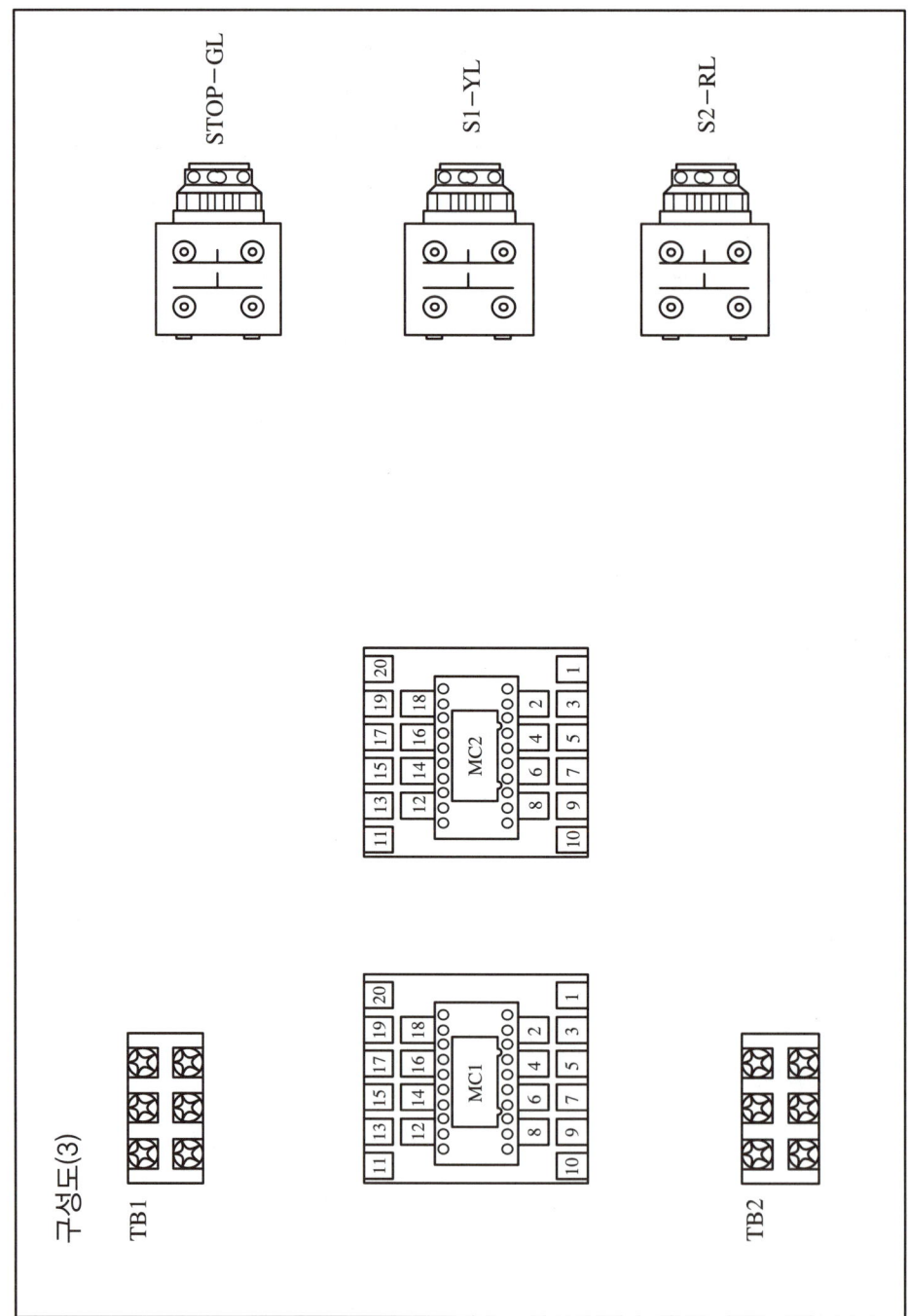

구성도(3)

자격종목	공조냉동기계기능사(4)	과제명	제어회로 구성작업	시간	1시간55분

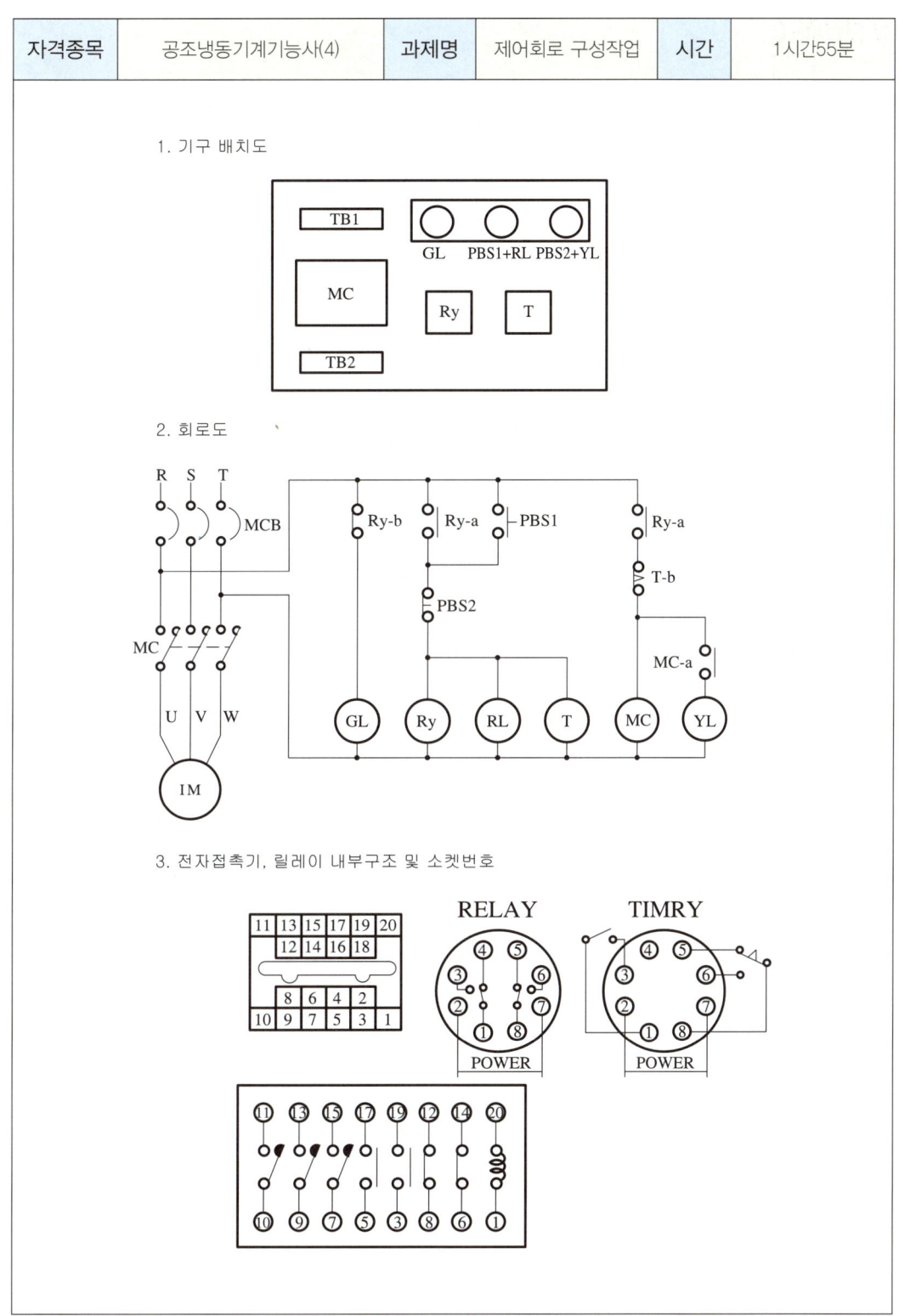

1. 기구 배치도

2. 회로도

3. 전자접촉기, 릴레이 내부구조 및 소켓번호

(1) 핀번호-4

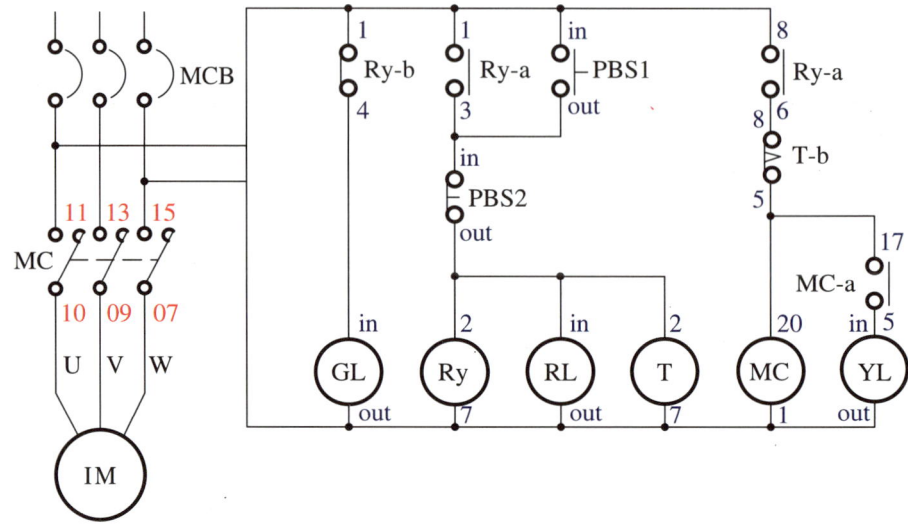

(2) 동작설명-4

① 전원을 투입하면 Ry-b접점은 붙어 있으므로 GL이 점등된다.

② PBS1버튼을 누르면 Ry전원이 작동하여 Ry-b접점이 떨어져 GL이 소등되고 RL이 점등되며 T의 전원이 작동하여 T-b 순시접점 한시복귀 접점이 작동된다.

③ 이 때 Ry-a접점이 붙어 자기유지되며 MC전원이 작동하여 MC-a가 여자되어 YL이 점등된다.

④ T-b 순시접점 한시복귀에 의해 설정 시간이 경과하면 YL이 소등된다.

⑤ PBS2버튼을 누르면 GL이 점등되고 나머지 장치는 모두 Off된다.

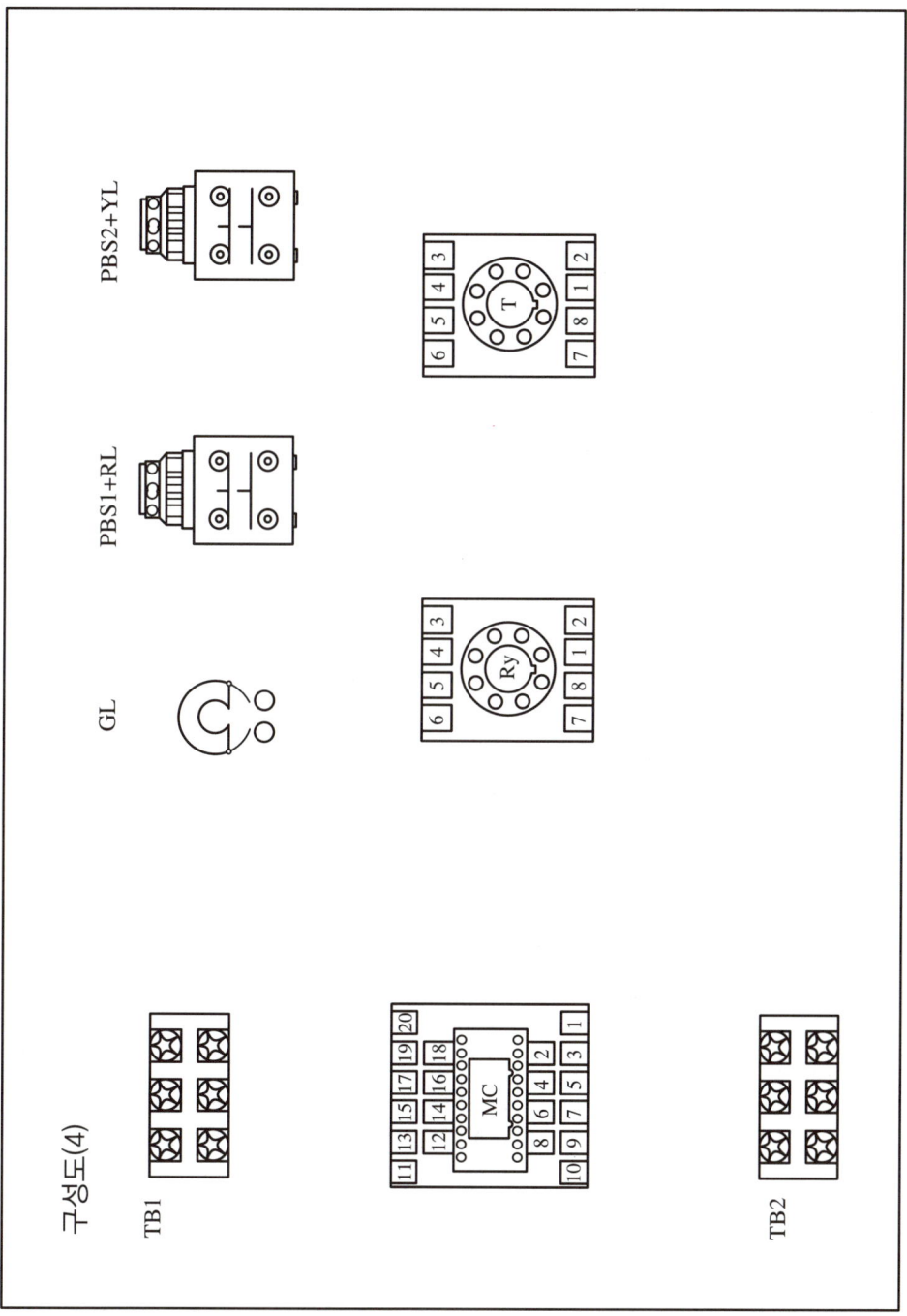

구성도(4)

자격종목	공조냉동기계기능사(5)	과제명	제어회로 구성작업	시간	1시간55분

1. 기구 배치도

2. 회로도

3. 전자접촉기, 릴레이 내부구조 및 소켓번호

(1) 핀번호-5

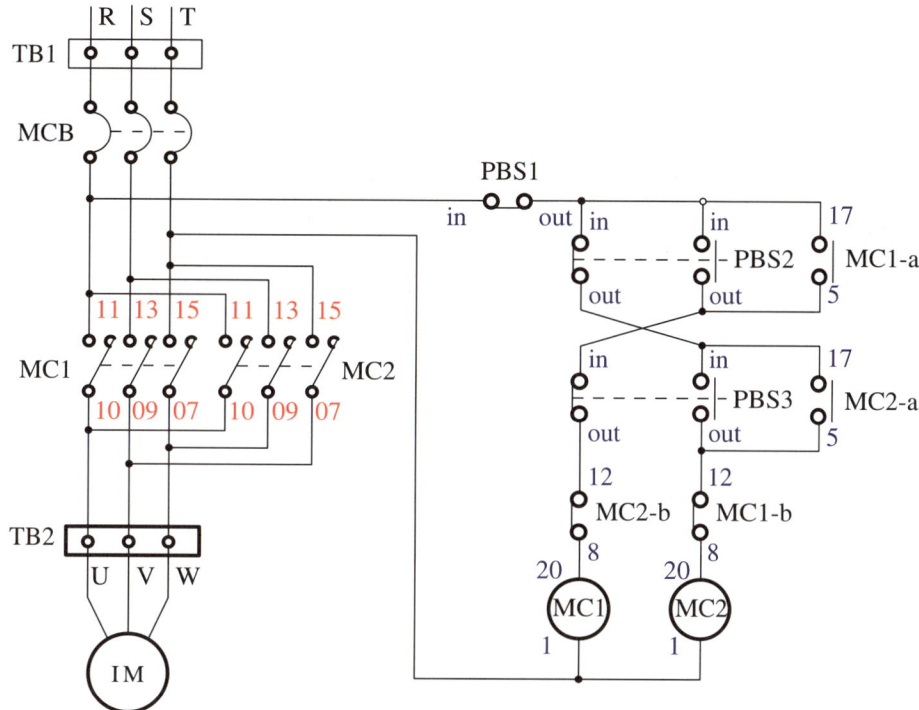

(2) 동작설명-5

① PBS2버튼을 누르면 MC1전원이 작동하여 MC1-a가 자기유지되며 유도전동기가 정회전한다.

② 이 때 MC1-b접점은 떨어져 있으므로 MC2전원이 차단된다.

   (인터록 회로-역회전 방지)

③ PBS3버튼을 누르면 MC1전원이 차단되고 MC2의 전원이 작동하여 MC2-a 접점이 자기 유지되므로 유도전동기가 역회전한다.

④ 이 때 MC2-b접점은 떨어져 있으므로 MC1전원이 차단된다.

   (인터록 회로-정회전 방지)

⑤ PBS1버튼을 누르면 전체 전원이 Off된다.

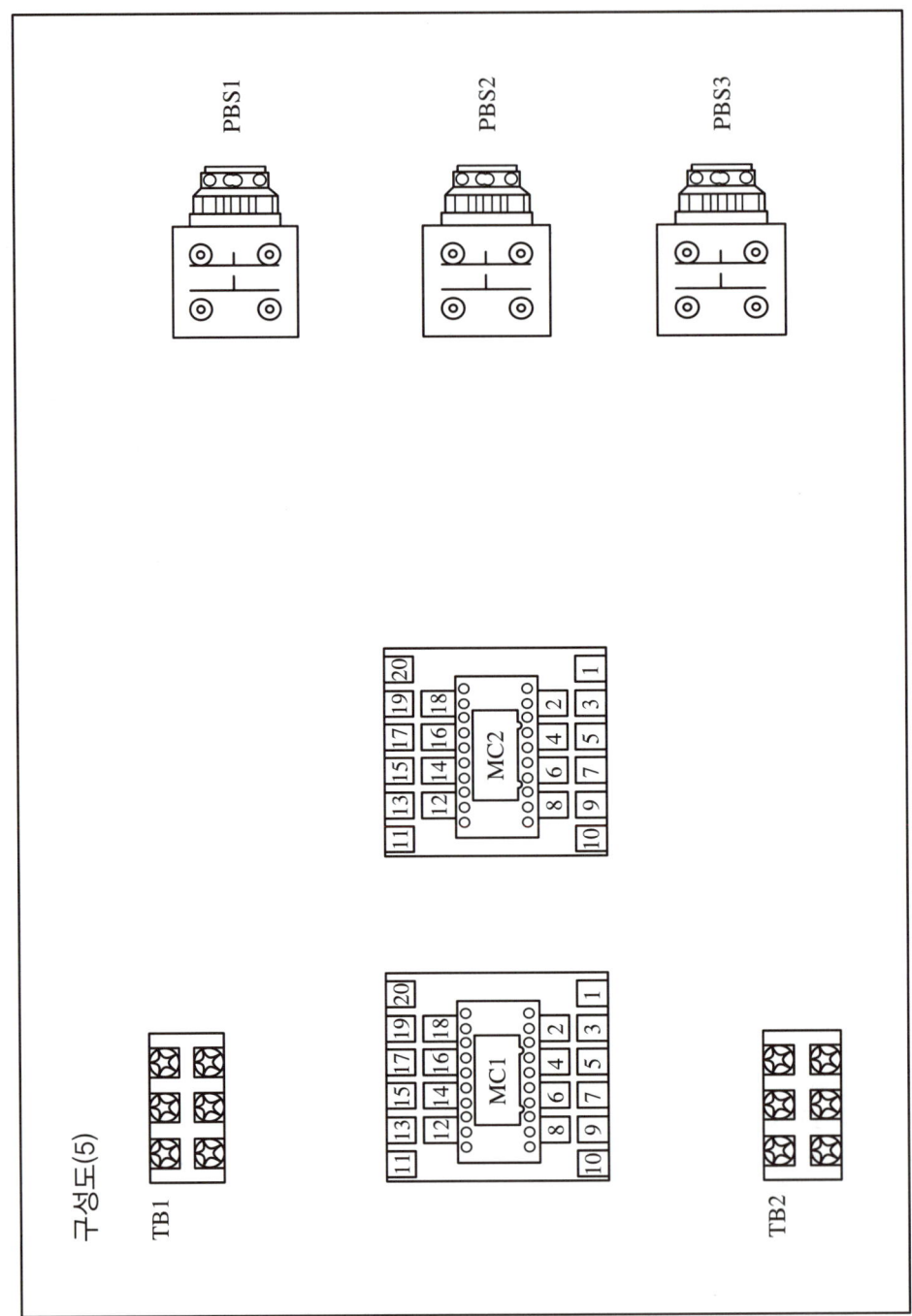

구성도(5)

자격종목	공조냉동기계기능사(6)	과제명	제어회로 구성작업	시간	1시간55분

1. 기구 배치도

2. 회로도

3. 전자접촉기, 릴레이 내부구조 및 소켓번호

(1) 핀번호-6

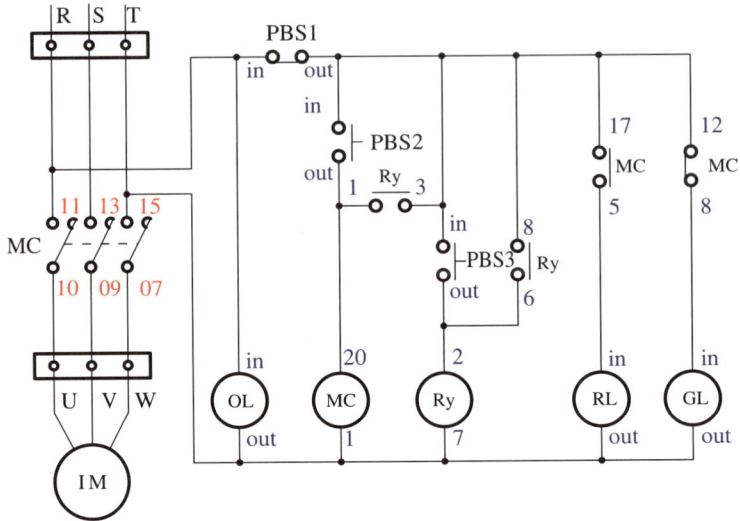

(2) 동작설명-6

① 전원을 투입하면 GL이 점등된다.

② PBS2버튼을 누르면 MC전원이 작동하여 전동기가 운전되며 MC-a접점에 의해 RL은 점등되고 MC-b접점에 의해 GL은 소등된다.

③ PBS2버튼에서 손을 떼면 다시 RL이 소등되고 GL은 점등된다(원상복귀).

④ PBS3버튼을 누르면 Ry전원이 작동하여 Ry-a접점이 자기유지되며 MC전원을 작동시켜 RL이 점등되어 유지되고 GL은 소등되어 유지된다(자기유지).

⑤ PBS1버튼을 누르면 모든 동작이 정지된다.

⑥ OL은 상시등으로 전원이 투입되면 항상 점등되어 있다.

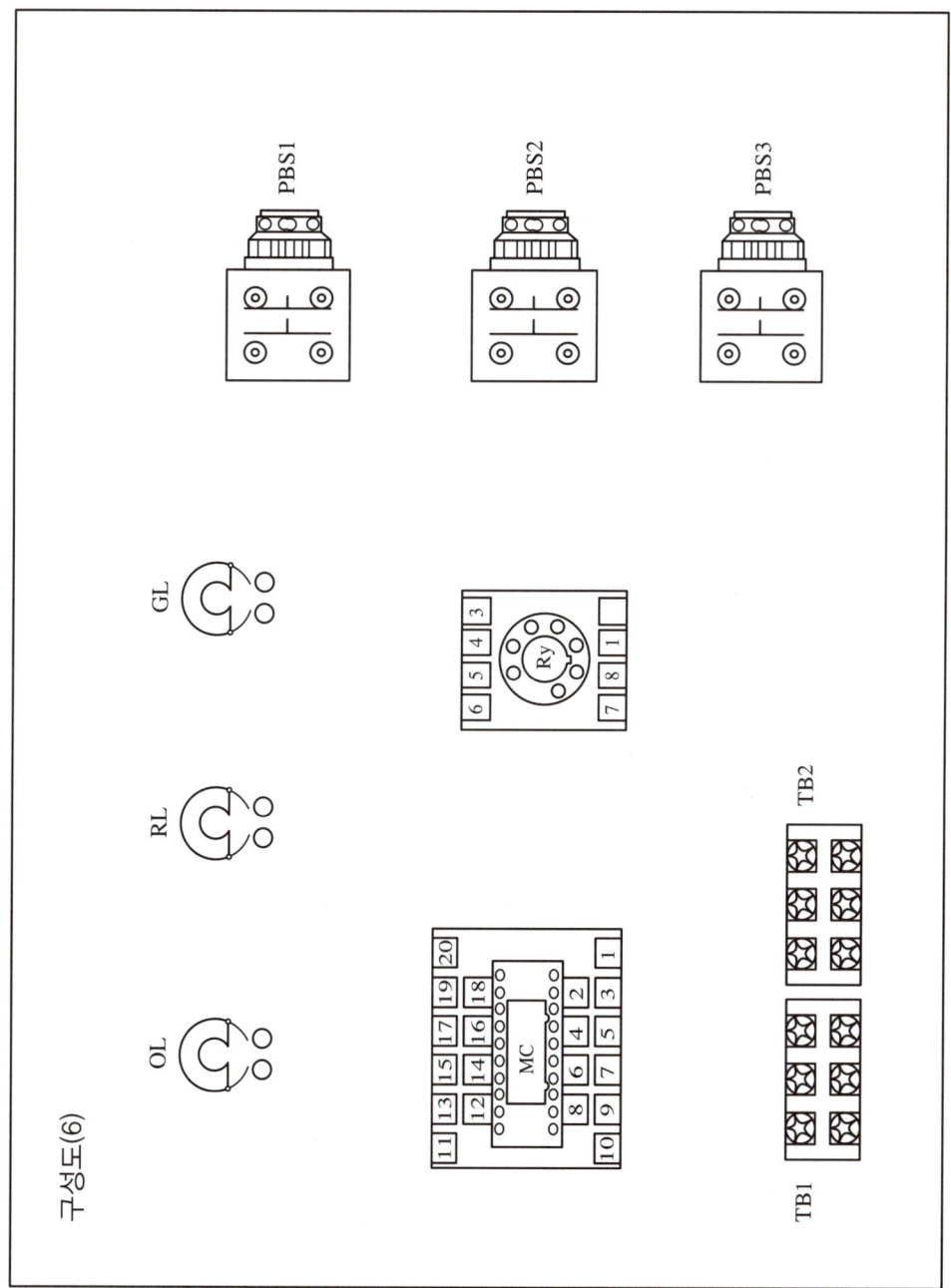

구성도(6)

1. 기구 배치도

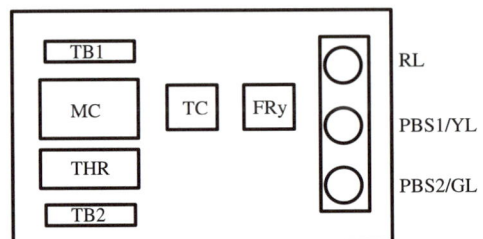

2. 회로도

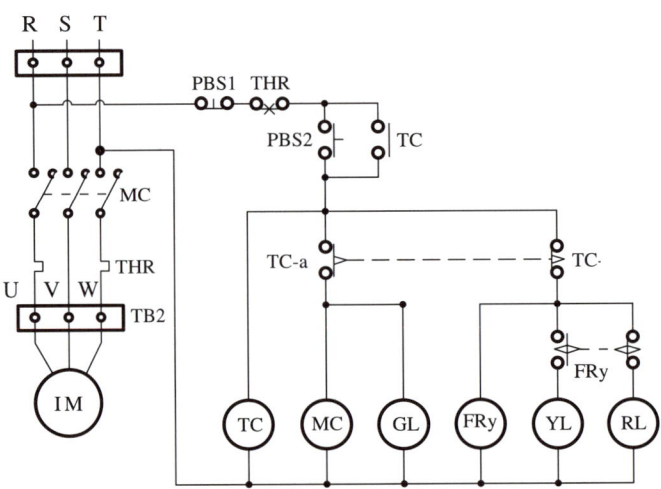

3. 소켓번호 및 사용접점번호

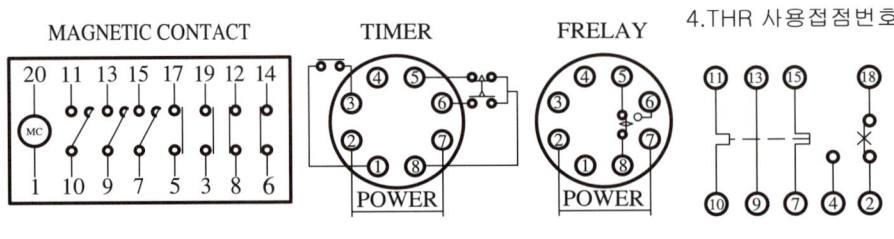

(1) 핀번호-7

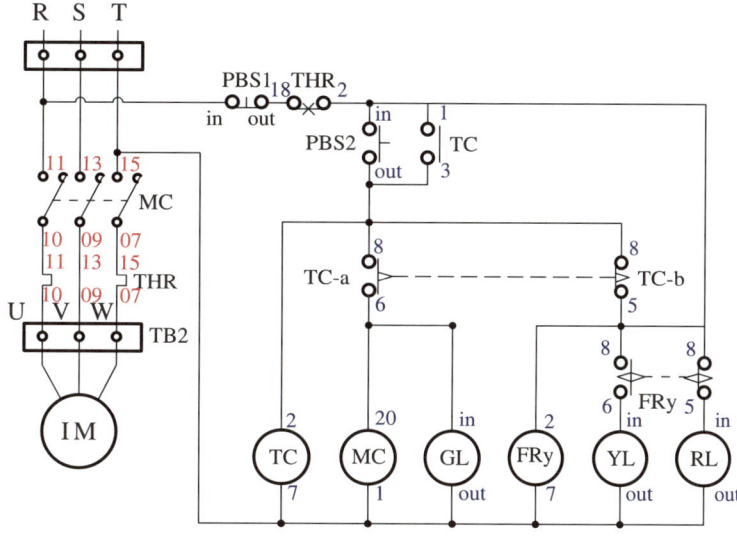

(2) 동작설명-7

① 전원을 투입한다.

② PBS2를 누르면 TC전원이 여자되어 TC (A)순시 접점이 자기유지된다.

③ 이 때 TC-b접점은 붙어있으므로 FRy 전원을 작동시키고 YL과 RL은 점멸된다(교대로 소등 점등을 반복한다).

④ 이후 일정시간이 지나 TC의 한시동작 접점(TC-a)이 작동하여 MC가 작동되고 GL이 점등된다. 이 때 TC-b접점은 떨어지므로 FRy의 움직임이 정지된다.

⑤ PBS1을 누르면 전체 동작이 정지되고 GL은 소등된다.

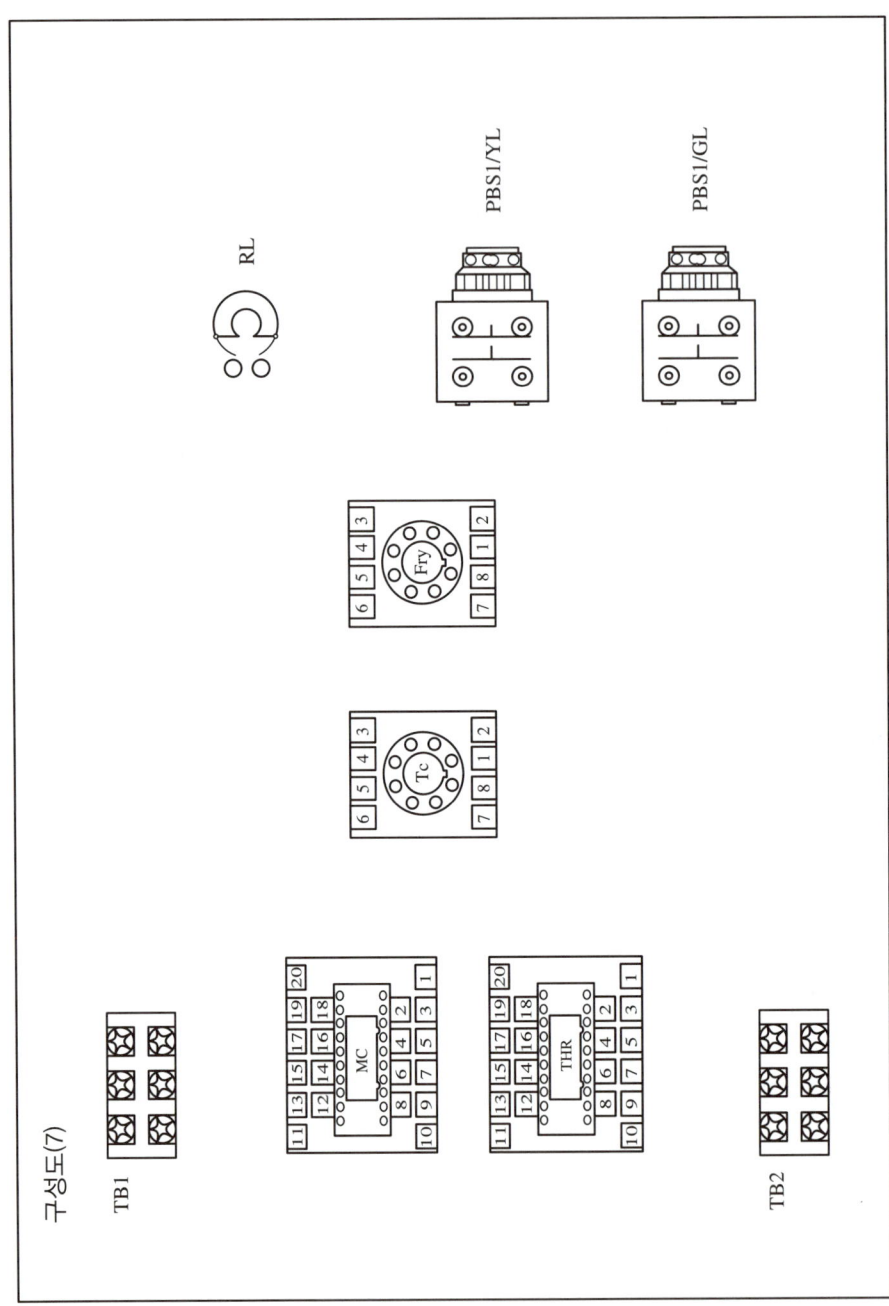

구성도(7)

자격종목	공조냉동기계기능사(8)	과제명	제어회로 구성작업	시간	1시간55분

1. 기구 배치도

TB1
MC
THR
TB2
Ry

S/S
PBS1
PBS2
PBS3, GL
PBS4. RL

2. 회로도

−MCB는 단지대
(TB1)으로 대치

R S T
TB1
MCB
MC
THR
TB2
U V W
IN

PBS1
Ry-a
PBS2
Ry

S/S
AUTO MAN
Ry-a PBS3 MC-a
PBS4
THR
MC

MC-b
GL

MC-a
RL

3. 전자접촉기의 접점번호 및 소켓번호

20 11 13 15 17 19 12 14
MC
1 10 9 7 5 3 8 6

4.THR 사용접점번호

⑪ ⑬ ⑮ ⑱
⑩ ⑨ ⑦ ④ ②

5.릴레이 내부결선도

④ ⑤
③ ⑥
② ⑦
① ⑧
AC220V

(1) 핀번호-8

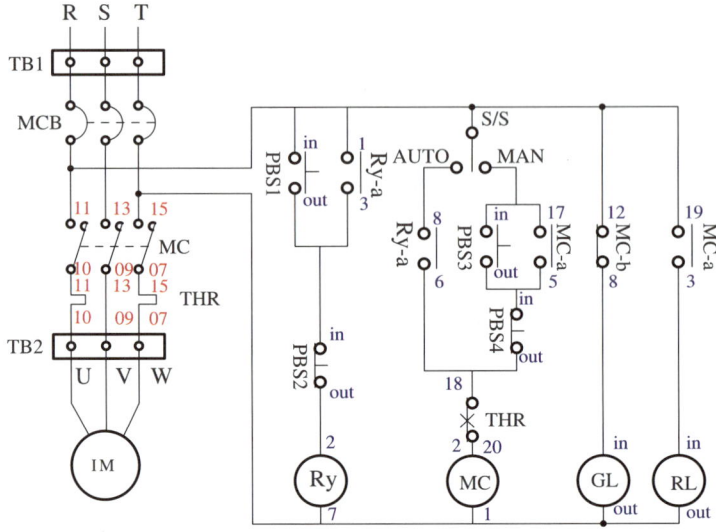

(2) 동작설명-8

① 전원을 투입하면 MC-b접점은 붙어있으므로 GL이 점등된다.

② S/S를 AUTO에 두고 PBS1버튼을 누르면 Ry전원이 작동되고 Ry-a가 여자되어 MC전원이 작동된다.

③ 이 때 MC-b접점은 떨어져 GL이 소등되고 MC-a접점은 붙어 RL이 점등된다.

④ PBS2버튼을 누르면 작동이 정지되어 GL은 점등되고 RL은 소등된다.

⑤ S/S를 MAN에 두고 PBS3버튼을 누르면 MC전원이 작동하여 MC-a접점에 의해 자기유지되고 위 ③번과 같이 작동된다.

⑥ PBS4버튼을 누르면 작동이 정지되어 GL은 점등되고 RL은 소등된다.

⑦ 과부하로 인하여 THR이 작동되면 MC전원이 차단되어 GL은 점등되고 RL은 소등된다.

⑧ GL은 전원 표시등으로 MC가 작동되면 소등된다.

⑨ RL은 동작 표시등으로 MC가 작동되면 점등되고 정지되면 소등된다.

구성도(8)

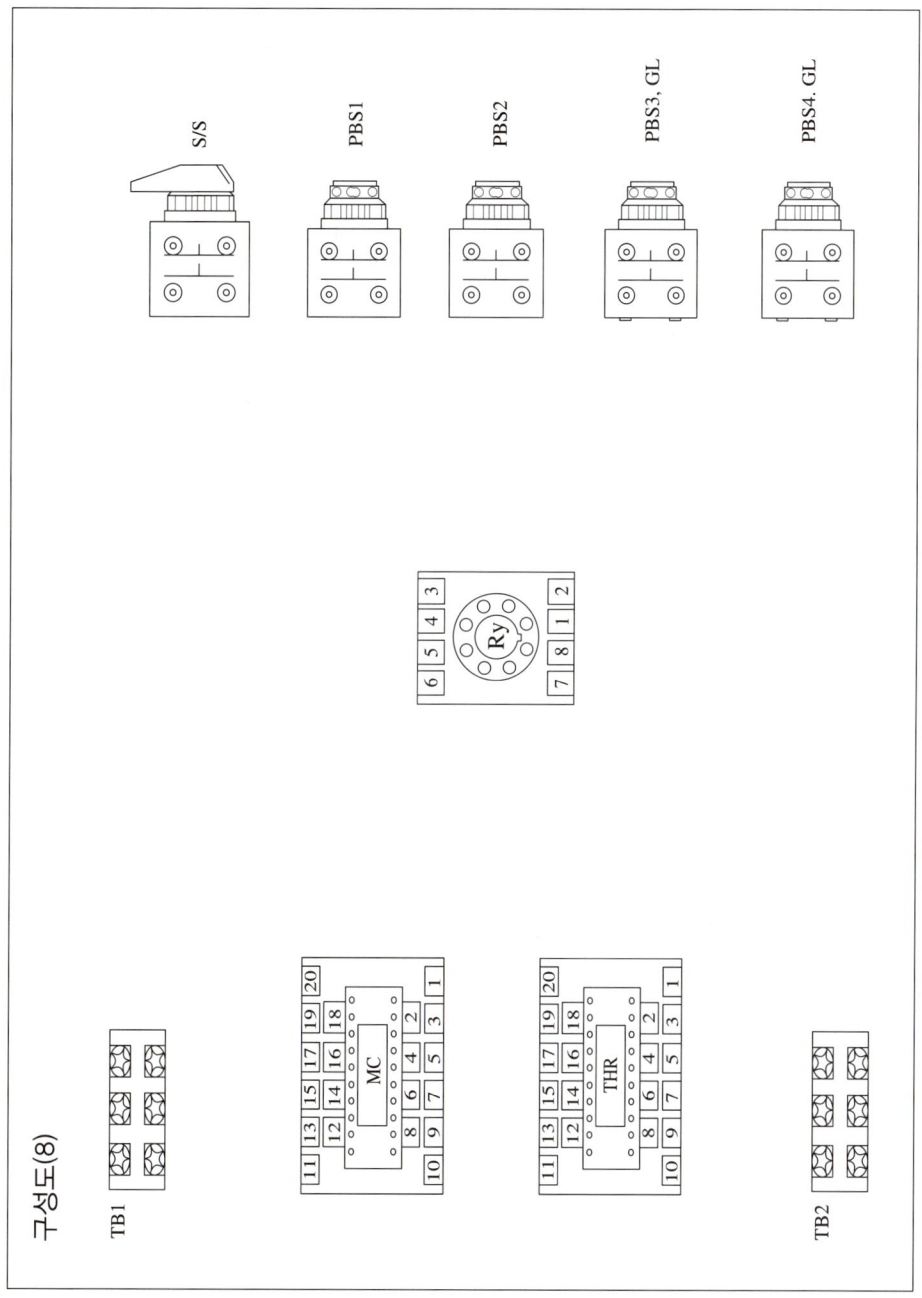

자격종목	공조냉동기계기능사(9)	과제명	제어회로 구성작업	시간	1시간55분

1. 가구 배치도

2. 회로도

-LS 는 단지대로 대치한다.

3.전자접속기의 접점번호 및 소켓번호

4.THR 사용접점번호

5.릴레이 내부결선도

FRELAY

POWER

(1) 핀번호-9

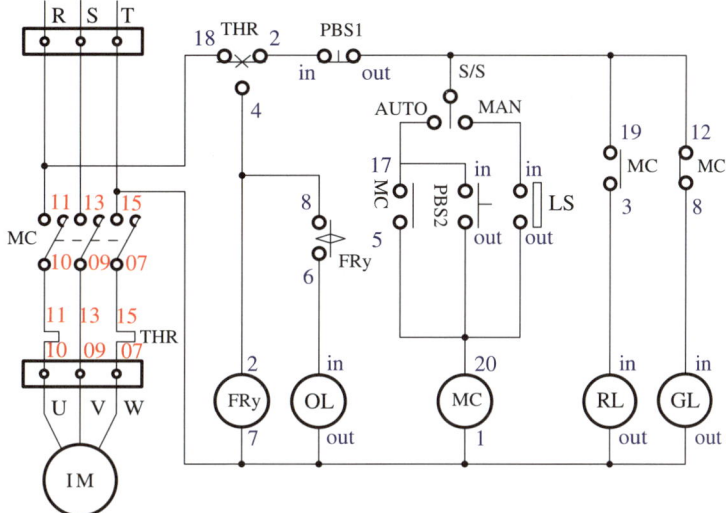

(2) 동작설명-9

① 전원을 투입하면 THR, PBS1, MC-b접점 모두 B접점이므로 GL이 점등된다.

② S/S를 MAN에 두면 LS가 ON이 될 경우에만 MC전원을 작동시켜 전동기가 회전하며 MC-a접점에 의해 RL은 점등되고 MC-b접점에 의해 GL은 소등된다.

③ S/S를 AUTO에 두고 PBS2버튼을 누르면 MC전원이 작동하여 자기유지되고 전동기가 작동하며 MC-a접점에 의해 RL은 점등되고 MC-b접점에 의해 GL은 소등된다.

④ PBS1버튼을 누르면 전동기 회로가 차단되어 회로가 OFF된다.

⑤ 과부하로 인하여 THR이 작동되면 전동기 회로가 차단되며 FRy에 의해 OL점멸된다(점등과 소등을 반복한다).

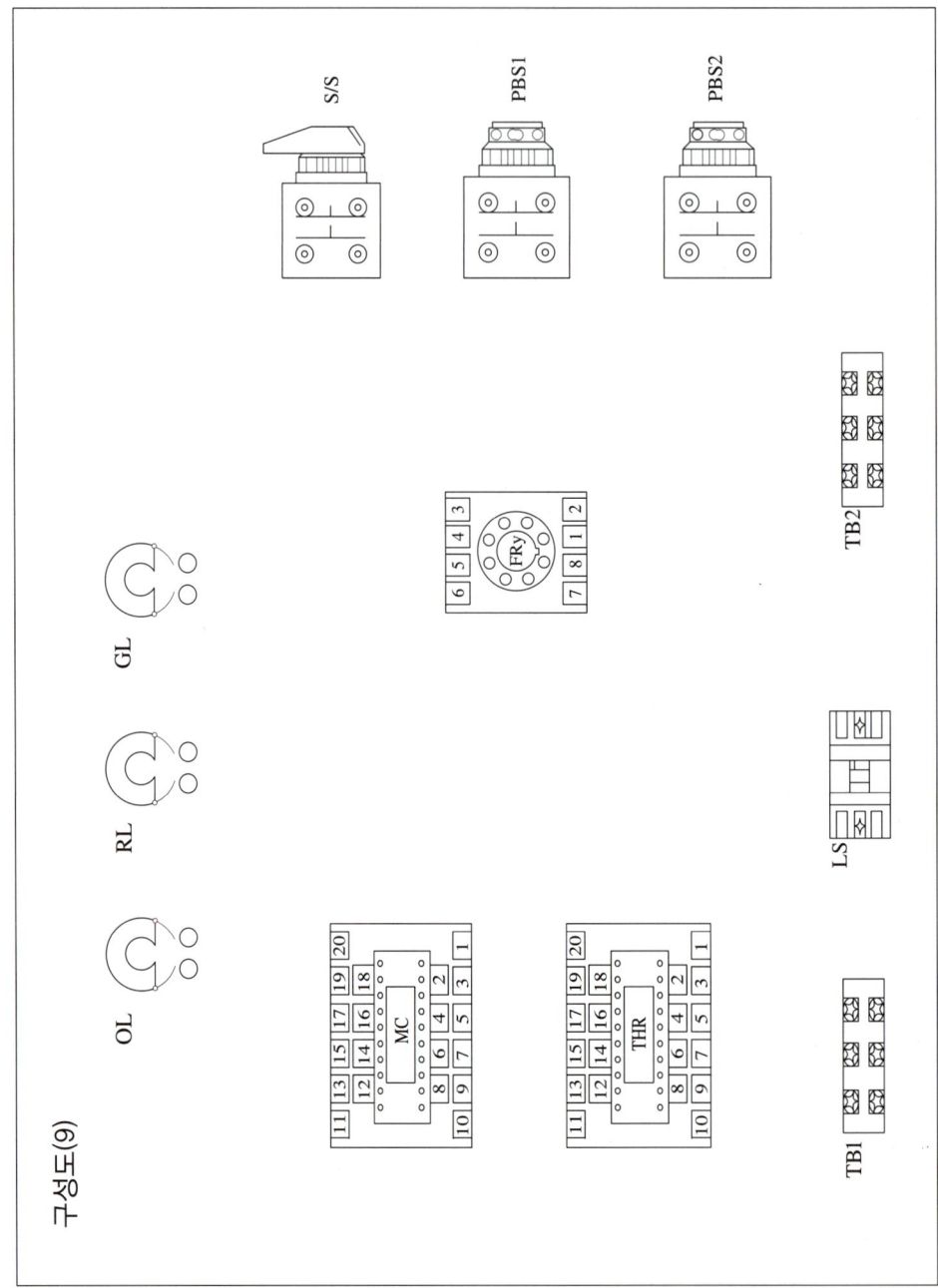

구성도(9)

CHAPTER 03 | 공조냉동기계산업기사 시퀀스 제어회로 구성작업

공조냉동기계산업기사 시퀀스(완성작품)

자격종목	공조냉동기계산업기사(1)	과제명	제어회로 구성작업	시간	2시간35분

1. 기구 배치도

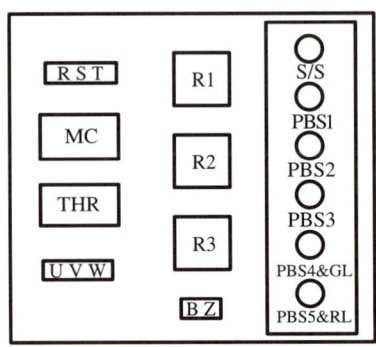

2. 회로도

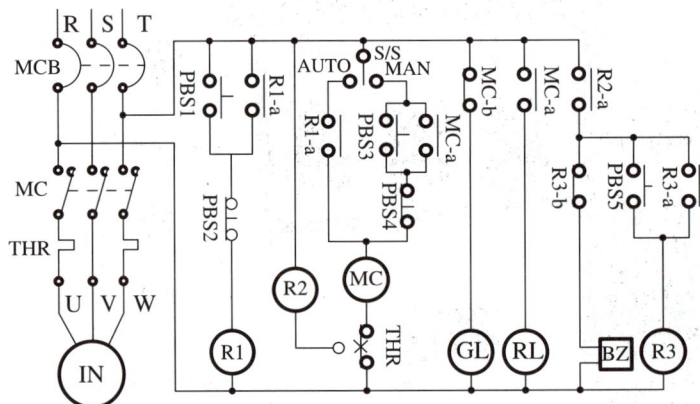

3. 전자접촉기의 접점번호 및 소켓번호

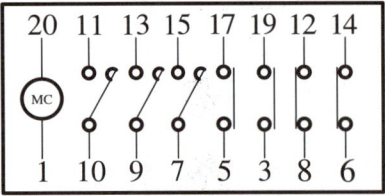

4.THR 사용접점번호

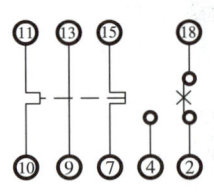

5.릴레이 내부결선도

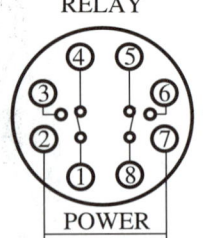

(1) 핀번호-1

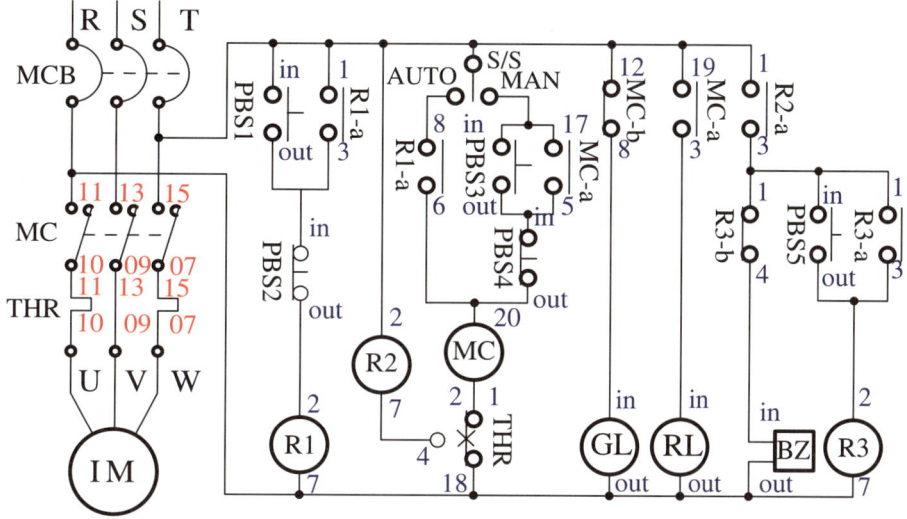

(2) 동작설명-1

S/S : 셀렉터 스위치는 시계방향이면 AUTO(자동), 시계반대방향이며 MAN(수동)이 원칙이다. 하지 만 감독관에 따라 변동이 발생할 수 있으므로 작업 전 감독관에게 정확한 자문을 듣고 작업하 는 것이 좋다.

1) S/S(셀렉터)스위치를 AUTO(자동)에 위치할 때

① 전원을 투입하면 GL(정지표시등)이 점등된다(MC-b접점은 전기가 통전된다).

② PBS1(가동스위치)버튼을 누르면 R1이 여자되고 R1-a접점에 의해 자기유지된다. 이 때 MC전 원이 작동하여 전동기가 회전하며 MC-b접점에 의해 GL은 소등되고 MC-a에 의해 RL(운전표 시등)은 점등된다.

③ PBS2(정지스위치)버튼을 누르면 R1이 소자되어 RL은 소등되고 GL은 점등된다. 전동기 역시 작동 중지된다.

④ 운전 중 THR(과전류계전기) 작동 시 MC전원이 차단되어 전동기가 정지하고 RL은 소등되고 GL은 점등된다. 전동기 역시 작동 중지되고 R2전원이 작동하여 BZ가 ON된다.

⑤ 이 때 PBS5버튼을 누르면 R3전원이 작동하여 자기유지되며 R3-b접점에 의해 BZ의 작동이 중단된다.

2) S/S(셀렉터)스위치를 MAN(수동)에 위치할 때

① 전원을 투입하면 GL(정지표시등)이 점등된다(MC-b접점은 전기가 통전된다).

② PBS3(가동스위치)버튼을 누르면 R1이 여자되고 R1-a접점에 의해 자기유지된다. 이 때 MC전원이 작동하여 전동기가 회전하며 MC-b접점에 의해 GL은 소등되고 MC-a에 의해 RL(운전표시등)은 점등된다.

③ PBS4(정지스위치)버튼을 누르면 R1이 소자되어 RL은 소등되고 GL은 점등된다. 전동기 역시 작동 중지된다.

④ 운전 중 THR(과전류계전기) 작동 시 MC전원이 차단되어 전동기가 정지하고 RL은 소등되고 GL은 점등된다. 전동기 역시 작동 중지되고 R2전원이 작동하여 BZ가 ON된다.

⑤ 이 때 PBS5버튼을 누르면 R3전원이 작동하여 자기유지되며 R3-b접점에 의해 BZ의 작동이 중단된다.

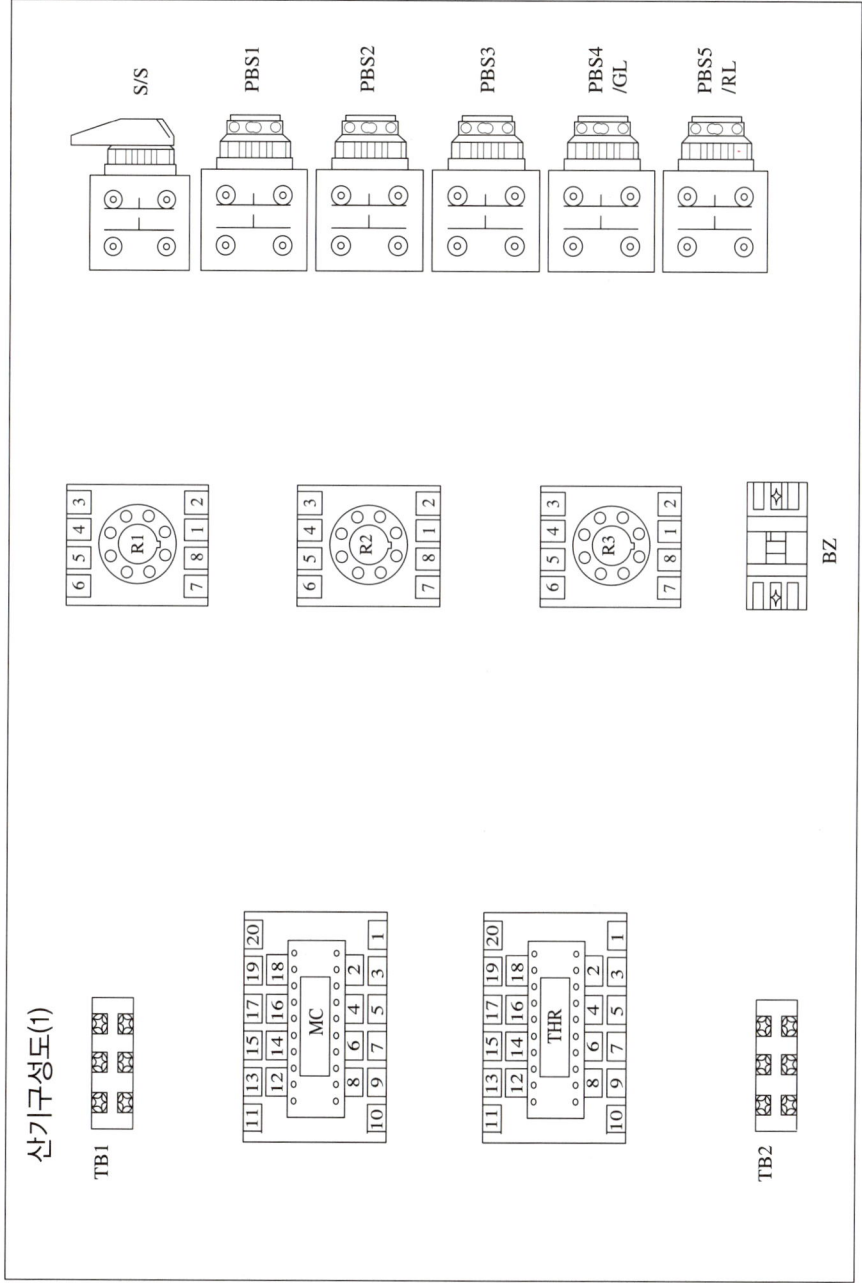

전기구성도(1)

(3) 참고도면

BZ가 사라지고 램프(YL)로 대체되어 출제될 수도 있다.

1. 기구 배치도

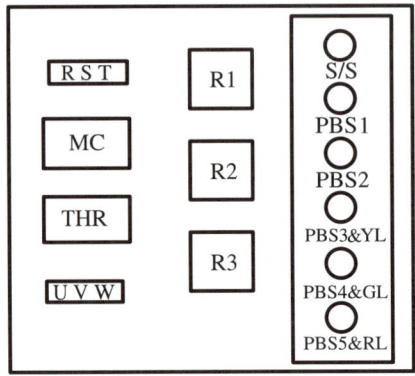

2. 회로도

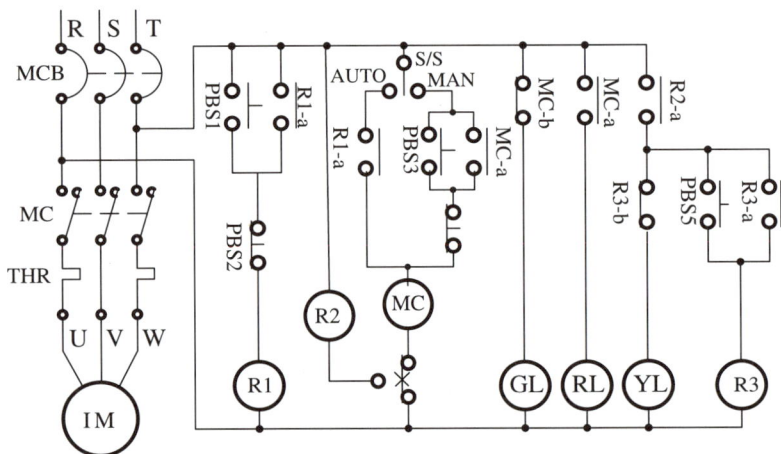

3. 전자접촉기의 접점번호 및 소켓번호

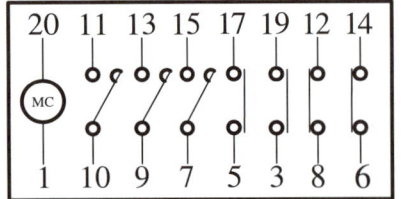

4. THR 사용접점번호

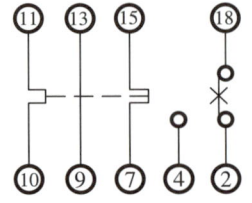

5. 릴레이 내부결선도

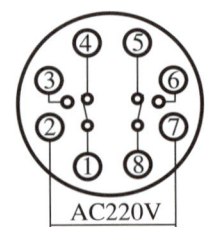

자격종목	공조냉동기계산업기사(2)	과제명	제어회로 구성작업	시간	2시간35분

1. 기구 배치도

2. 회로도

3.전자접속기의 접점번호 및 소켓번호

4.THR 사용접점번호

(1) 핀번호-2

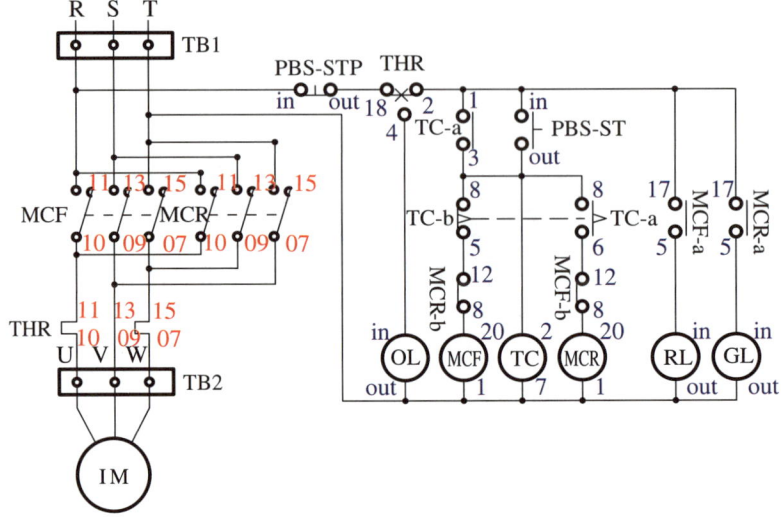

(2) 동작설명-2

① PBS-ST(스타트위치)버튼을 누르면 TC전원이 작동한다.

   - 타이머한시-b접점 동작 : MCF전원 작동 MCF-a접점에 의해 RL점등

   - 타이머한시-a접점 동작 : MCR전원 작동 MCR-a접점에 의해 GL점등 / RL소등

② 운전 중 THR(과전류계전기) 작동 시 OL(경보등)이 점등되고 이외 TC, MCF, MCR 등 모든 전원 장치가 off된다.

③ PBS-STP(스톱스위치)버튼을 누르면 모든 전원이 차단된다.

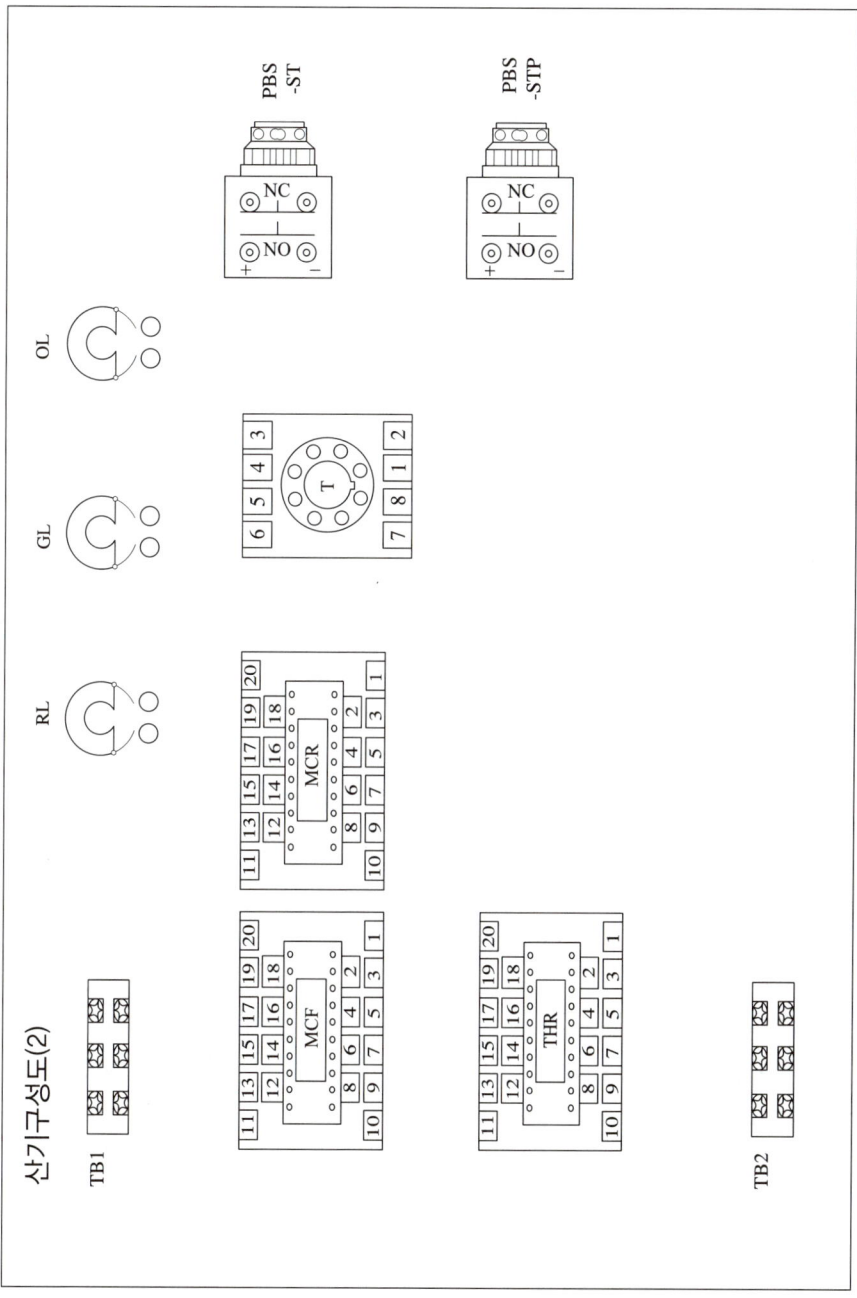

자격종목	공조냉동기계산업기사(3)	과제명	제어회로 구성작업	시간	2시간35분

1. 기구 배치도

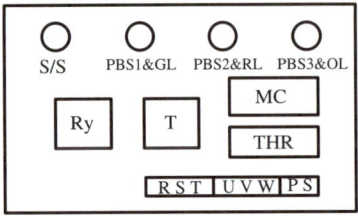

2. 회로도

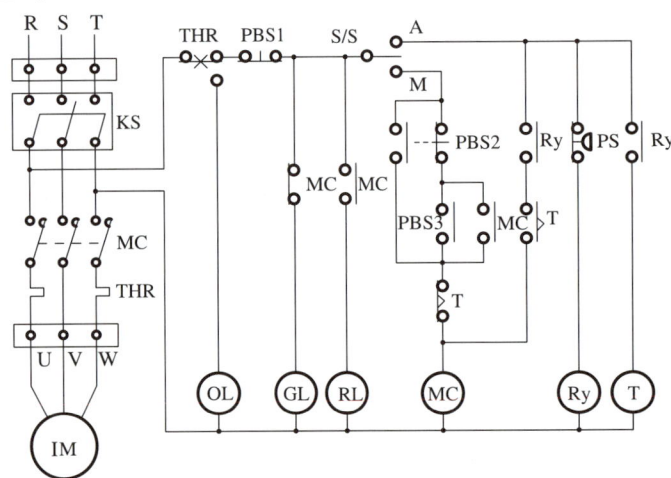

3. 전자접촉기의 접점번호 및 소켓번호   4.THR 사용접점번호

MAGNETIC CONTACT

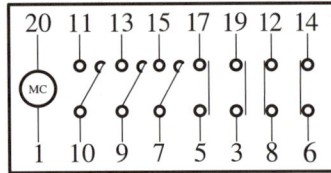

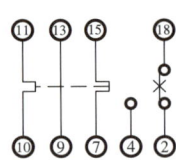

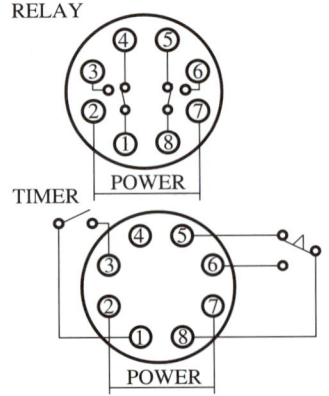

RELAY

TIMER

(1) 핀번호-3

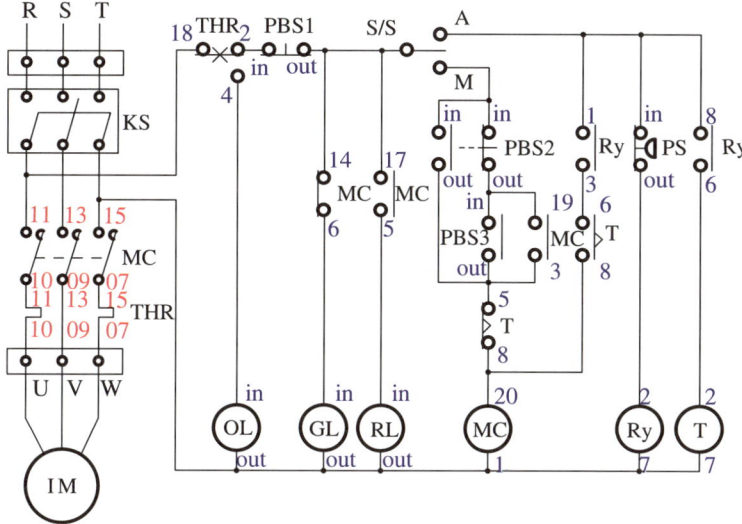

(2) 동작설명-3

S/S : 셀렉터 스위치는 시계방향이면 AUTO(자동), 시계반대방향이면 MAN(수동)이 원칙이다. 하지만 감독관에 따라 변동이 발생할 수 있으므로 작업 전 감독관에게 정확한 자문을 듣고 작업하는 것이 좋다.

1) S/S(셀렉터)스위치를 AUTO(자동)에 위치할 때

① 전원을 투입하면 GL(정지표시등)이 점등된다(MC-b접점은 전기가 통전된다).

② PS 스위치(단자대로 대체, 단자대에서 2선을 뽑아놓으면 됨)를 ON하면 Ry전원이 작동하여 Ry-a접점이 자기유지되며 T를 자동시킨다.

　－ 타이머한시-a접점 작동하면 MC(전동기)전원이 작동하고 MC-a접점에 의해 RL(운전표시등)은 점등되고 MC-b접점에 의해 GL은 소등된다(타이머한시-b접점에 의해 MAN(수동)스위치가 모두 인터록되어 작동되지 않는다).

③ PBS1(정지스위치) 버튼을 누르면 전체 전원이 차단되어 처음 상태로 돌아가 GL(정지표시등)이 다시 점등된다.

④ THR(과전류계전기) 작동 시 GL은 소등되고 OL(경고등)이 점등된다.

2) S/S(셀렉터)스위치를 MAN(수동)에 위치할 때

① 전원을 투입하면 GL(정지표시등)이 점등된다(MC-b접점은 전기가 통전된다).

② PBS3(가동스위치)버튼을 누르면 MC(전동기)전원을 작동시켜 MC-a에 의해 자기유지되며 MC-b접점에 의해 GL이 소등되고 MC-a접점에 의해 RL(운전표시등)이 점등된다.

③ PBS2(촌동스위치)버튼을 누르면 누르고 있는 동안만 MC(전동기)전원이 작동하고 손을 놓으면 MC(전동기)전원이 다시 차단된다.

④ PBS1(정지스위치)버튼을 누르면 전체 전원이 차단되어 처음 상태로 돌아가 GL(정지표시등)이 다시 점등된다.

⑤ **촌동스위치** : 전동기를 전기적인 조작에 의해 그 회전자를 근소한 각도만큼 회전시키는 스위치. 조작자가 원하는 만큼 회전시킬 수 있으므로 전동기의 점검보수, 수정제어 등에 용이하다.

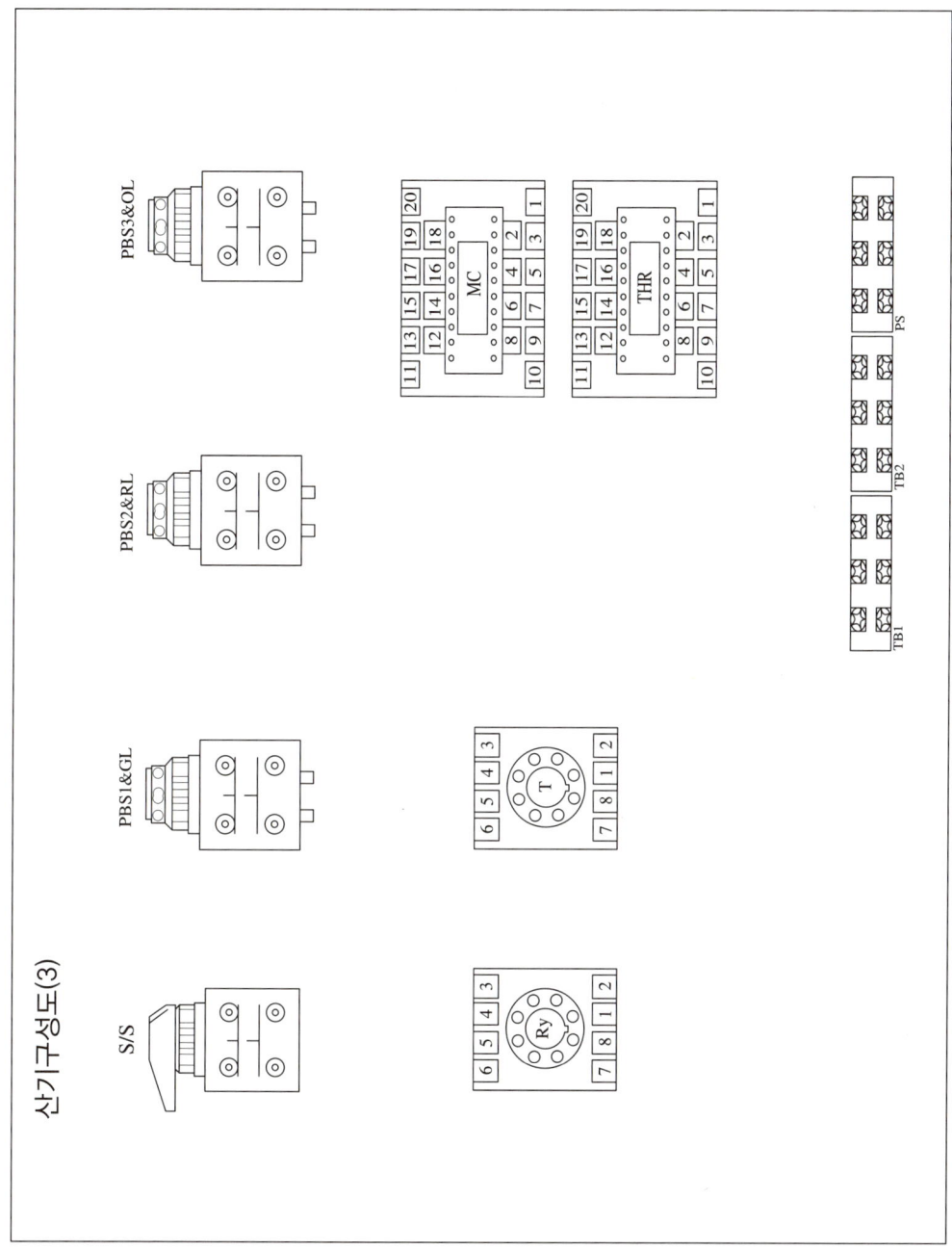

산기구성도(3)

자격종목	공조냉동기계산업기사(4)	과제명	제어회로 구성작업	시간	2시간35분

1. 기구 배치도

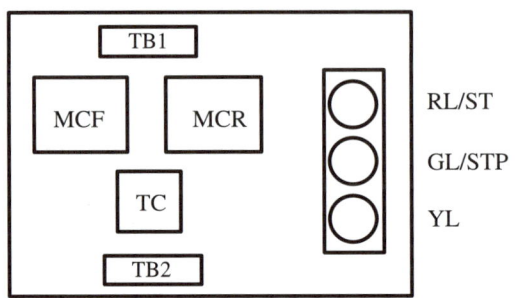

2. 회로도

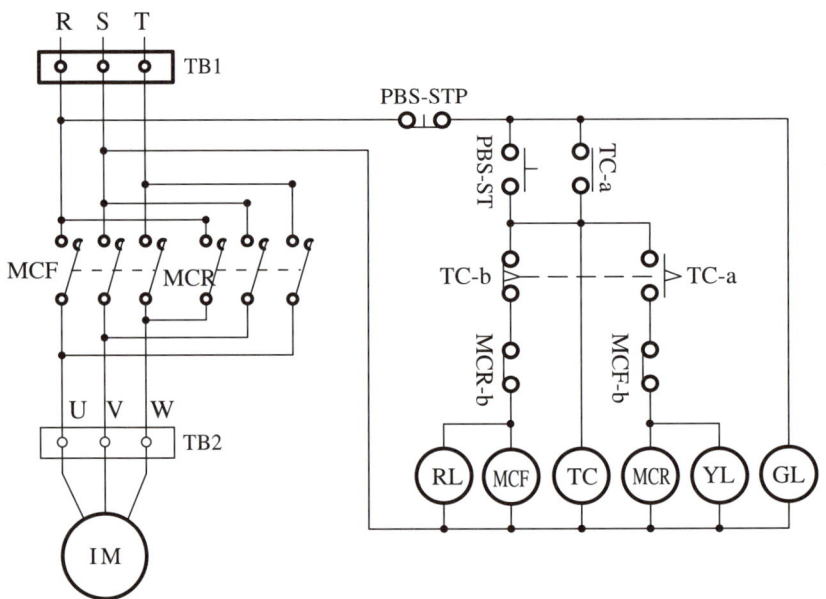

3. 전자접촉기의 접점번호 및 소켓번호

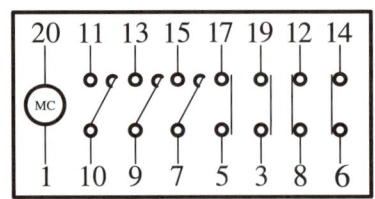

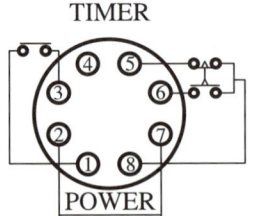

(1) 핀번호-4

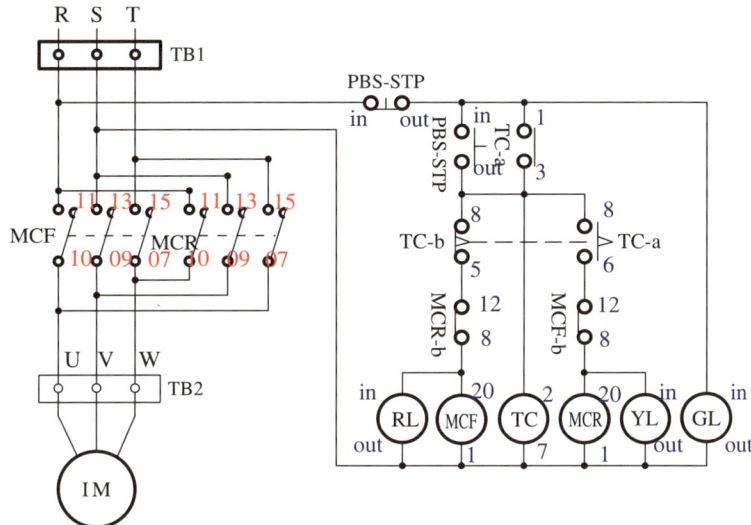

(2) 동작설명-4

① 전원을 투입하면 PBS-STP 버튼은 b접점이므로 GL(전원표시등)이 점등된다.

② PBS-ST(작동스위치)버튼을 누르면 TC / RL / MCF(전동기정회전릴레이)가 작동한다.

　　– 타이머 한시-a접점 동작 : MCR(전동기역회전릴레이)이 작동하여 전동기를 역회전시키며 YL이 점등된다. 이때 MCF와 RL은 MCR-b접점에 의해 인터록되며 작동이 정지된다.

　　– 타이머 한시-b접점 동작 : MCF(전동기정회전릴레이)가 작동하여 전동기를 정회전시키며 RL이 점등된다. 이때 MCR과 YL은 MCF-b접점에 의해 인터록되며 작동이 정지된다.

③ PBS-STP(정지스위치)버튼을 누르면 모든 전원이 차단되어 ①번 상태로 돌아간다.

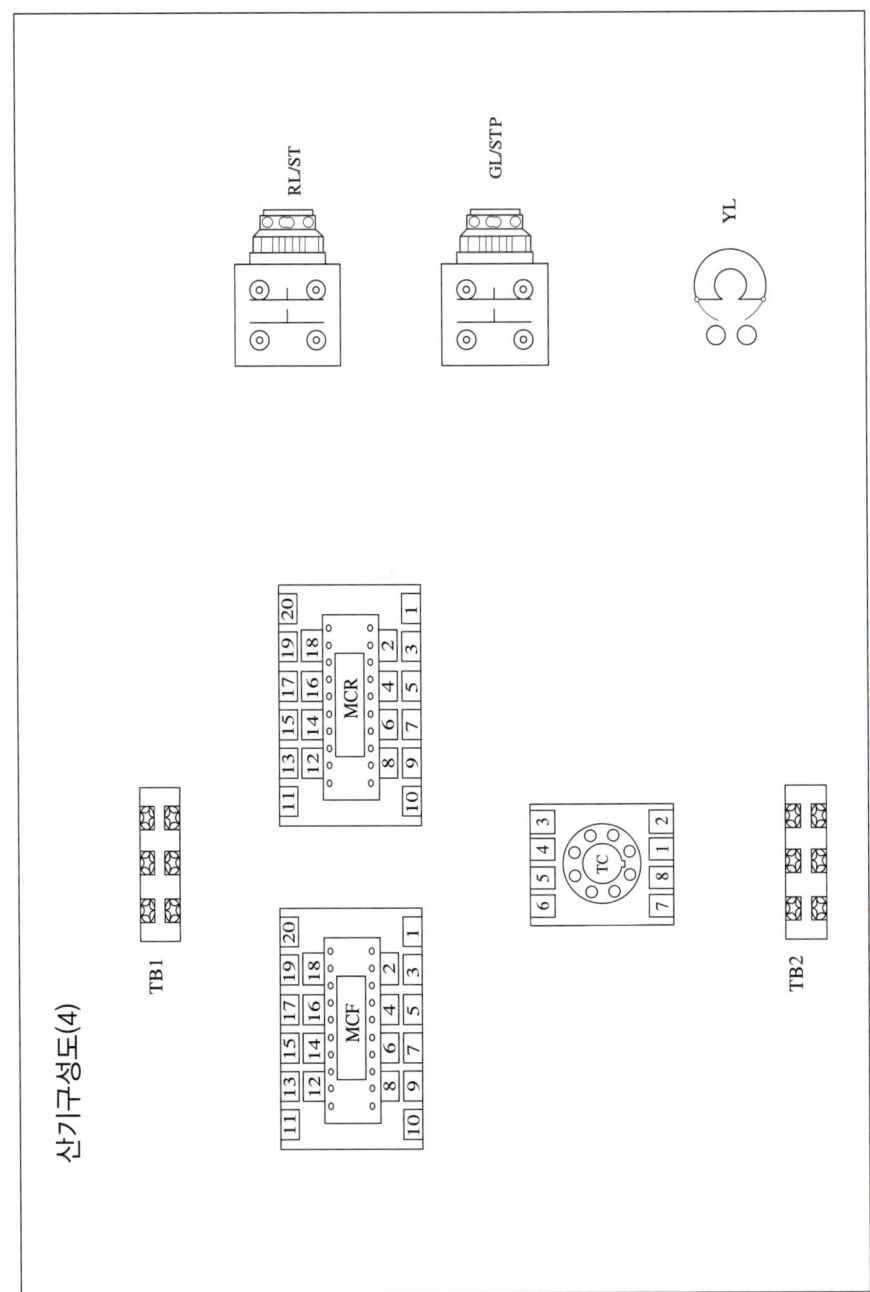

전기구성도(4)

자격종목	공조냉동기계산업기사(5)	과제명	제어회로 구성작업	시간	2시간35분

1. 기구 배치도

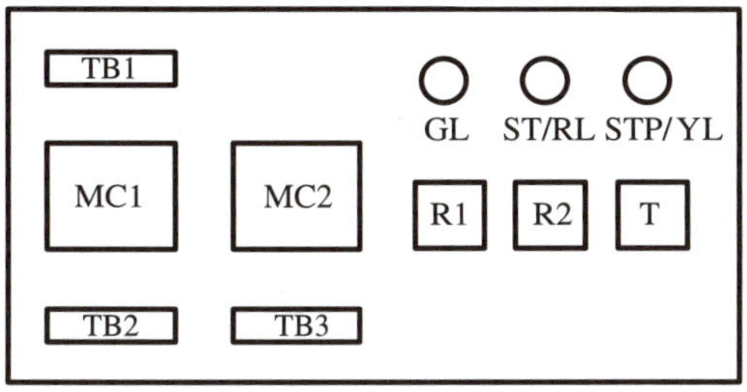

2. 회로도

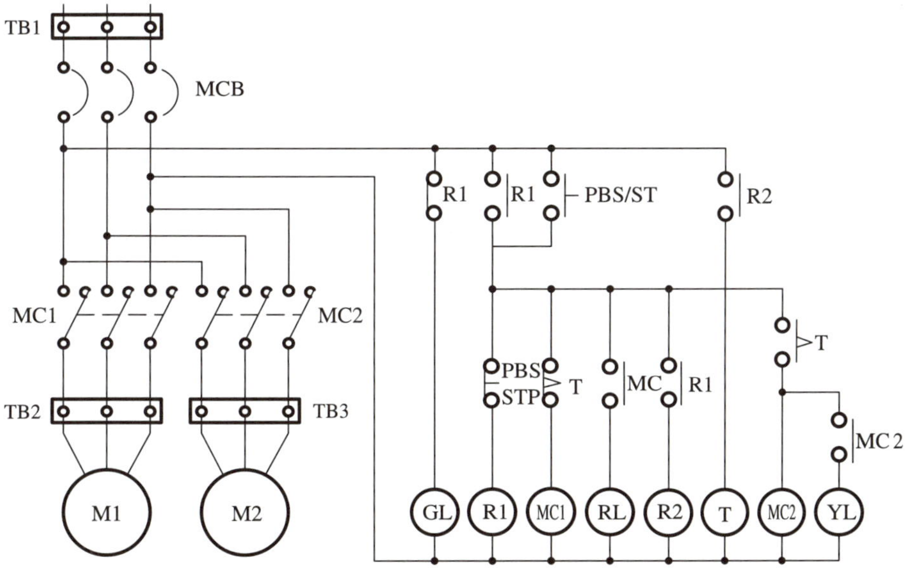

3. 전자접촉기의 접점번호 및 소켓번호

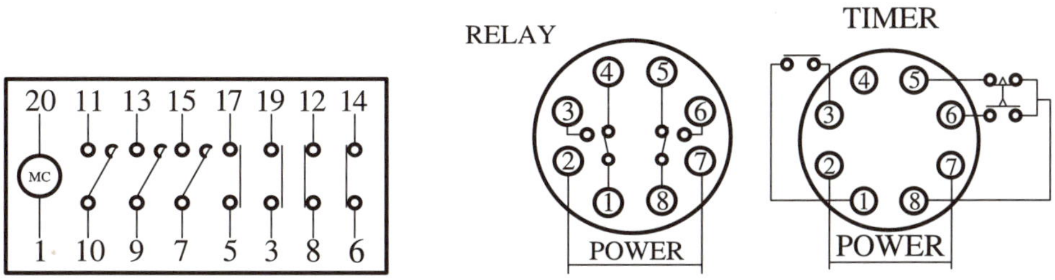

RELAY

TIMER

POWER

POWER

(1) 핀번호-5

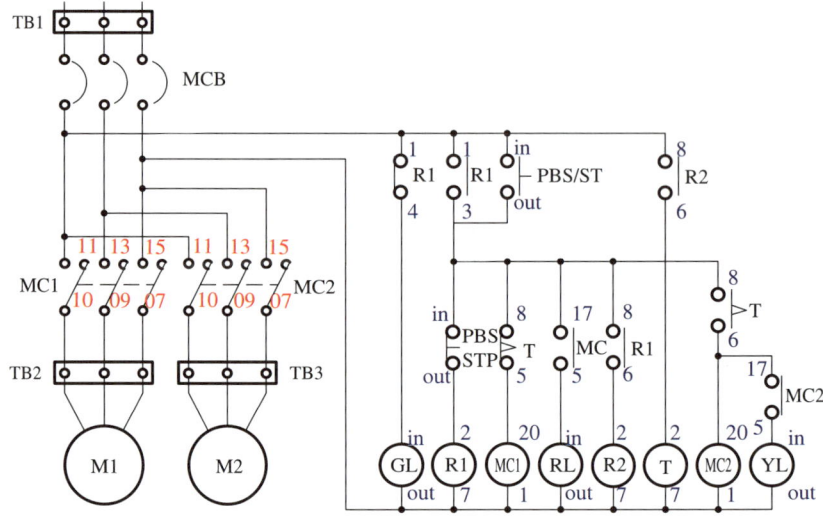

(2) 동작설명-5

① 전원을 투입하면 R1-b접점은 붙어 있으므로 GL(전원등)이 점등된다.

② PBS-ST버튼을 누르면 R1 → R2 → T전원 순서로 작동한다.

  – 타이머한시-a접점 동작 시 MC2전원이 작동되어 MC2-a접점이 자기유지되고 YL이 점등된다.

  – 타이머한시-b접점 동작 시 MC1전원이 작동되어 MC1-a접점이 자기유지되고 RL이 점등된다.

③ PBS-STP(정지스위치)버튼을 누르면 모든 전원이 차단되어 ①번 상태로 돌아간다.

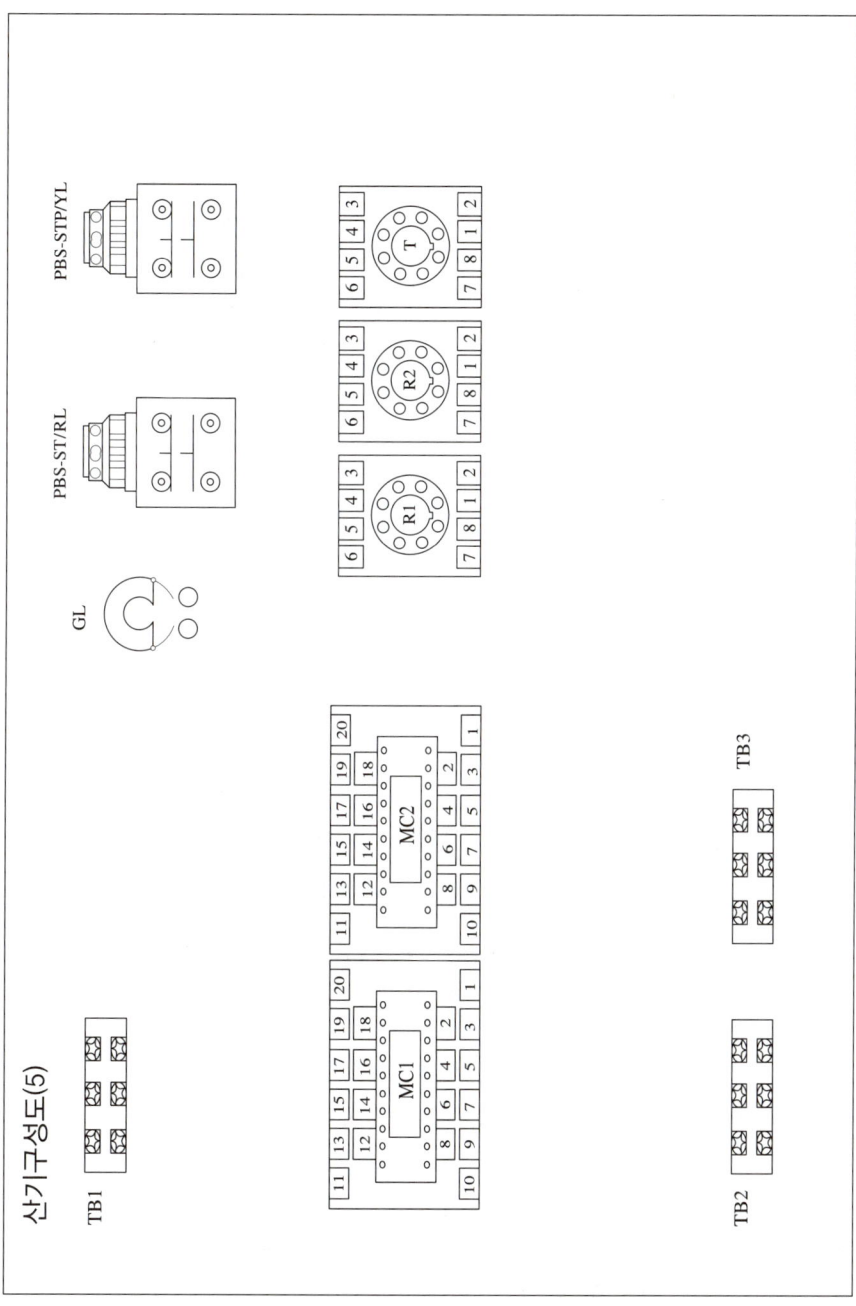

산기구성도(5)

자격종목	공조냉동기계산업기사(6)	과제명	제어회로 구성작업	시간	2시간35분

1. 기구 배치도

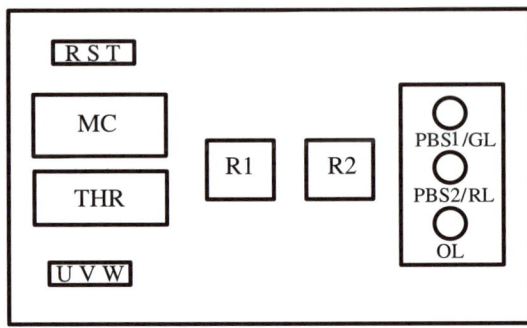

2. 회로도

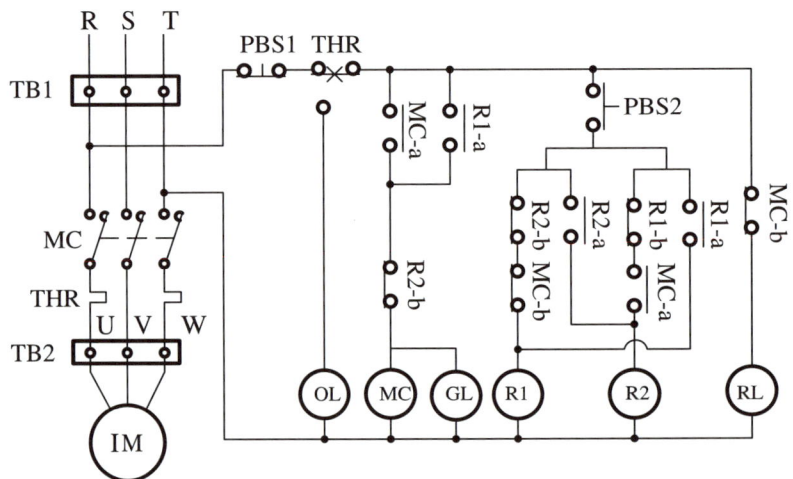

3. 전자접촉기의 접점번호 및 소켓번호   4.THR 사용접점번호

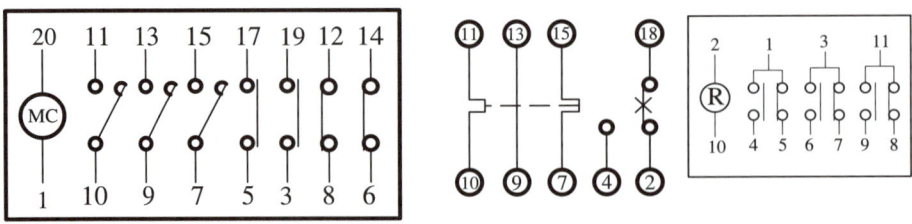

(1) 핀번호-6

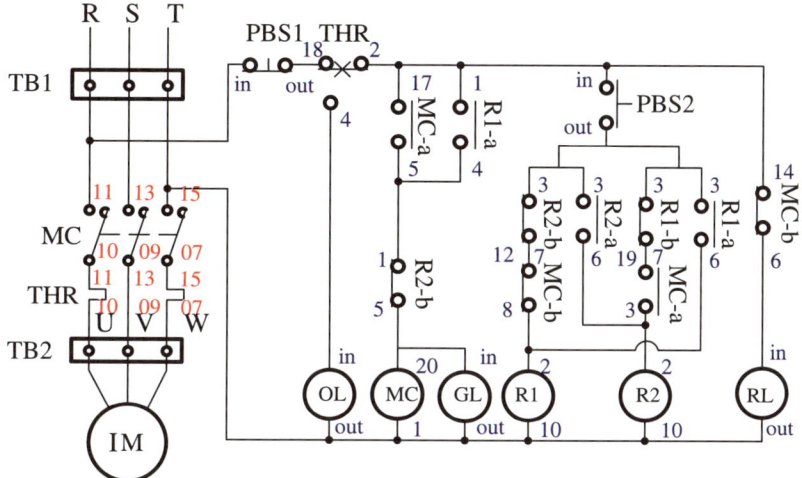

(2) 동작설명-6

① 전원을 투입하면 MC-b접점은 붙어있으므로 RL(전원등)이 점등된다.

② PBS(작동스위치)버튼을 누르면 R1전원이 작동하여 R1-a접점이 자기유지되고 MC(전동기)전원을 작동시키고 GL이 점된다.

③ PBS1(정지스위치)버튼을 누르면 모든 전원이 차단되어 ①번 상태로 돌아간다.

④ THR(과전류계전기) 작동 시 모든 전원이 정지하고 OL(경고등)이 점등된다.

⑤ R2릴레이의 경우 작동하게 되면 MC(전동기)를 정지시키게 되므로 실제 위 도면에서는 불필요하지만 산업현장에서는 센서를 연결해 안전장치로 사용할 수 있다.

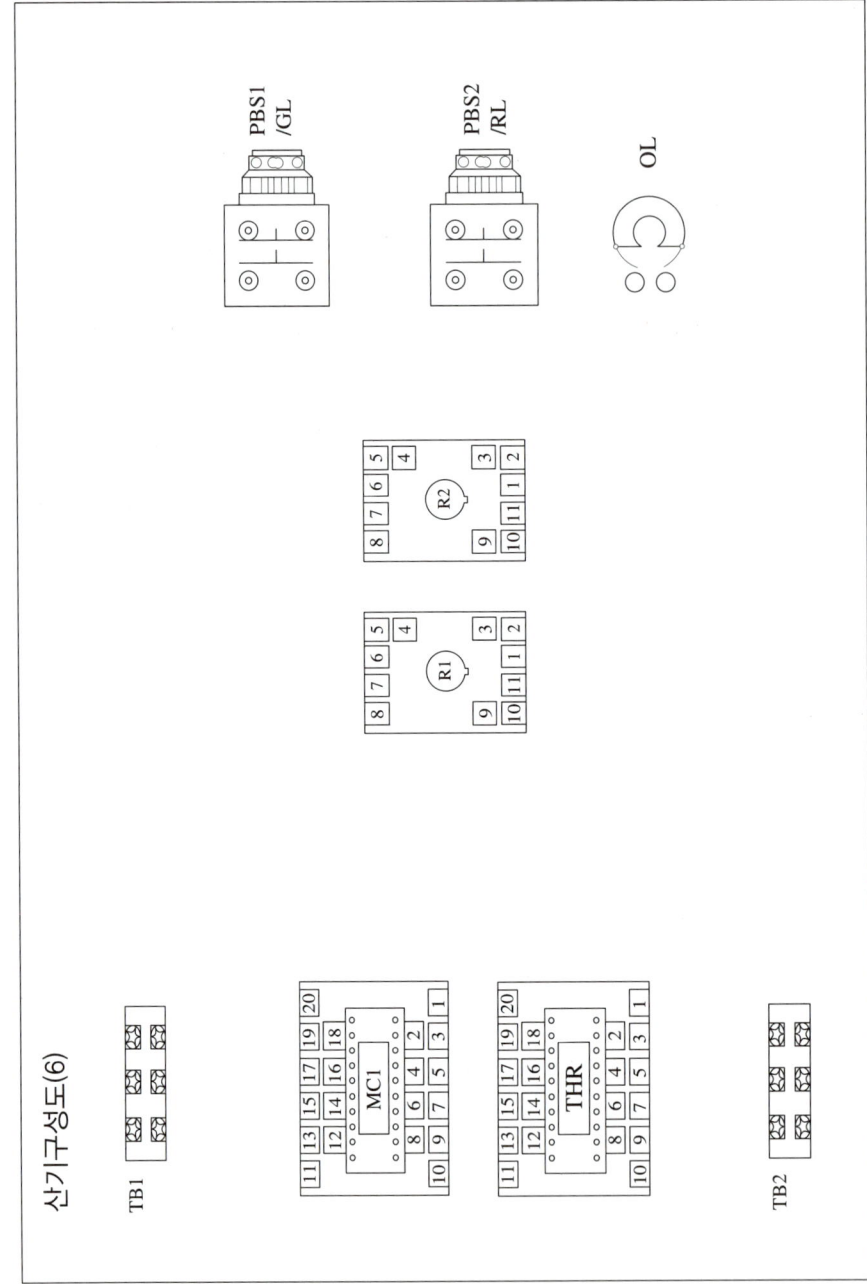

산기구성도(6)

자격종목	공조냉동기계산업기사(7)	과제명	제어회로 구성작업	시간	2시간35분

1. 기구 배치도

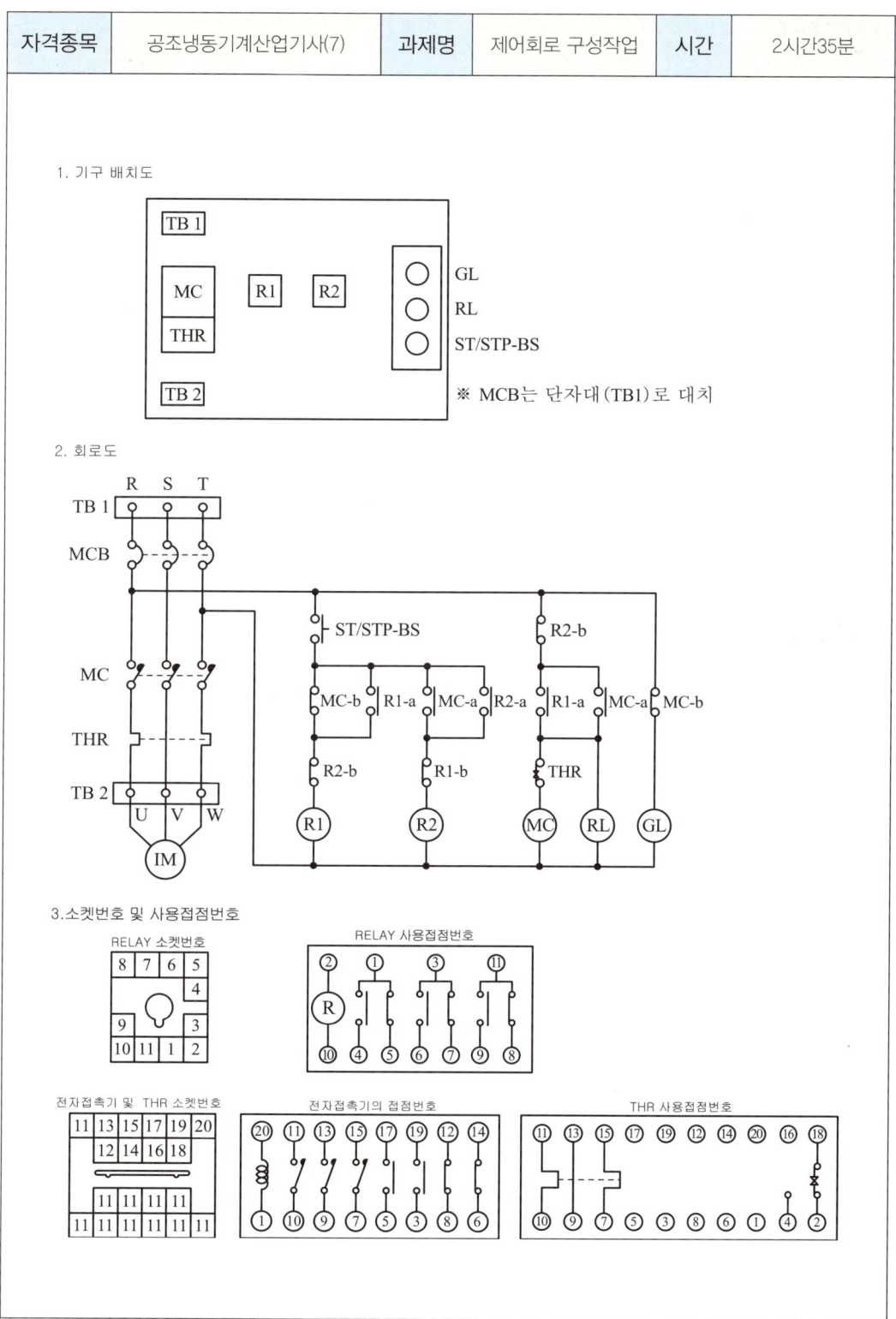

※ MCB는 단자대(TB1)로 대치

2. 회로도

3. 소켓번호 및 사용접점번호

RELAY 소켓번호

RELAY 사용접점번호

전자접촉기 및 THR 소켓번호

전자접촉기의 접점번호

THR 사용접점번호

(1) 핀번호-7

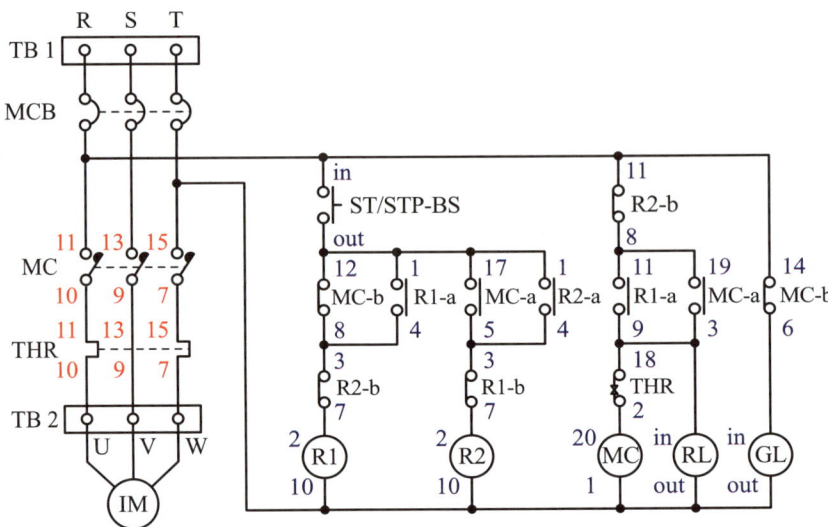

(2) 동작설명-7

① 전원을 투입하면 MC-b접점은 붙어있으므로 GL(전원등)이 점등된다.

② 첫 번째 동작 : ST/STP-BS버튼을 한번 누르면 MC-b와 R2-b 접점에 전기가 통과해 R1전원이 작동되어 R1-a 접점이 여자(자기유지)된다. 이 때 MC라인까지 전기가 들어가므로 MC-a와 MC-b접점이 여자/소자되어 RL은 점등되고 GL은 소등된다.

③ 두 번째 동작 : ②번 동작 후 ST/STP-BS버튼을 다시 누르면 자기유지되고 있는 MC-a와 R1-b 접점에 전기가 통과해 R2전원이 작동되어 R2-a 접점이 여자(자기유지)된다. 이때 MC라인의 R2-b접점이 소자되므로 RL은 다시 소등되고 GL은 다시 점등된다.

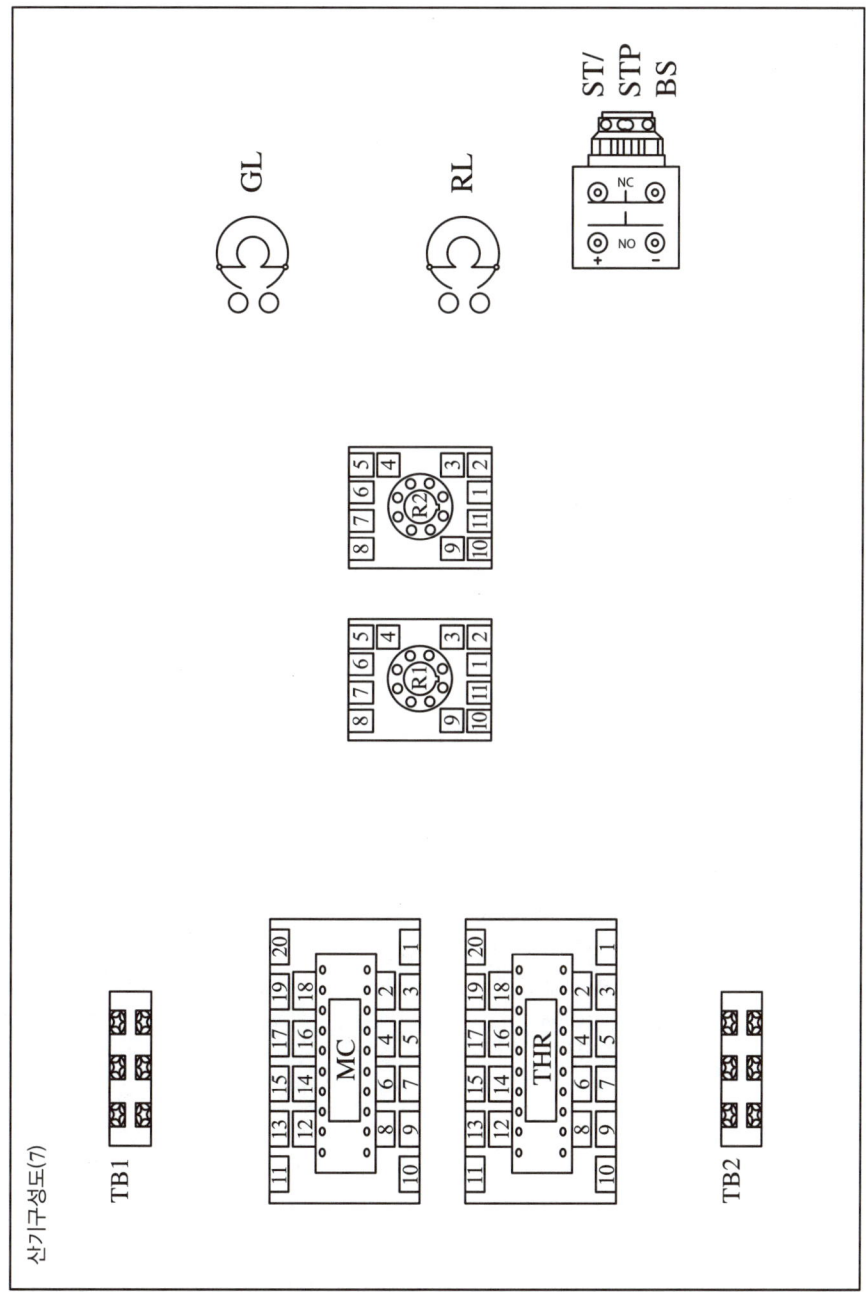

전기구성도(7)

한 조병범기계 기능사·산업기사 필기

★ ★ ★
강쌤의

생생한 **직강!**
지금 바로 확인하세요.

You **Tube** **TISTORY**

NAVER 카페

무료 동영상으로 실력 **JP**

- 네이버카페 http://edukang.com
- 유튜브 https://www.youtube.com/user/win1008kr
- 티스토리 http://edukang.tistory.com/

PART 03
공조냉동기계기능사·산업기사 실기
시퀀스 기초

해당 영상 및 문제들은 과거 공조냉동기계 기능사/산업기사 실기 "동영상" 복원 문제의 시퀀스 문제 모음 자료입니다.

현행 공조냉동기계 기능사/산업기사 실기 "필답형" 기출문제 풀이시 시퀀스 문제의 이해를 돕고자 만든 영상이며 동작 영상과 함께 시퀀스 회로를 설명하므로 기초가 없으신 분들께 많은 도움이 될것으로 예상되어 제작하게 되었으니 아래 QR코드를 이용하여 시청해주시기 바랍니다.

CHAPTER 01 시퀀스 기본접점 및 재료이해하기

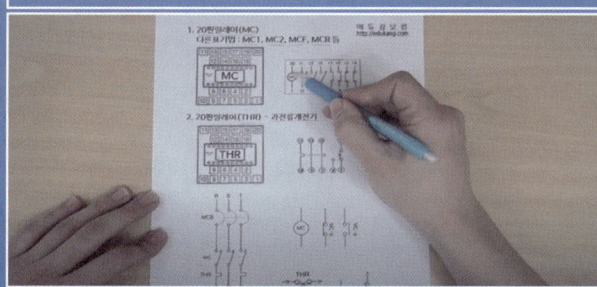

CHAPTER 02 필답형 대비 시퀀스 (구)동영상 복원문제 모음

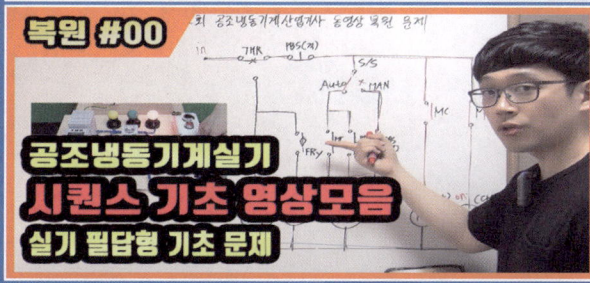

01 A접점(NO)

(arbeit contace/make contace)

02 B접점(NC)

(break contact)

03 C접점(change-over contact)

약식 : COMMON

1. 20핀릴레이(MC)
다른표기법 : MC1, MC2, MCF, MCR 등

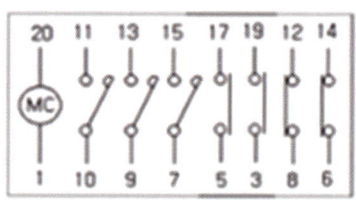

2. 20핀릴레이(THR) – 과전류계전기

3. 8핀릴레이

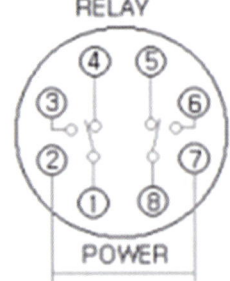

4. 타이머(8핀)

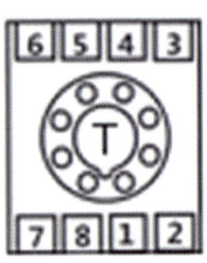
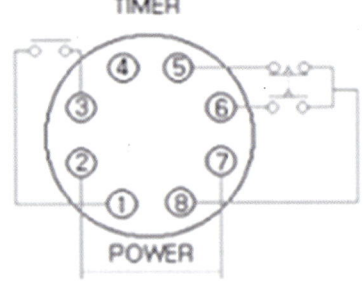

5. 플리커릴레이(8핀)

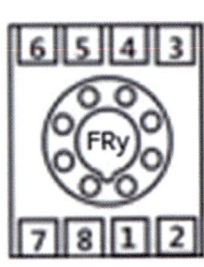
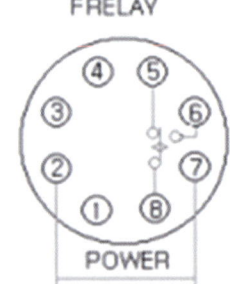

6. 11핀릴레이

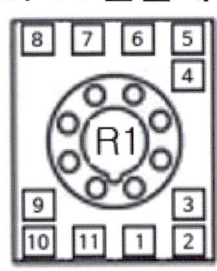
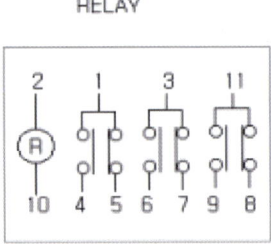

7. 누름버튼스위치(PBS-INCHING)

8. 조광현스위치(PBS/GL, PBS/RL, PBS/YL)

PBS/GL   PBS/RL   PBS/YL

9. 파일롯램프/리셉터클램프

GL   RL   YL

필답형 대비 시퀀스 (구)동영상 복원문제 모음

http://edukang.com

챕터 2번 영상과 함께 보세요

01. 2018년 3회 공조냉동기계산업기사 동영상 복원 문제

2. 다음 영상을 보고 알맞은 회로를 찾고 사용 목적을 쓰시오.

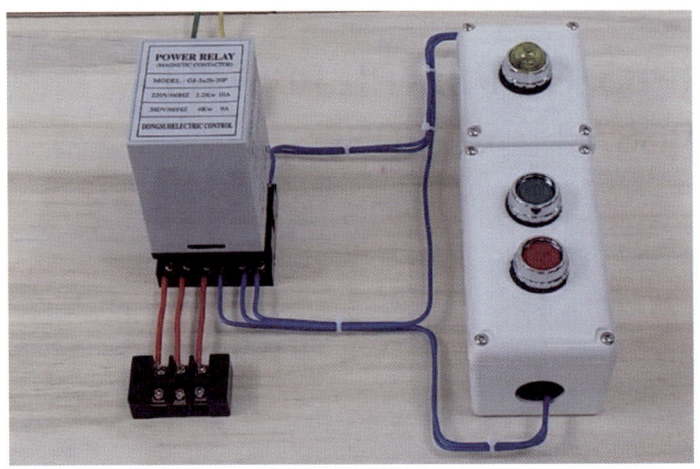

정답

가) 회로 중 맞는 것 : ①번

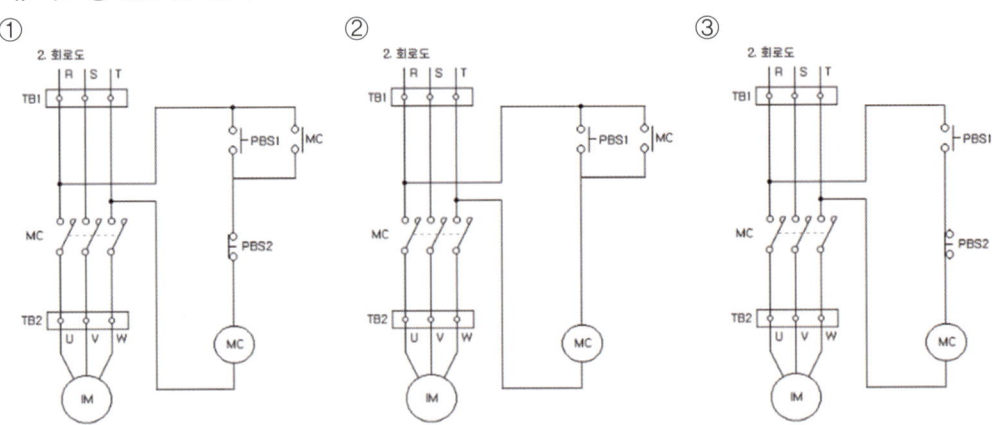

나) **사용목적** : 자기유지회로

02. 2019년 6월 16일 필기면제자 공조냉동기계기능사 동영상 복원 문제

1. 다음 보기의 회로도와 알맞은 영상을 찾으시오.

(동영상의 회로)

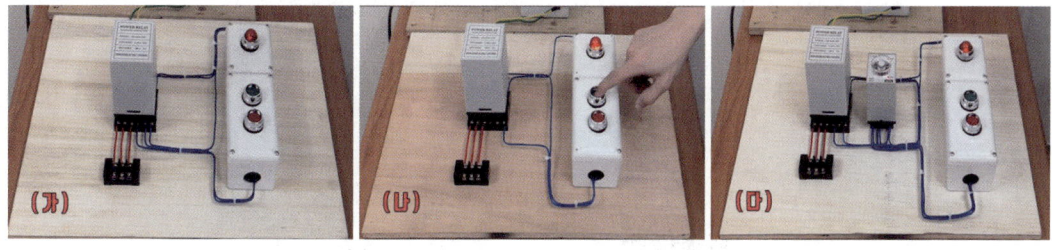

가. 녹색 버튼을 눌렀다가 때도 RL이 계속 점등된 상태(자기유지)

나. 녹색 버튼을 누르고 RL이 점등되고 버튼에서 손을 때면 RL이 소등(인칭)

다. 녹색 버튼을 눌렀다가 때면 RL이 점등, 소등을 반복(플리커)

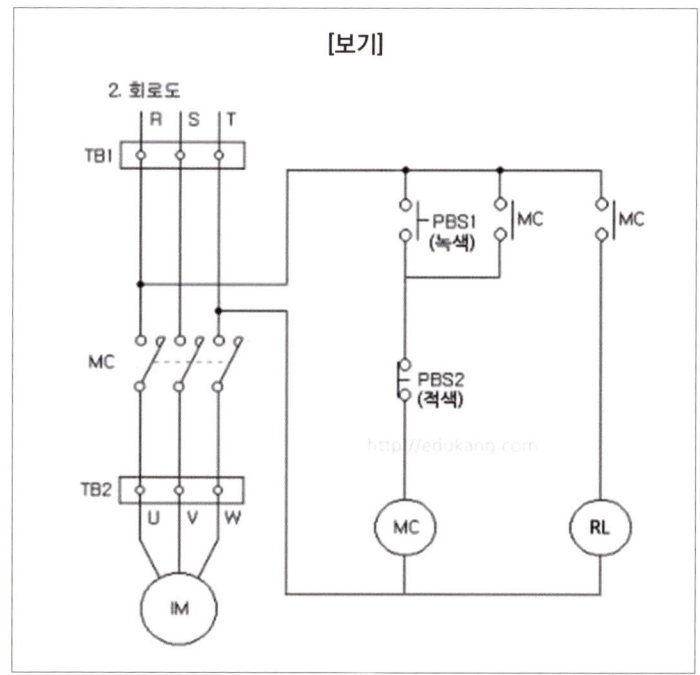

◈정답 (가)

2. 다음 영상을 보고 알맞은 회로를 찾으시오.

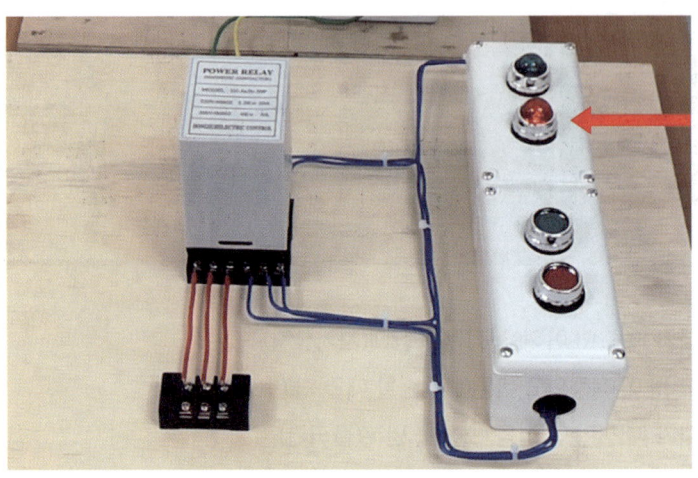

(가)

(나)

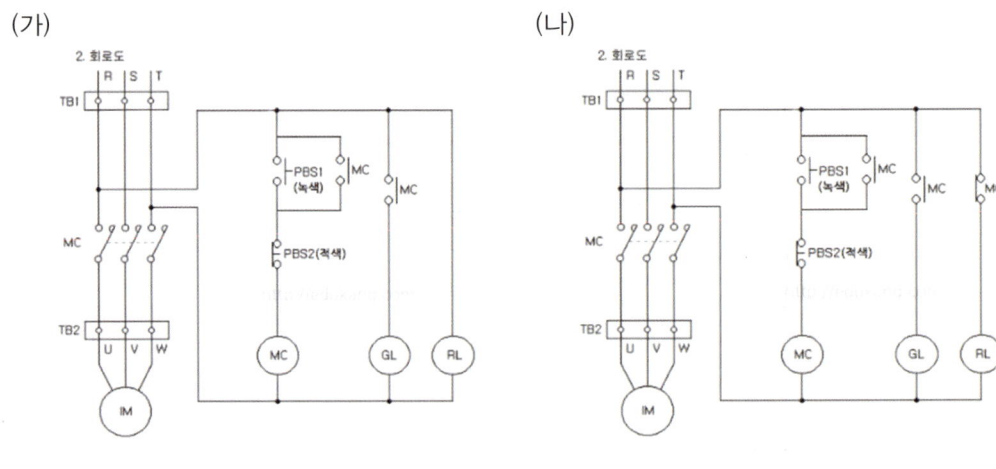

◆정답 (가)

04. 2019년 제2회 공조냉동기계산업기사 동영상 복원 문제

2. 다음 영상을 보고 알맞은 회로를 찾으시오.

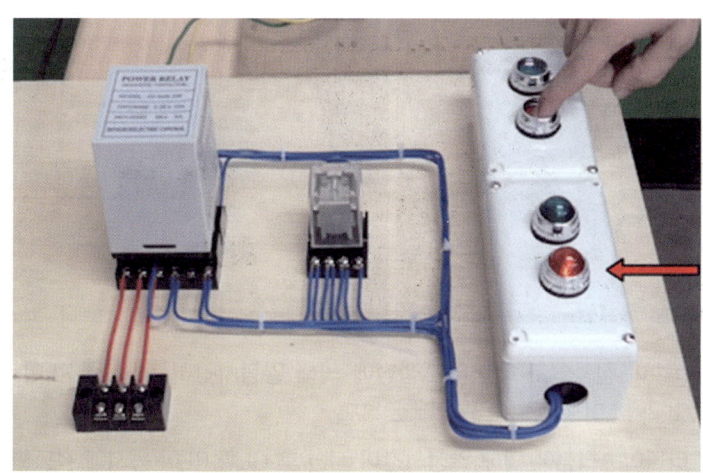

(가)   (나)

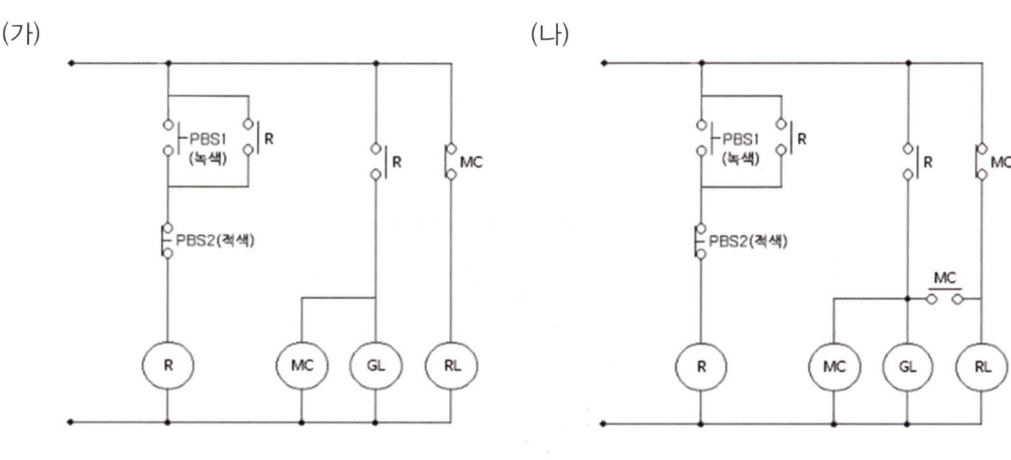

◆정답 (나)

05. 2019년 3회 공조냉동기계기능사 동영상 복원 문제

1. 다음 보기의 회로도와 알맞은 영상을 찾으시오.

(동영상의 회로)

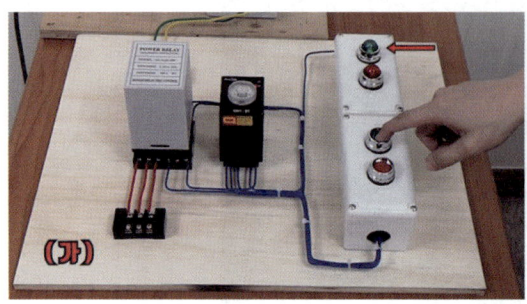 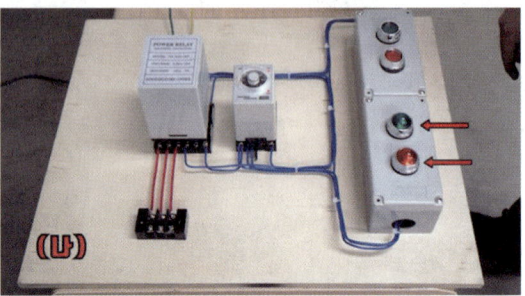

가. PBS(녹)을 누르면 GL이 점등되고 타이머 A접점에 의해 일정시간이 지난 후 RL이 점등되고 이후 PBS(적)을 누르면 GL과 RL이 소등되며 원상태로 복귀

나. PBS(녹)을 누르면 타이머 A접점에 의해 일정시간이 지난 후 GL과 RL이 동시에 점등되고 PBS(적)을 누르면 GL과 RL이 소등되며 원상태로 복귀

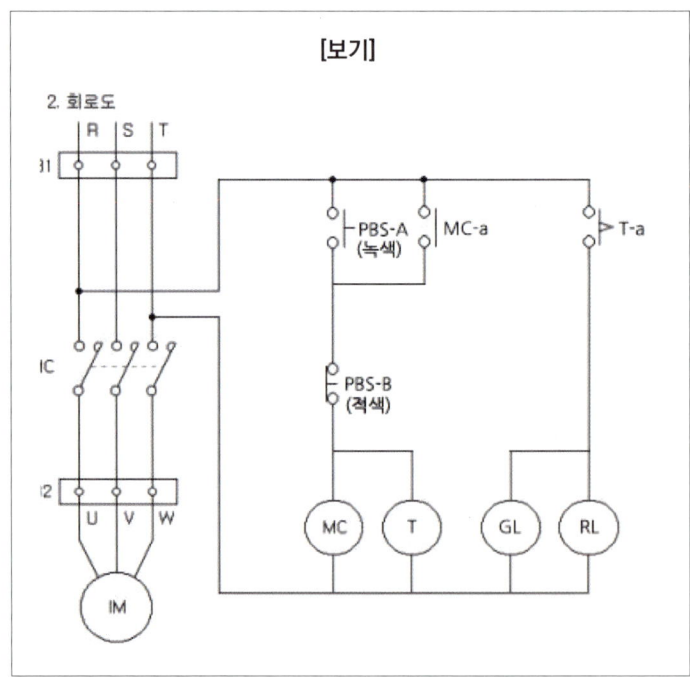

◈정답▶ (나)

2. 다음 영상을 보고 보기 중 회로의 빈칸에 알맞은 기호를 선택하시오.

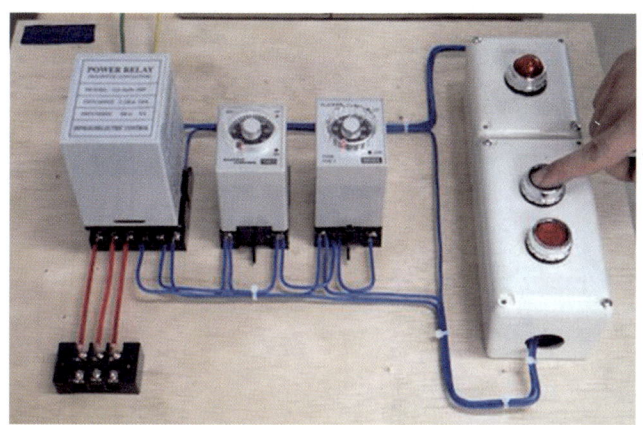

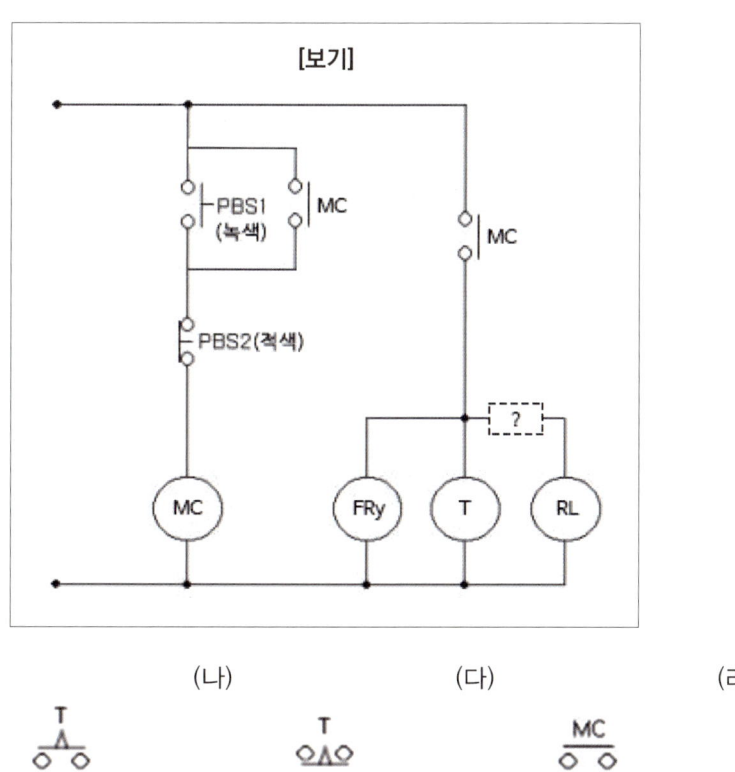

(가)

T

(나)

T

(다)

MC

(라)

FRy

◇정답 (라)

07. 2019년 제2회 공조냉동기계산업기사 동영상 복원 문제

1. 다음 영상을 보고 PBS(적)을 누를 때 (가), (나), (다)의 점등상태를 On, Off로 표시하시오.

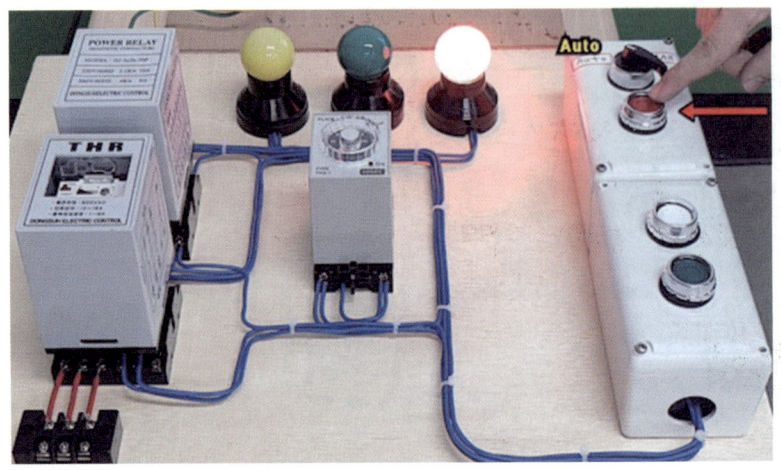

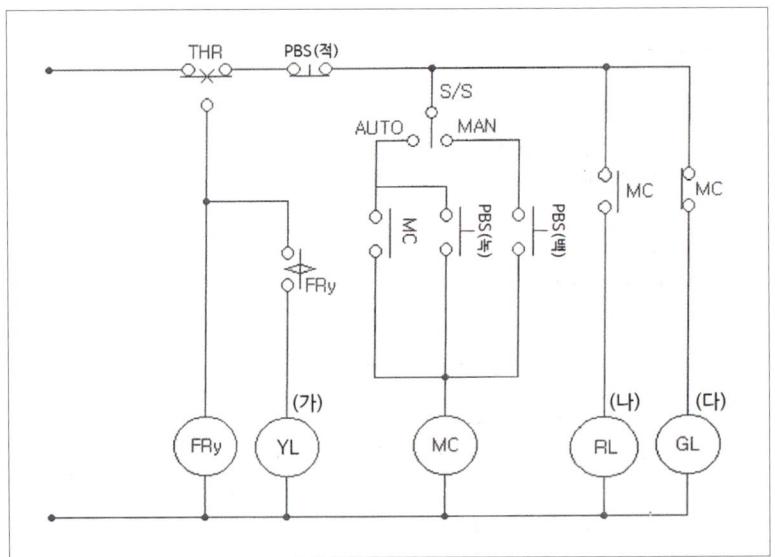

◆정답

(가) : off   (나) : off   (다) : off

08. 2019년 제3회 공조냉동기계산업기사 동영상 복원 문제

1. 다음 영상을 보고 LS(백)을 누를 때 (가), (다), (라)의 점등상태를 On, Off로 표시하시오.

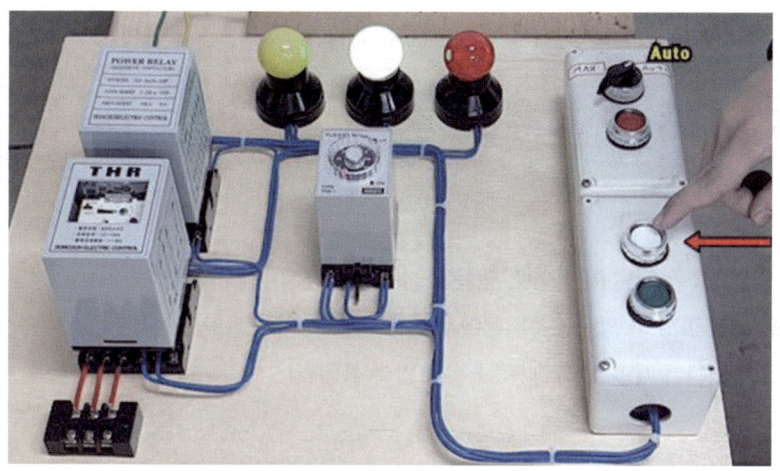

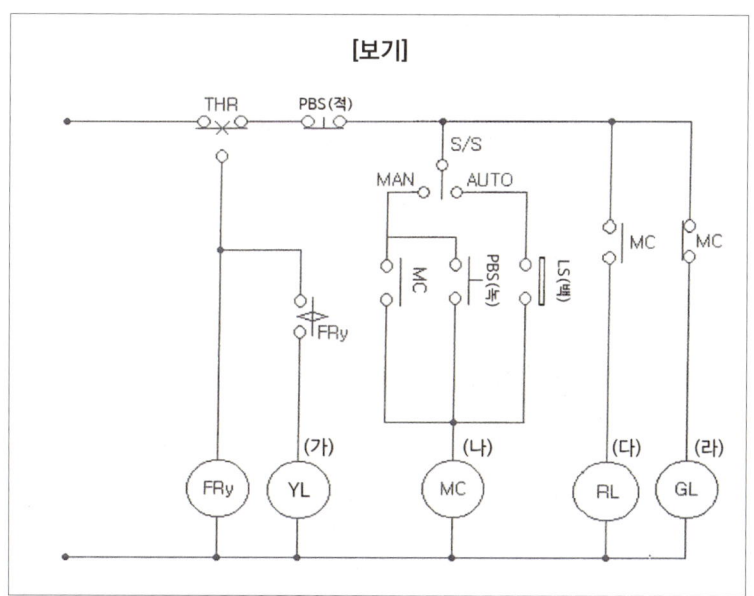

[보기]

◈정답

(가) : off   (나) : on   (다) : off

09. 2020년 2회 공조냉동기계기능사 동영상 복원 문제

1. 다음 보기의 회로도와 알맞은 영상을 찾으시오.

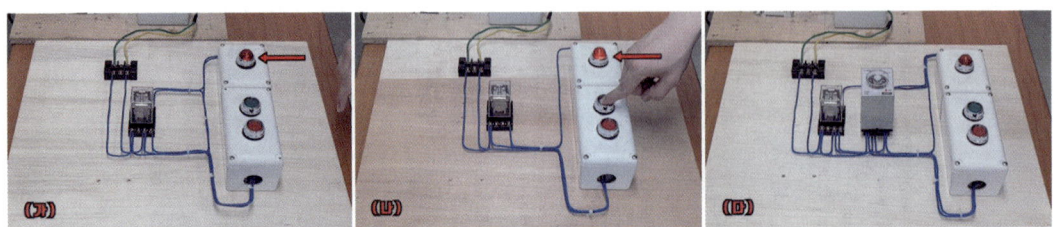

가. 녹색 버튼을 눌렀다가 때도 RL이 계속 점등된 상태(자기유지)

나. 녹색 버튼을 누르고 RL이 점등되고 버튼에서 손을 때면 RL이 소등(인칭)

다. 녹색 버튼을 눌렀다가 때면 RL이 점등, 소등을 반복(플리커)

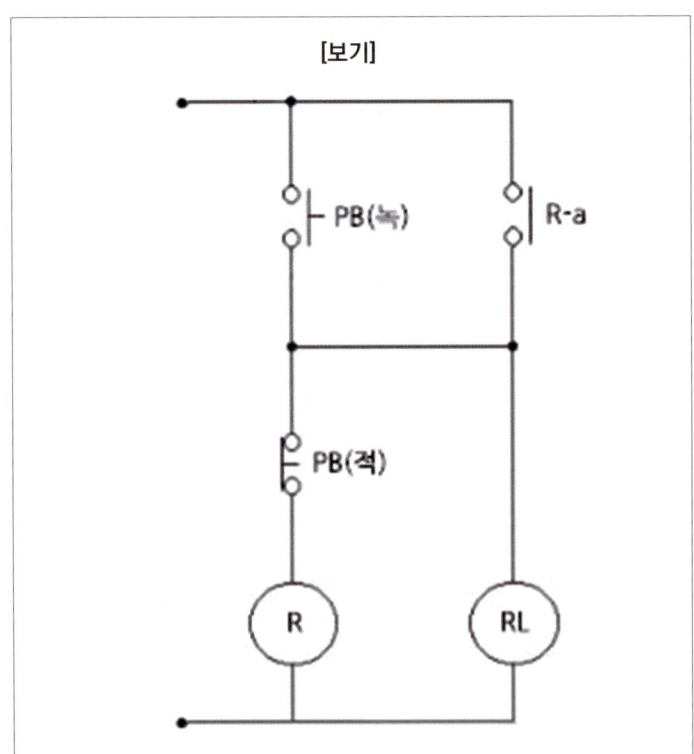

◈**정답** (가)

10. 2021년 4회 공조냉동기계기능사 동영상 복원 문제

2. 다음 영상을 보고 알맞은 회로를 찾으시오.

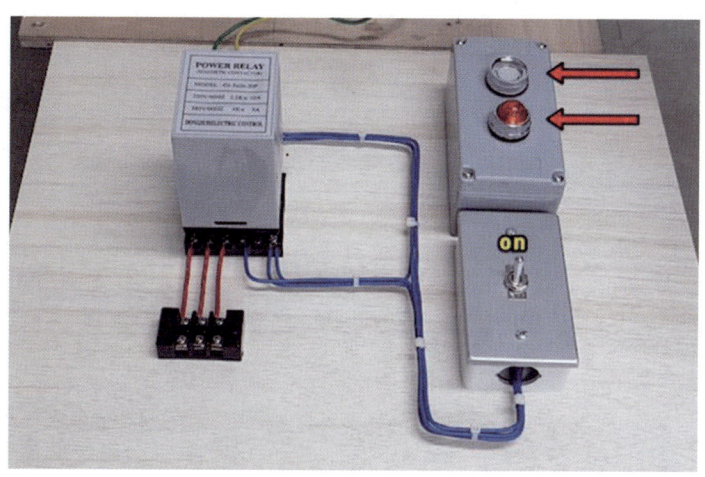

(가)

(나)

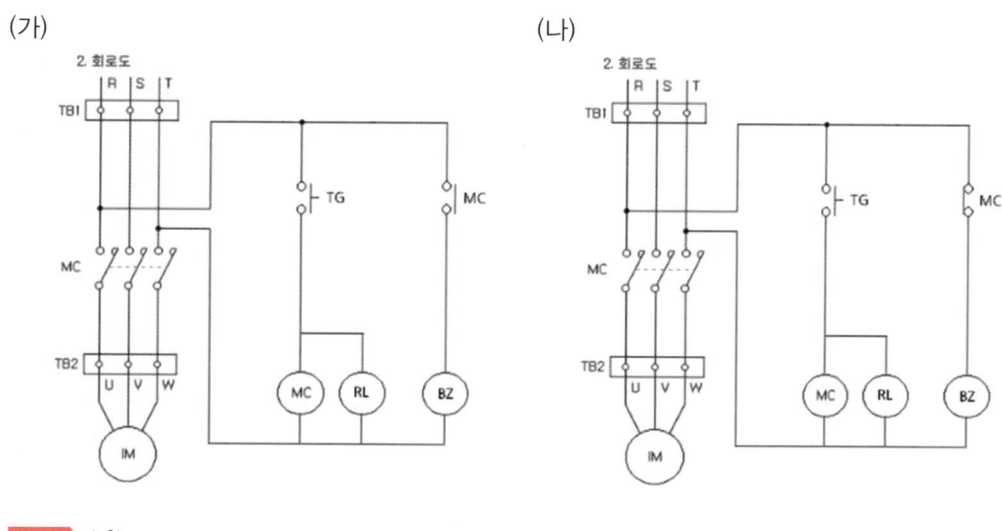

◈정답 (가)

양조용 동기계 기능사 · 산업기사 필기

강쌤의

생생한 직강!
지금 바로 확인하세요.

You Tube TISTORY
NAVER 카페

무료 동영상으로 실력 UP

· 네이버카페 http://edukang.com
· 유튜브 https://www.youtube.com/user/win1008kr
· 티스토리 http://edukang.tistory.com/

PART 04
공조냉동기계기능사·산업기사 실기
필답형 시험 대비 연습문제

해당 영상 및 문제들은 과거 공조냉동기계 기능사/산업기사 실기 "동영상" 복원 문제 중 시퀀스를 제외한 자주 출제되었던 문제들을 취합 후 연습문제 형태로 구성하였습니다.

각각의 문제는 과거 출제 연도 및 복원 문제의 번호를 표시 해두었으니 해설이 필요하신 분들은 아래의 "(구)동영상 복원문제 재생목록" QR코드를 스캔하셔서 찾아보시면 되겠습니다.

(구)동영상 복원문제 재생목록

001. 다음 영상의 부품명칭과 화살표가 가리키는 부분의 이름과 그 기능을 쓰시오.

◈정답◈

① **부품명칭** : 고저압차단스위치

② **화살표가 가리키는 부분의 명칭** : 수동복귀버튼(리셋버튼)

③ **기능** : 고저압스위치의 설정압력을 초과한 경우 자동제어 회로에 의해 cut-out되고 압축기가 정지되어 냉동장치의 위험을 방지한다. 이때 아무런 조치없이 냉동장치의 압력이 정상상태로 돌아가 자동제어에 의해 다시 운전한다면 똑같은 현상이 반복될 수 있으므로 cut-out 후에는 냉동장치의 이상현상을 점검해 조치하고 다시 수동복귀버튼을 눌러 고저압스위치를 리셋시켜 사용하게 된다.

002. 다음 영상에서 나오는 이음쇠의 명칭과 사용목적 두 가지를 쓰시오.

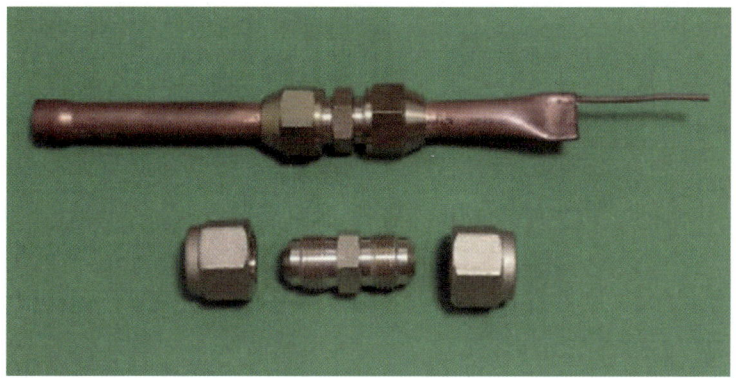

◆정답

① **명칭** : 플레어이음

② **목적** : 1. 동관이음, 2. 분해점검 및 수리

003. 다음 영상에서 나오는 부품의 명칭을 쓰시오.

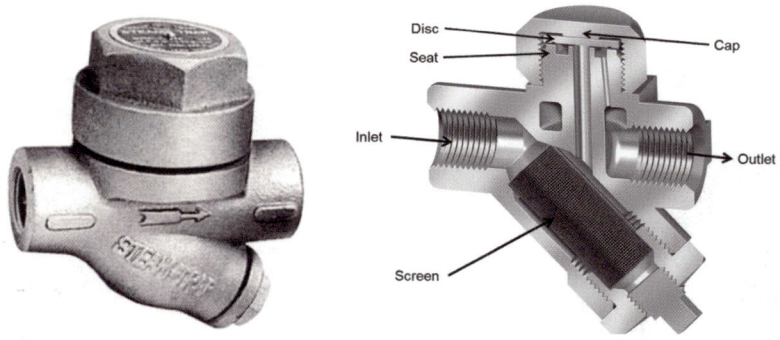

◆정답 디스크식 증기트랩(디스크트랩)

004. 다음 영상에서 나오는 부품의 명칭을 차례대로 쓰시오. (단, 재질이나 규격은 상관하지 않는다.)

◈정답 90도엘보, 부싱, 캡, 45도엘보

005. 다음 영상에서 보여주는 장치의 명칭을 쓰시오.

◈정답 셀렉터스위치

006. 다음 영상의 화살표가 가리키는 가루의 명칭과 그 용도를 쓰시오.

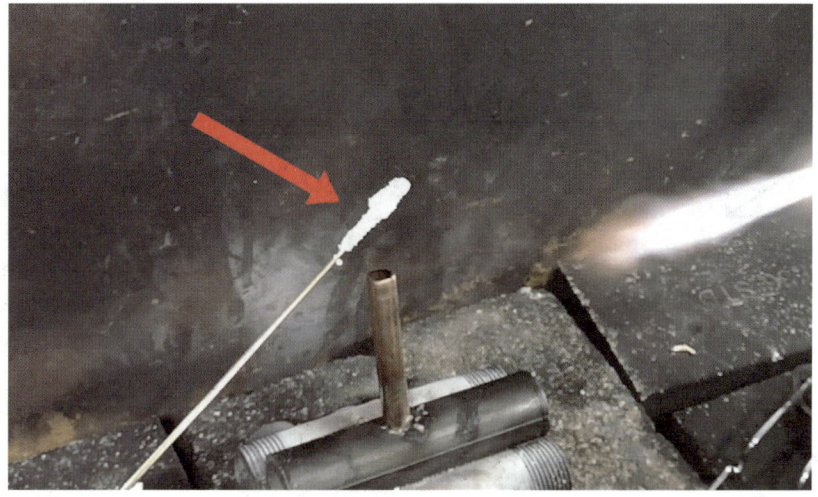

◇정답▶

① **명칭** : 붕사가루

② **용도** : 가열에 의한 접합면의 산화피막을 제거하고 용제에 녹은 용접봉이 잘 흘러 들어가게 돕는다.

007. 다음 영상의 화살표가 가리키는 취출구의 명칭을 쓰시오.

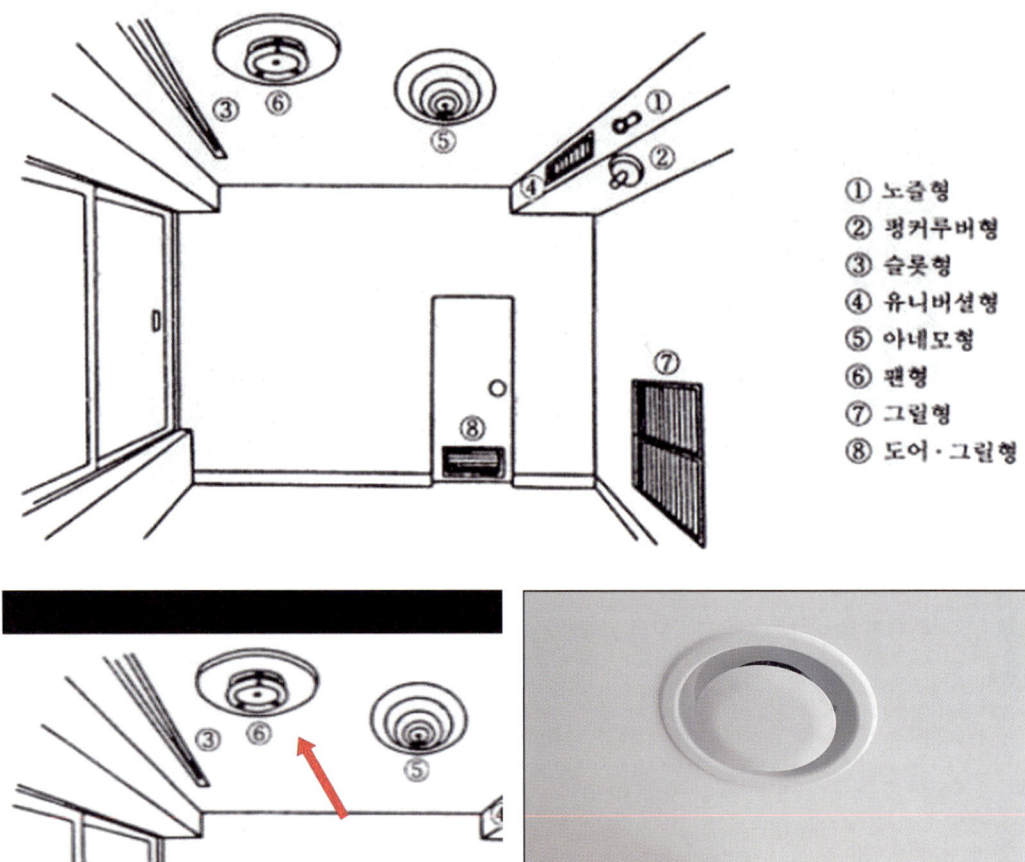

① 노즐형
② 펑커루버형
③ 슬롯형
④ 유니버셜형
⑤ 아네모형
⑥ 팬형
⑦ 그릴형
⑧ 도어·그릴형

◎정답 ▶ 팬형취출구

008. 다음 영상에서 나오는 열교환기의 명칭과 용도를 쓰시오.

판형 열교환기 구조도
1. 지지대 Support
2. 가이드바 Guide Bar
3. 조임판 Pressure Plate
4. 조임볼트 Tightening Bolt
5. 운반대 Carrying Beam
6. 열판 팩 Plate Pack
7. 고정판 Fixed Plate

◈정답

① **명칭** : 플레이트형 열교환기

② **용도** : 고온유체와 저온유체를 열교환하여 냉동장치의 효율을 높이는데 사용된다.

009. 다음 영상에서 보여주는 압축기의 명칭을 쓰시오.

◈정답 원심식압축기

010. 다음 영상에서 화살표가 가리키는 취출구의 명칭과 특징을 쓰시오.

◈정답

① **명칭** : 아네모스탯형 취출구

② **특징** : 미국의 아네모스탯사에서 개발한 천장에 부착하는 취출구의 일반적인 명칭이다. 형태는 동심 원과 각형의 여러 장의 판을 겹쳐 빈 틈을 만들고 그 틈으로부터 공기를 취출함과 동시에 실내 공기를 유인하여 확산시킨다.

011. 다음 영상에 나오는 공구의 명칭을 쓰시오.

◈정답 와이어 스트리퍼

012. 다음 영상에서 보여주는 장치의 명칭을 쓰시오.

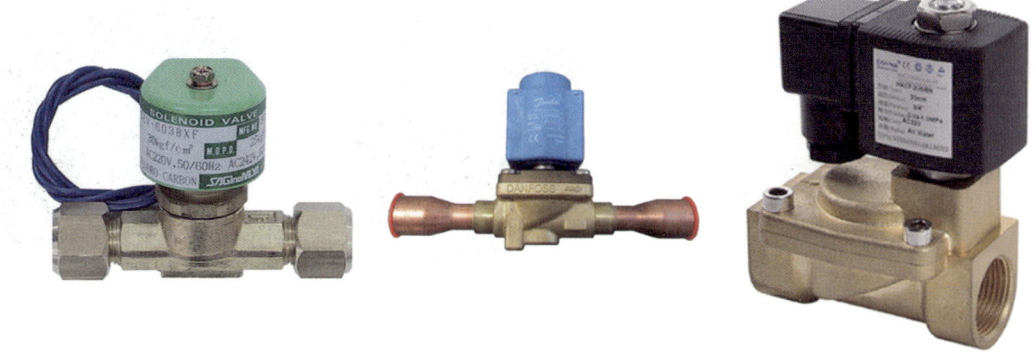

◈**정답** : 전자밸브

013. 다음 영상에서 보여주는 공구의 이름을 쓰시오.

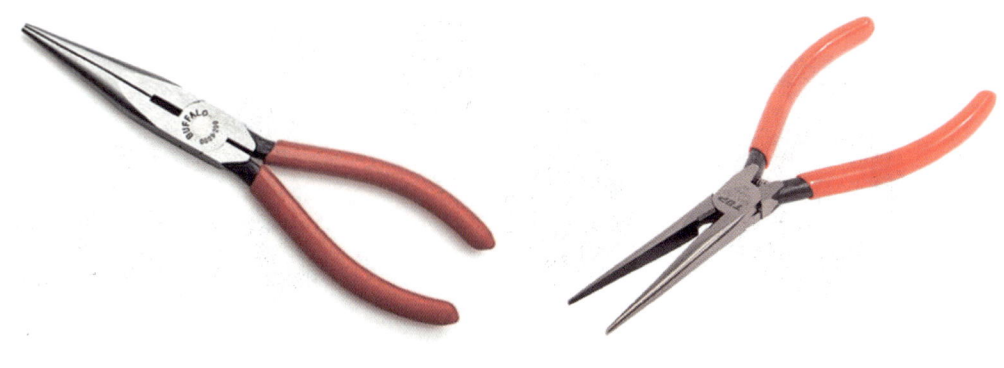

◈**정답** 롱노즈 플라이어

2018년 4회 **기능사(B형)** 4번

014. 다음 영상에서 보여주는 공구의 명칭과 그 사용목적을 쓰시오.

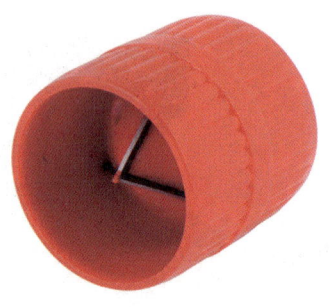  

◈**정답**

① **명칭 :** 리머

② **목적 :** 관내 거스러미 제거

2018년 4회 **기능사(B형)** 7번

015. 다음 영상에서 보여주는 장치의 명칭과 그 사용목적을 쓰시오.

◈**정답**

① **명칭 :** 버터플라이 밸브

② **목적 :** 유로개폐 및 유량조절용

016. 다음 영상에 나오는 설비의 이름을 쓰시오.

◈**정답** 냉각탑

017. 다음 영상에서 보여주는 전기부품의 명칭을 쓰시오.

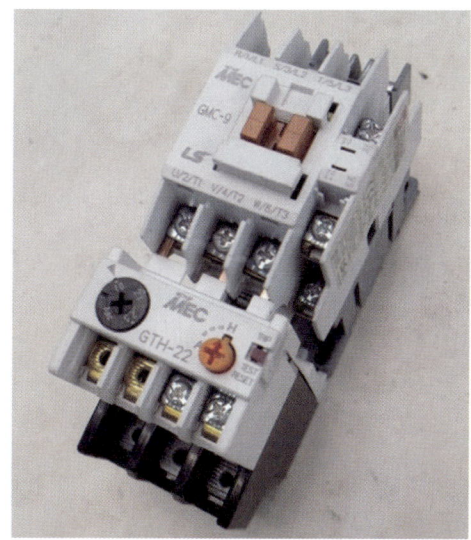

◈**정답** : 전자개폐기

018. 다음 영상에서 보여준 부품의 명칭을 쓰시오.

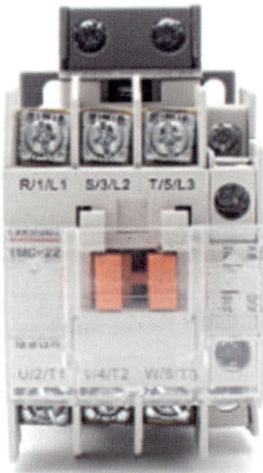

◆**정답** 전자접촉기 / 마그네틱 컨텍터(MC)

019. 다음 영상에서 보여주는 (가), (나)장치의 명칭을 쓰시오.

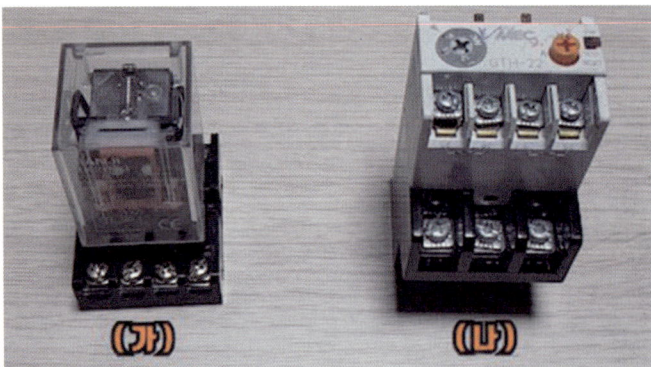

◆**정답**

(가) : 릴레이(8Pin)

(나) : 열동형과부하계전기(THR)

020. 다음 영상에서 보여주는 (가)~(라) 공구의 명칭을 쓰시오.

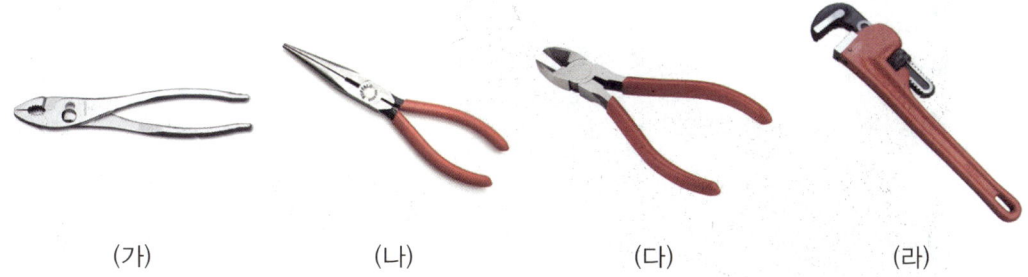

(가)　　　　　　　(나)　　　　　　　(다)　　　　　　　(라)

◈**정답**

(가) : 플라이어

(나) : 롱노즈 플라이어

(다) : 니퍼

(라) : 파이프렌치

021. 다음 영상에서 보여주는 장치의 명칭을 쓰시오.

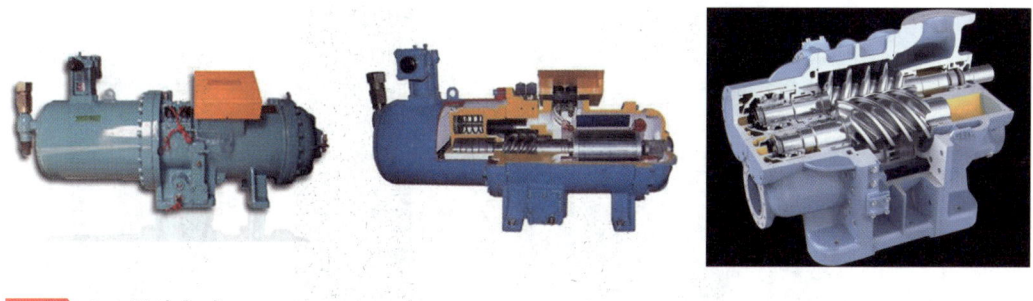

◈**정답** 스크류압축기

022. 다음 영상에서 보여주는 장치의 명칭과 설치위치를 쓰시오.

◈**정답**

① **명칭** : 사이트글라스

② **설치위치** : 응축기와 팽창밸브 사이의 고온고압액관

023. 다음 영상을 보고 덕트의 이음방법과 설치 목적을 쓰시오.

◈**정답**

① **이음방법** : 캔버스이음

② **설치목적** : 송풍기의 진동이 덕트에 전달되지 않도록 하기 위해 송풍기와 덕트 사이에 천소재로 만들어 설치한 이음

024. 다음 영상에서 보여주는 장치는 냉각수를 사용처에 알맞게 분배하여 공급하기 위해 설치하는 냉각수 헤더이다. 이 중 (가)에 표시된 장치의 역할을 쓰시오.

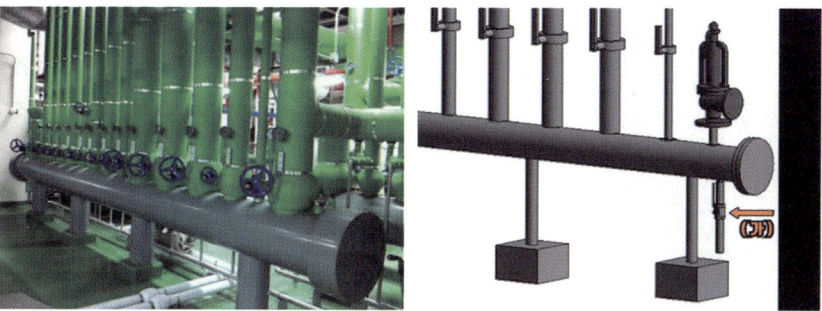

◈**정답** 헤더 내부의 이물질 및 드레인을 배출시키기 위해 사용된다.

◈**참고**

· **드레인 밸브의 역할**

1. 신설배관 내 이물질 제거
2. 냉동기/보일러 휴지시 헤드내 드레인 유무를 확인하여 동파를 방지한다.
3. 간헐적으로 배관내 냉/온수 워터프리징 시 사용된다.

025. 해당 장치는 온도자동식 팽창밸브로 감온통의 설치위치와 역할을 쓰시오.

◈**정답**

① **설치위치** : 증발기 출구

② **감온통의 역할** : 증발기 출구 과열도를 감지하여 냉매유량을 조절한다.

◈**참고**

• **감온통의 역할 – 온도자동식 팽창밸브(TEV)**

감온통은 증발기 출구에 설치되며 증발기 출구의 온도를 감지하여 팽창밸브의 개도를 조절해 증발기 냉각부하에 알맞은 냉매의 유량을 공급한다.

026. 다음 영상에서 보여주는 부품의 명칭과 그 용도를 쓰시오.

◆**정답**

① **명칭** : 계기용변류기

② **용도** : 1차측 대전류를 소전류로 변환하는 장치

◆**참고**

• **변류기의 종류에 따른 역할**

① 계기용변류기 – CT(current transfomer) : 대전류를 소전류로 변환하는 장치
② 영상용변류기 – ZCT(zero phase current transfomer) : 지락사고시 지락전류 검출

027. 다음 영상에서 보여주는 부품의 명칭과 그 용도를 쓰시오.

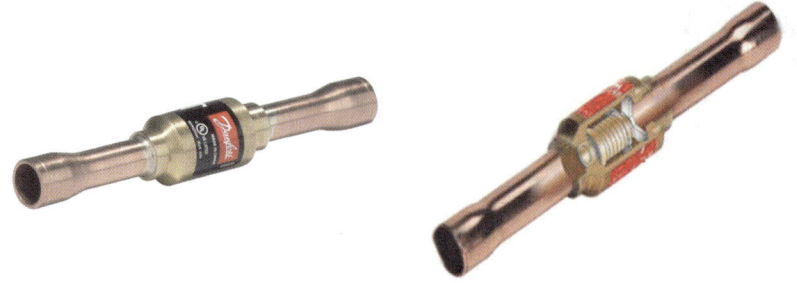

◆**정답**

① **명칭** : 체크밸브(역류방지밸브)

② **용도** : 유체를 한쪽 방향으로만 흐르게 하여 역류를 방지한다.

028. 다음 영상에서 보여주는 부품의 명칭과 그 사용목적을 쓰시오.

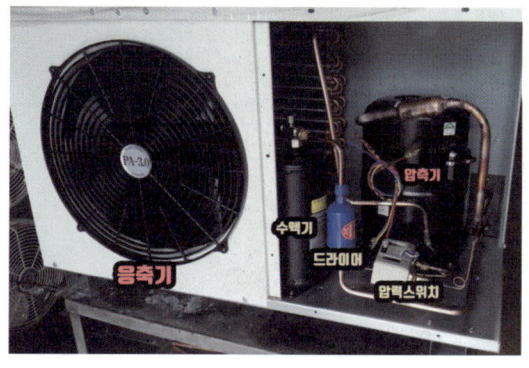 

◆**정답**

① **명칭** : 수액기

② **사용목적** : 응축기와 팽창밸브 사이에 설치하여 냉매를 일시 저장하거나 불응축가스를 제거하고 액
냉매만 팽창밸브로 보내주는 역할을 한다.

◆**참고**

• 수액기 설치위치 : 응축기와 팽창밸브 사이(고온고압액관)

029. 다음 영상에서 보여주는 부품의 명칭을 쓰시오.

◆**정답** 공기빼기밸브(에어벤트)

030. 다음 영상에서 보여주는 부품의 명칭과 그 용도를 쓰시오.

◈정답

① **명칭** : 릴레이(11핀), 계전기

② **용도** : 전자기력을 이용하여 입력신호에 따라 전기회로를 ON-OFF시킨다.

031. 다음 냉동장치의 명칭을 쓰고, 내부에 설치된 장치를 보기에서 모두 골라 쓰시오.

보기

압축기, 응축기, 팽창밸브, 증발기

◈정답

① **명칭** : 수냉식콘덴싱유닛(스크류식)

② **내부에 설치된 장치** : 압축기, 응축기

032. 다음 영상에서 보여주는 취출구의 명칭을 쓰시오.

◈**정답** 라인형 취출구

◈**참고**

• 에어커튼(Air Curtain)과 같은 취출특성을 얻을 수 있는 취출구는 캄라인형과 브리즈라인형이다.

• **라인형 취출구 종류**

① 캄라인형(Calm Line)
② 브리즈라인형(Breeze Line)
③ 티라인형(T-Line)
④ 슬롯 라인 형

033. 다음 영상에서 보여주는 부품의 명칭과 작동원리를 쓰시오.

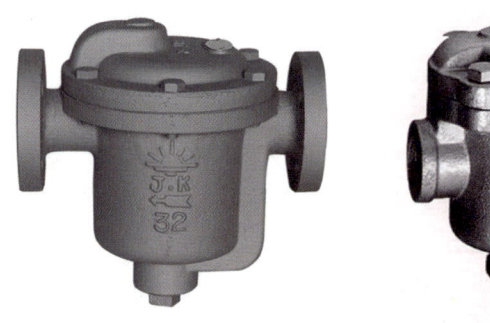
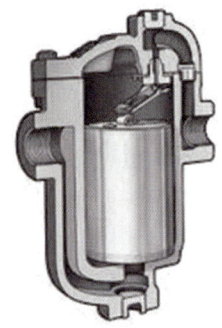

◈**정답**

① **명칭** : 버킷트랩

② **작동원리** : 기계적 트랩으로 포화수와 포화증기의 비중차를 이용해 응축수를 배출한다.

2019년 2회 기능사 4번

034. 다음 영상에서 보여주는 부품의 명칭을 쓰시오.

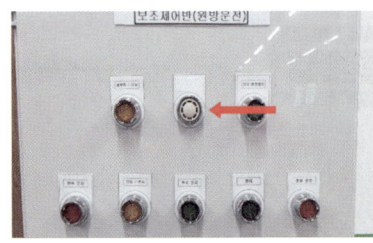  

◆**정답** 부저

2019년 2회 기능사 5번

035. 다음 영상에서 보여주는 장치의 명칭을 쓰시오.

◆**정답** 유니트쿨러(강제대류형 핀코일식 증발기)

2019년 2회 기능사 6번

036. 다음 부품들의 명칭을 쓰시오. (단, 재질이나 규격은 상관하지 않는다.)

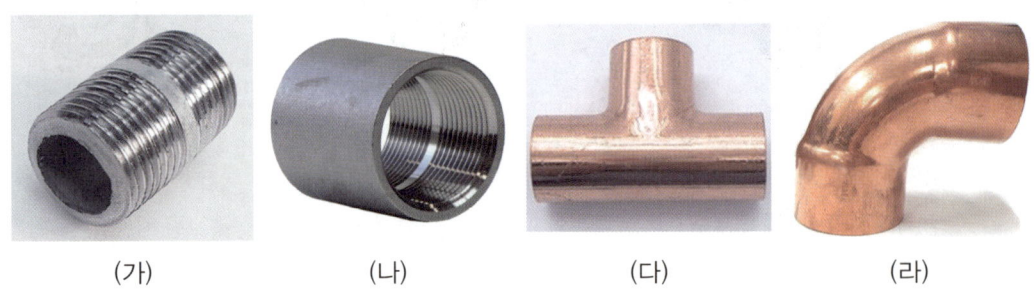

| (가) | (나) | (다) | (라) |

◆**정답**

(가) : 니플   **(나)** : 소켓   **(다)** : 티이   **(라)** : 엘보

037. 다음 영상에서 보여주는 부품의 명칭과 특징을 쓰시오.

  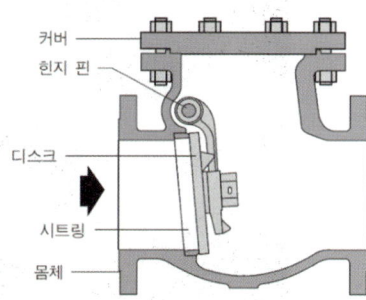

커버
힌지 핀
디스크
시트링
몸체

◈ **정답**

① **명칭** : 체크밸브(스윙식)

② **특징** : 유체를 한쪽 방향으로만 흐르게 하여 역류를 방지한다.

◈ **참고**

• **체크밸브**

① 스윙식(swing) : 수평 · 수직 배관에 사용이 가능하다.
② 리프트식(lift) : 수평배관에만 사용이 가능하다.

038. 다음 장치의 명칭과 역할을 쓰시오.

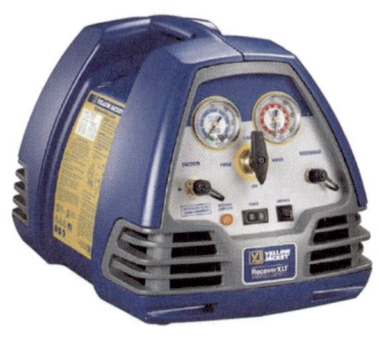 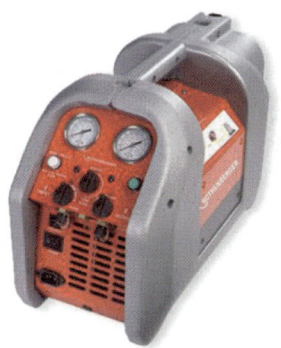

◈ **정답**

① **명칭** : 냉매회수장치

② **역할** : 냉매회수작업

2019년 2회 **기능사** 10번

039. 다음 영상의 작업자가 무슨 작업을 하는지 쓰시오.

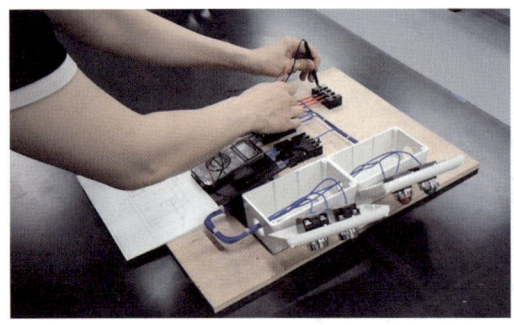 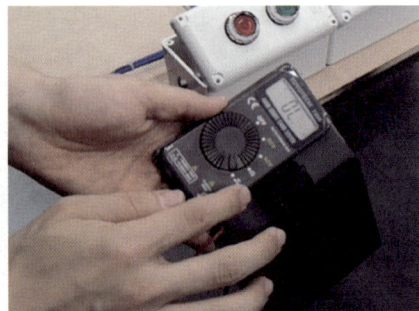

◈**정답** 도통시험

2019년 6월16일 **기능사 필기면제자** 4번

040. 다음 영상에서 보여주는 부품의 명칭을 쓰시오.

◈**정답** 조광형 누름버튼 스위치

041. 다음 압력계에서 표시하는 76cmHg중 Hg의 명칭과 76cmHg를 MPa로 환산한 값을 쓰시오.

◈정답

① **명칭** : 수은

② 76cmHg → ? MPa : 0.1 MPa

◈참고

• **표준대기압(atm)**

1atm=1.0332[kg/cm2]=760[mmHg]=101325[Pa]=101.325[kPa]

• **단위환산**

① 760[mmHg] → 76[cmHg]
② 76[cmHg]=101.325[kPa]=0.101325[MPa]

2019년 6월16일 **기능사 필기면제자** 9번

042. 다음 영상을 보고 산소용접 시 중성불꽃을 점화하는 순서를 쓰시오.

◈**정답** 아세틸렌밸브를 열고 점화 후 산소밸브를 연다.

◈**참고**

• 산소용접
① 점화시 : 아세틸렌밸브를 열고 점화 후 산소밸브를 연다.
② 소화시 : 산소밸브를 잠그고 아세틸렌밸브를 잠근다.

2019년 2회 **산업기사** 3번

043. 다음 영상에서 보여주는 장치의 명칭과 작동원리를 쓰시오.

◈**정답**

① **명칭** : 방화댐퍼(루버형)

② **작동원리** : 화재발생 시 퓨즈가 녹아 덕트를 차단시키며 덕트를 통해 다른 곳으로 화재가 번지는 것을
방지한다.

044. 다음 영상에서 보여주는 장치 중 (가)의 명칭과 역할을 쓰시오.

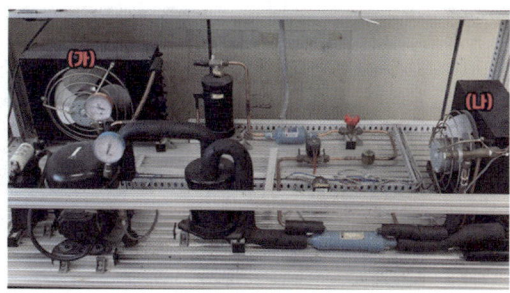 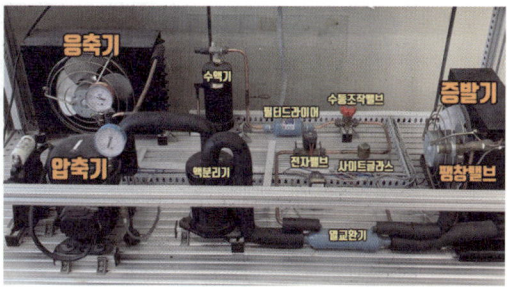

◇ 정답

① **명칭** : 응축기

② **역할** : 압축기에서 보내온 고온고압의 기체냉매를 외부의 공기나 냉각수를 이용해 응축액화시키는 장치

◇ 참고

• 냉매 순환 계통도

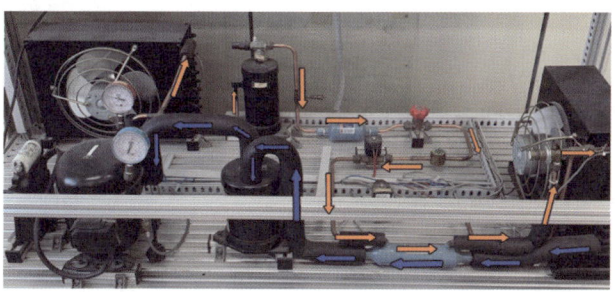

045. 다음 작업자가 작업중 안전상 잘못된 점 두 가지를 쓰시오.

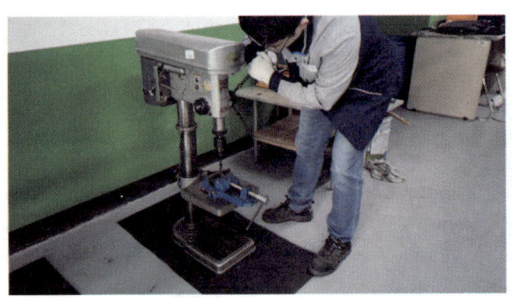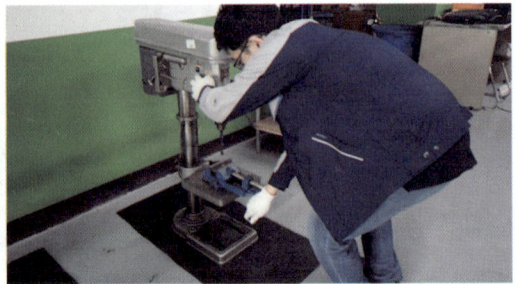

◈ 정답

1. 드릴작업 시 장갑을 착용하고 있다.
2. 드릴작업 중 작업복의 지퍼와 단추를 풀고 있었다.
3. 드릴작업 시 구멍을 뚫을때 여러 번 나눠서 뚫어야 하는데 한 번에 뚫었다.
4. 드릴작업 중 드릴이 완전 정지하지 않은 상태에서 급히 공작물(강관)을 옮겼다.

◈ 참고

• 드릴 작업 시 안전수칙

① 장갑을 착용 금지(감김사고 방지)
② 드릴 운전 중 공작물을 만지지 말 것
③ 드릴 운전 중 칩을 입으로 불거나 손으로 털지 말 것
④ 큰 구멍을 뚫을 때에는 작은 구멍을 뚫은 후 작업할 것
⑤ 얇은 판을 뚫을 때에는 나무판을 밑에 받치고 작업할 것
⑥ 드릴작업 시 구멍은 여러번 나눠서 뚫을 것
⑦ 이송레버에 파이프를 걸고 작업하지 말 것
⑧ 칩이 비산될 우려가 있는 경우 보안경을 착용할 것
⑨ 드릴 작업 전 접지의 유무를 확인할 것

046. 다음 영상에서 보여주는 장치의 명칭과 역할을 쓰시오.

◈ 정답

① **명칭** : 추기회수장치(진공펌프)
② **역할** : 장치 내부를 진공시킨다.

047. 다음 영상에서 보여주는 밸브의 명칭과 역할을 쓰시오.

◆정답◆

① **명칭** : 브라켓 밸브

② **역할** : 냉매충전 및 회수작업 시 사용되는 밸브

◆참고◆

1. 고압측 설치 밸브

  ① 브라켓 밸브 : 냉매배관 또는 장치에 설치하여 냉매충전 및 회수작업 시 사용되는 밸브

  ② 로타록 밸브 :

    ㉠ 수액기(통)에 설치 시 불응축 가스 퍼지용으로 사용됨

    ㉡ 고압의 가스를 고압차단 스위치로 보내는 용도로 사용됨

    ㉢ 증발기 및 증발관에 설치하여 핫가스 제상에 사용됨

2. 저압측 설치 밸브

  ① 서비스 밸브 : 저압측에 설치하여 냉매충전 및 회수에 사용되는 밸브

048. 다음 영상에서 보여주는 부품의 명칭과 설치위치를 쓰시오.

◆**정답**

① **명칭** : 코어쉘 필터드라이어

② **설치위치** : 응축기와 팽창밸브 사이

◆**참고**

• **코어쉘(core shell)**

코어를 넣는 케이스로 원추형으로 된 짧은 파이프 형태로 되어있다.

049. 다음 영상의 작업자가 사용한 측정기의 명칭을 쓰시오.

◆**정답** 검전기

◆**참고**

• **검전기** : 물체의 대전 여부나 대전된 전하의 양, 음 등을 조사하는 기구

• **검전기 사용목적**

① 물체의 대전여부

② 물체가 대전된 전기의 종류(양극, 음극)

③ 물체가 대전된 전하의 양

050. 다음 영상의 흡수식 냉동장치에서 화살표가 가리키는 부분은 추기회수장치이다. 이 장치의 설치목적을 쓰시오.

 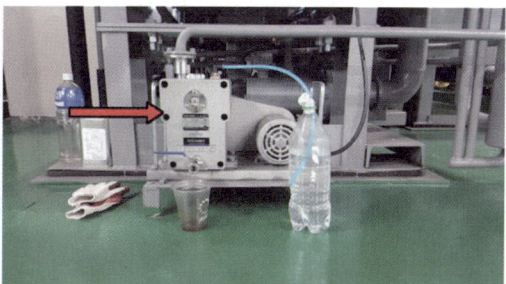

◈**정답** 증발기내부의 진공도를 유지하기 위해 사용한다.

051. 다음 영상을 보고 리미트스위치를 고르고 작동원리를 쓰시오.

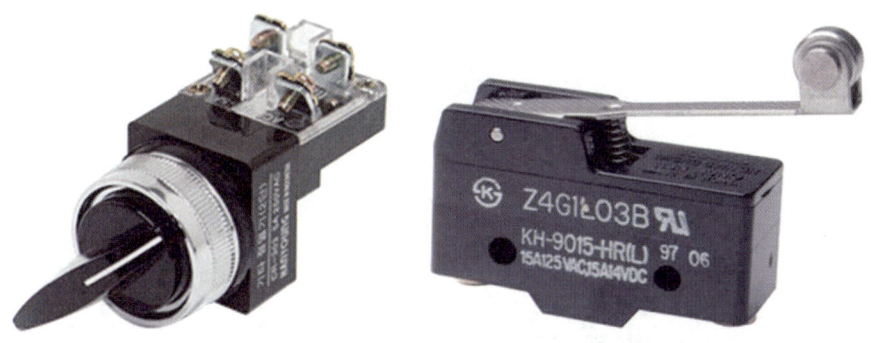

◈**정답** (나)

작동원리 : 위치 검출용 스위치로 냉동창고 등의 출입문에 설치하여 출입문의 개폐와 냉동장치의 운전을 연동시킨다.

◈**참고**

• **리미트스위치 역할**

① 냉동창고 및 냉장고의 문을 열면 리미트스위치가 작동해 냉동실 내부의 조명을 on시키고 압축기를 정지시킨다.
② 시퀀스 회로에서 기계적 신호를 전기적 신호로 전환하여 증발기 및 팬등을 제어한다.
③ 냉동장치의 출입문과 팽창밸브를 연동하여 항온항습, 냉동창고, 클린룸 등에서 제각각 응용되기도 한다.
④ 공기조화기의 경우 풍량이 강하기 때문에 출입문 개폐 시 풍량을 정지 또는 저속으로 제어하기도 한다.

052. 다음 영상에서 보여주는 장치의 명칭과 역할을 쓰시오.

◆**정답**

① **명칭** : 여과기(스트레이너)

② **역할** : 장치내부의 이물질 제거

053. 다음 영상에서 보여주는 댐퍼의 명칭과 작동원리를 쓰시오.

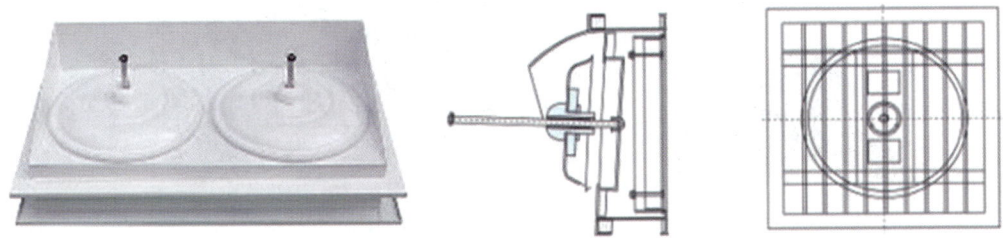

◆**정답**

① **명칭** : 릴리프 댐퍼

② **작동원리** : 실내의 정압을 유지하고 인접실과의 차압을 유지함으로써 외부의 오염된 공기가 청정실
(클린룸) 안으로 역류되는 것을 방지한다

054. 다음 영상에서 보여주는 취출구의 명칭과 창문 부근 천장에 설치하는 목적을 쓰시오.

◈정답▶

① **명칭** : 캄라인형 취출구

② **설치목적** : 창문 부근 천장에 설치하여 외부공기와 내부공기를 차단하여 실내외 온도를 차단하고 공기 중 이물질 및 곤충, 벌레 등의 출입을 막기 위해 설치한다(에어커튼 역할).

◈참고▶

• **캄라인형 취출구 특징**

① 노즐과 같이 동일면 풍속에서 도달거리가 크기 때문에 에어커튼과 같은 취출 형태를 얻을 수 있다.

② 압력 손실 및 발생 소음이 적고, 취출기류는 내장 정류판(deflector)의 작용으로 매우 잠잠하다(흡입구로 이용시 → deflector 제거).

055. 다음 영상에서 보여주는 장치의 명칭을 쓰시오.

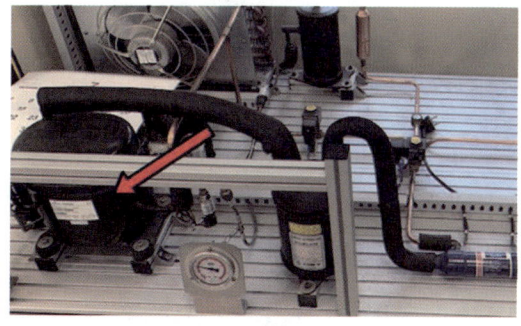

◈정답▶ 밀폐형 왕복동식 압축기

◈참고

• 냉매 순환 계통도

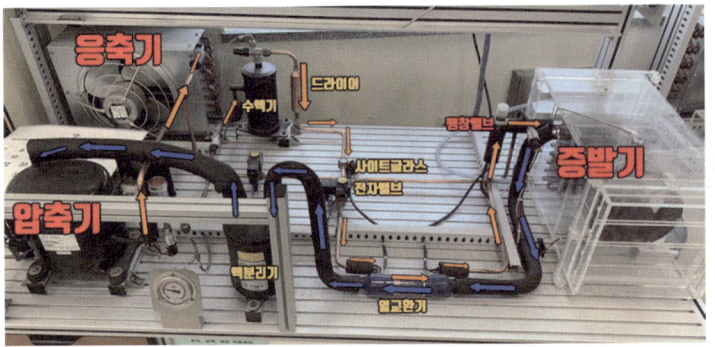

※ 왕복동식 압축기 종류

① 밀폐형 왕복동식 압축기

② 반밀폐형 왕복동식 압축기

③ 개방형 왕복동식 압축기

056. 다음 영상에서 보여주는 장치의 명칭을 쓰시오.

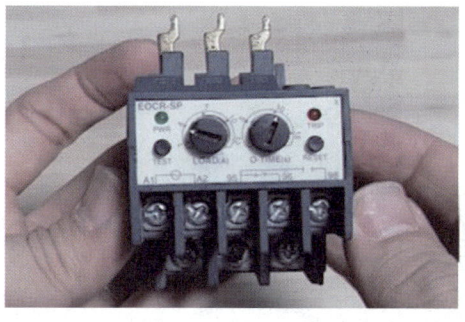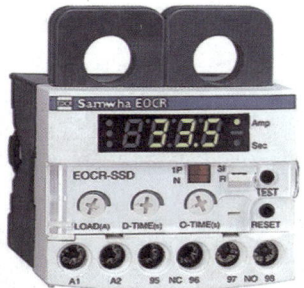

◈**정답** 전자식과전류계전기(EOCR)

057. 다음 영상에서 나오는 부품의 명칭을 차례대로 쓰시오.

◈**정답** 부싱, 캡, 45도엘보, 레듀샤

058. 다음 영상에서 보여주는 장치의 명칭과 기능을 쓰시오.

◈**정답**

① **명칭** : 역화방지기

② **기능** : 연소장치의 역화로 인한 폭발을 방지한다.

059. 다음 영상에서 보여주는 장치의 명칭과 형식을 쓰시오.

◆ **정답**

① **명칭** : 냉각탑

② **형식** : 직교류형

◆ **참고**

• **직교류형 냉각탑** : 물과 공기가 직각이 되어 흘러 냉각되는 방식으로 구조가 간단하고 보수점검이 용이하다.

 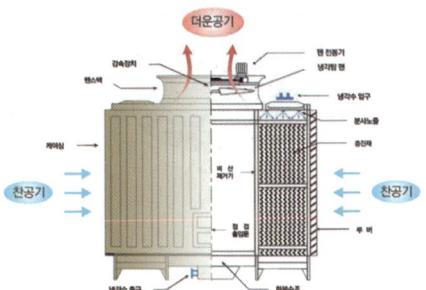

• **대향류형 냉각탑** : 물과 공기가 서로 반대방향(향류)으로 흐르는 방식으로 냉각효율이 높다.

 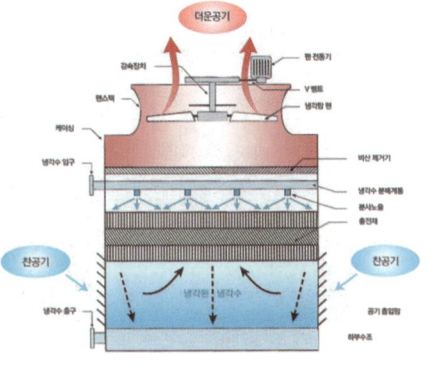

060. 다음 영상에서 보여주는 장치의 명칭과 기능을 쓰시오.

◇ **정답**

① **명칭** : 4방밸브(4Way valve)

② **기능** : 히트펌프 냉동장치의 사이클 흐름을 바꾸어 냉난방 전환에 사용된다.

061. 다음 영상을 보고 아래의 질문에 답하시오.

◇ **정답**

① **해당 장치의 명칭** : 수면계

② **설치목적** : 보일러 내부 수위를 측정하기 위해 설치한다.

③ **두 개를 동시에 설치하는 이유** : 수면계의 수위 오판을 방지하고 수면계의 점검시기를 알 수 있다.

2019년 4회 **기능사** 3번

062. 다음 영상에서 보여주는 장치의 명칭을 쓰시오.

◈**정답** 오일레귤레이터(오일레벨조정기)

◈**참고**

• **오일레귤레이터(oil regulator)**

압축기 흡입측에 설치하여 압축기 내부 오일의 압력을 정상유압상태로 유지한다.

2019년 4회 **기능사** 4번

063. 다음 영상에서 보여준 장치는 냉동장치의 4대 구성요소이다. (가)와 (나)의 명칭을 적고 그 사이에 설치된 장치의 명칭을 쓰시오.

◈**정답**

(가) : 응축기

(나) : 증발기

(가) (나) 사이에 설치된 장치 : 팽창밸브

• 냉매 순환 계통도

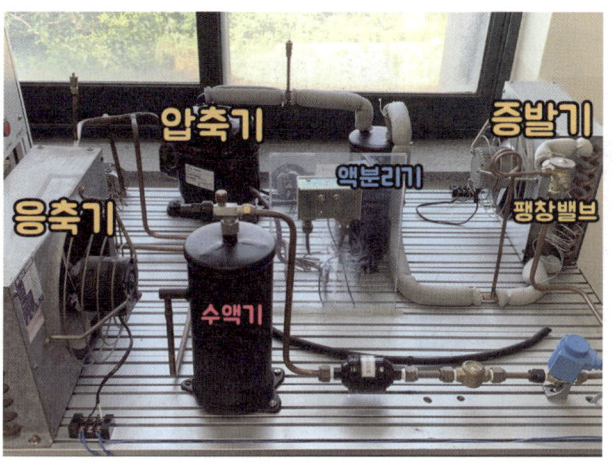

064. 다음 영상에서 나오는 부품의 명칭과 특징을 쓰시오.

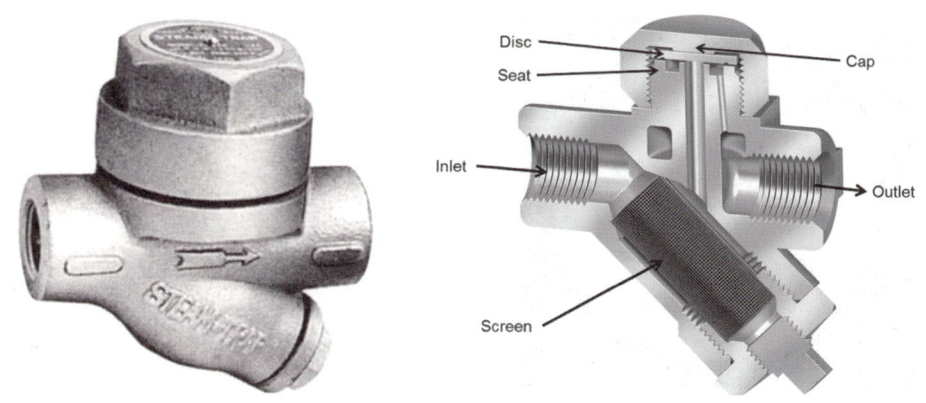

◈정답

① **명칭** : 디스크식 증기트랩(디스크트랩)

② **특징** : 드레인이 스팀트랩 내에 고이면 트랩 내의 온도가 낮아져서 변압실 내의 압력이 저하되고 이때
디스크를 들어 올려 드레인을 배출시키는 트랩으로 구조가 간단하고 수직, 수평 모두 설치가 가능하다.

065. 다음 영상에서 보여준 장치는 냉각탑이다. 이 냉각탑내부에 흐르는 냉각수의 입출구 온도차를 뭐라고 부르는지 쓰시오.

◈**정답** 쿨링레인지

◈**참고**

① 냉각탑 능력(kcal/h)=냉각수 순환량(L/h) × 쿨링레인지
② 쿨링레인지(cooling range) = 냉각수 입구온도 − 냉각수 출구온도
③ 쿨링어프로치(cooling approach) = 냉각수 출구온도 − 입구공기의 습구온도
※ 쿨링레인지가 클수록, 쿨링어프로치가 작을수록 냉각탑의 능력은 커진다.

066. 다음 영상의 압력계를 보고 MPa로 절대압력을 구하시오. (단, 대기압은 100kPa로 한다.)

◈**정답** 0.1 + 0.67 = 0.77 MPa

◈**참고**

• 절대압력 = 대기압력 + 게이지압력

※ 1[MPa] = 10^3[kPa] = 10^6[Pa]

067. 다음 압력계에서 표시하는 76cmHg중 Hg의 명칭과 76cmHg를 MPa로 환산한 값을 쓰시오.

◈**정답**

① 명칭 : 수은

② 76cmHg → ? MPa : 0.1 MPa

◈**참고**

• **표준대기압(atm)**

1atm = 1.0332[kg/cm²] = 760[mmHg] = 101325[Pa] = 101.325[kPa] = 0.101325[MPa]

• **단위환산**

① 760[mmHg] → 76[cmHg]
② 76[cmHg] = 101.325[kPa] = 0.101325[MPa]

068. 다음 영상을 보고 냉매용기를 거꾸로 충전하는 이유를 쓰시오.

◈**정답** 혼합냉매의 경우 기체상태로 충전하면 조성비가 변할 수 있으므로 액체상태로 충전하기 위해 냉매용기를 거꾸로 하여 충전한다.

069. 다음 영상의 부품명칭과 그 역할을 쓰시오.

◈**정답**

① **부품명칭** : 고저압차단스위치

② **역할** : HPS와 LPS 즉, 고압차단스위치와 저압차단스위치를 조합시킨 형태로 냉동기의 고압이 설정값 이상이 되거나 저압이 소정압력 이하로 내려간 경우 두 압력의 차압에 의해 전기회로가 차단되어 압축기를 정지시킨다.

070. 다음 영상에서 보여준 장치의 명칭을 쓰시오.

◈**정답** 공냉식 왕복동 압축기

071. 다음 영상에서 보여주는 장치의 명칭과 사용목적을 쓰시오.

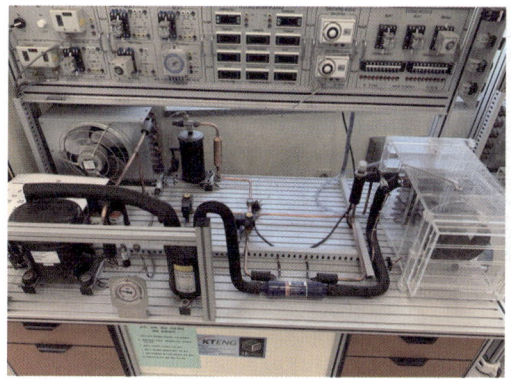 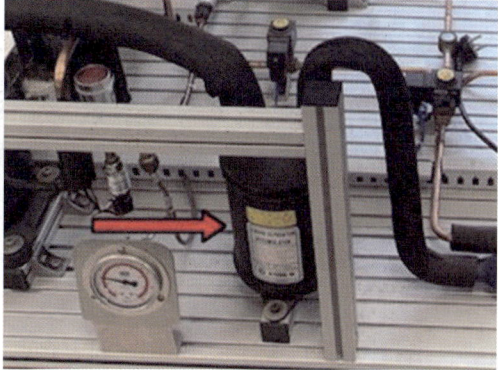

◈**정답**

① **명칭** : 액분리기

② **사용목적** : 증발기와 압축기 사이에 설치하여 압축기로 액이 넘어가는 것을 막아 액압축(리퀴드백)을
방지한다.

◈**참고**

• 냉매 순환 계통도

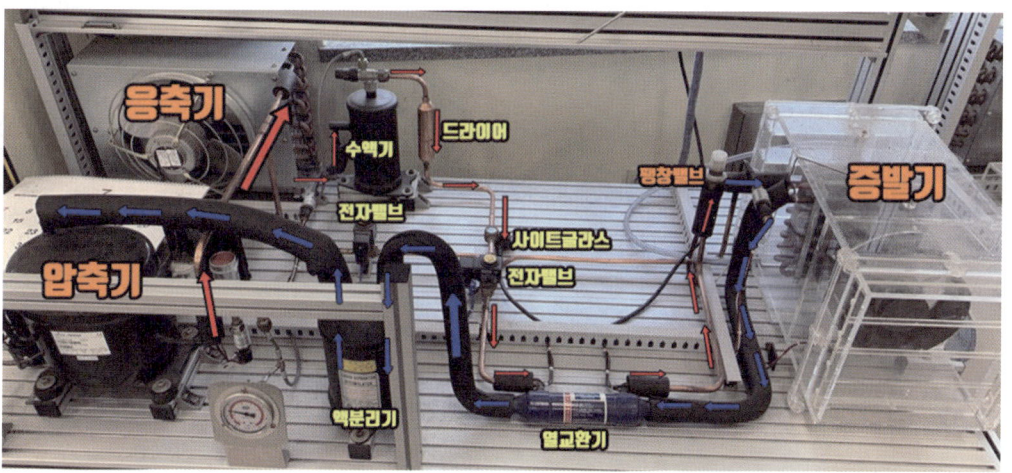

072. 다음 영상에서 보여주는 장치의 설치목적을 쓰시오.

◈정답

① **설치목적** : 배관의 진동부 및 열팽창 등에 의한 변형을 흡수하여 방진, 방음을 위해 설치하는 이음쇠

◈참고

• flexible : 신축성, 잘 구부러지는, 유연한

073. 다음 영상에서 보여주는 장치중 (마)장치의 명칭과 설치목적을 쓰시오.

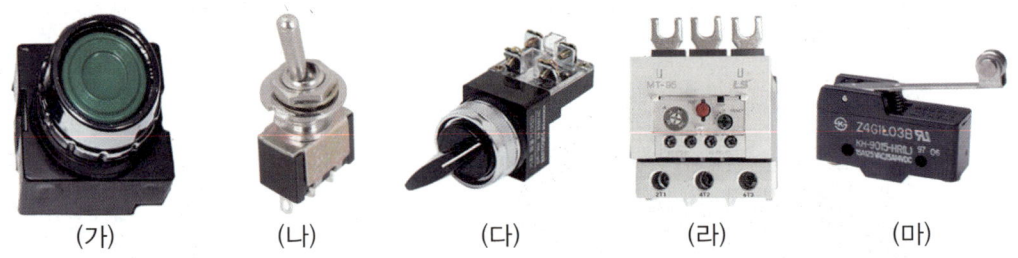

(가)　　　　(나)　　　　(다)　　　　(라)　　　　(마)

◈정답

① **명칭** : 리미트스위치

② **설치목적** : 위치 검출용 스위치로 냉동창고 등의 출입문에 설치하여 출입문의 개폐와 냉동장치의 운전을 연동시키기 위해 사용한다.

◈참고

• (가) 푸시버튼스위치 (나) 토글스위치 (다) 셀렉터스위치 (라) 열동형과부하계전기(THR) (마) 리미트스위치

• 리미트스위치 역할

① 냉동창고 및 냉장고의 문을 열면 리미트스위치가 작동해 냉동실 내부의 조명을 on시키고 압축기를 정지시킨다.
② 시퀀스 회로에서 기계적 신호를 전기적 신호로 전환하여 증발기 및 팬 등을 제어한다.
③ 냉동장치의 출입문과 팽창밸브를 연동하여 항온항습, 냉동창고, 클린룸 등에서 제각각 응용되기도 한다.
④ 공기조화기의 경우 풍량이 강하기 때문에 출입문 개폐시 풍량을 정지 또는 저속으로 제어하기도 한다.

074. 다음 영상에서 보여주는 증발압력조정밸브의 설치목적과 (가) ~ (라) 중 설치위치를 쓰시오.

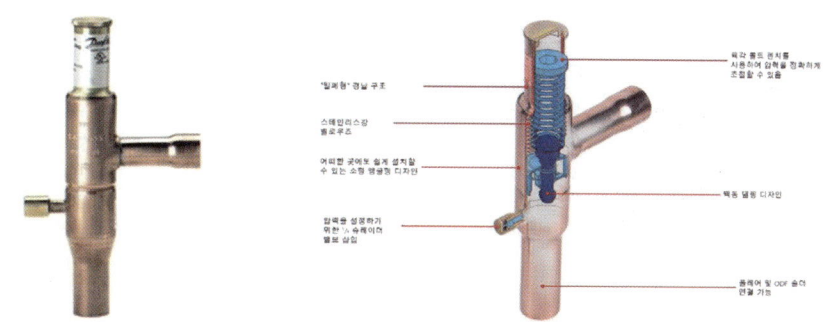

보기

(가) 0℃ 증발기입구 　　(나) 0℃ 증발기출구 　　(다) -10℃ 증발기입구 　　(라) -10℃ 증발기출구

◈정답

① **설치목적** : 증발압력이 일정압력 이하가 되는 것을 방지한다.

② **설치위치** : (나)

075. 다음 영상을 보고 역화발생 원인 3가지를 쓰시오.

◈정답

역화발생 원인 :

　　① 공급압력이 부족한 경우

　　② 화구가 과열된 경우

　　③ 화구가 막혔을 경우

　　④ 점화시 산소가 먼저 공급된 경우

　　　（산소과잉으로 연소속도가 증대하므로 역화 발생위험이 커진다.）

　　⑤ 소화 시 가연성가스를 먼저 잠근 경우

　　　（가연성가스 유출속도가 낮아지고 산소과잉으로 인한 역화 발생위험이 커진다.）

076. 다음 영상에서 보여주는 기류형식에 따른 취출구 명칭과 그 종류를 쓰고 특징 2가지를 쓰시오.

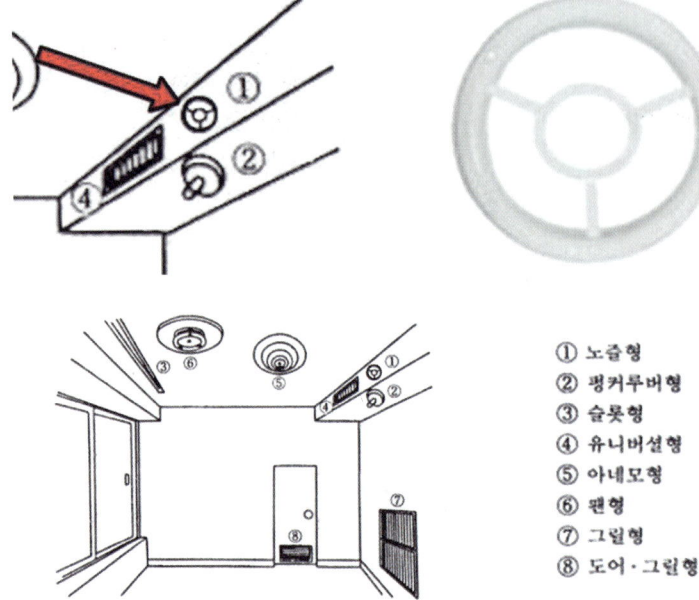

① 노즐형
② 펑커루버형
③ 슬롯형
④ 유니버설형
⑤ 아네모형
⑥ 팬형
⑦ 그릴형
⑧ 도어·그릴형

◈ **정답**

가. 기류형식에 따른 명칭 : 축류형 취출구

나. 종류 : 노즐형 취출구

다. 특징 : ① 구조가 간단하다. ② 소음이 작다.

◈ **참고**

- **축류형** : 노즐형, 펑커루버형, 유니버설형, 머쉬룸형 등

① 노즐형 : 구조가 간단하고, 도달거리가 길며, 다른 형식에 비해 소음이 적어 극장, 로비, 공장 등 대공간의 수직, 수평 취출에 적합하다.
② 펑커루버형 : 목이 움직여 토출공기의 방향을 바꿀 수 있고, 토출구에 달려있는 댐퍼로 풍량조절을 쉽게 할 수 있다.
③ 유니버설형 : 각형 프레임에 여러 개의 베인을 수평 또는 수직으로 설치하고, 베인을 움직여 공기의 토출방향을 조절할 수 있다.
④ 머쉬룸형 : 버섯 모양으로 생겨 바닥에 설치하고 배기 전용으로 사용되며, 실내 오염물질 및 먼지가 배기덕트에 흡입되는 것을 방지하기 위한 별도의 필터와 같은 장치가 있으며 극장 좌석 바닥 및 전산실 바닥 등에 사용된다.(참고 : 머쉬룸형은 흡입구의 일종이며 형식은 축류형이다.)

- **기류형식에 따른 분류**

1. 축류형 취출구 : 노즐형, 펑커루버형, 유니버설형 등
2. 확산형 취출구 : 아네모스탯형, 팬형 등

- **설치위치에 따른 분류**

1. 천장형 : 아네모스탯형, 팬형, T-라인형, 노즐형 등
2. 벽설치형 : 유니버설형, 노즐형 등
3. 바닥 가까이에 설치 : 그릴형

2020년 **기능사 필기면제자** 3번

077. 다음 영상에 나오는 부품의 명칭을 쓰시오.

◈**정답** 플로트 트랩(플로트식 증기트랩)

2020년 **기능사 필기면제자** 7번

078. 다음 영상에서 보여주는 장치의 명칭과 설치목적을 쓰시오.

◈**정답**

① **명칭** : 필터드라이어

② **설치목적** : 냉동장치 내 수분제거

2020년 2회 **산업기사(A형)** 5번

079. 다음 영상에서 보여주는 기류 형식에 따른 취출구 명칭과 특징 2가지를 쓰시오.

  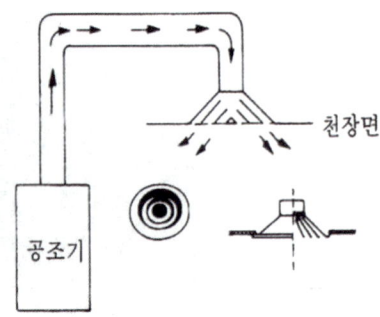

◈정답

① **명칭** : 확산형 취출구(아네모스탯형)

② **특징**

　㉮ 확산반경이 크고 도달거리가 짧기 때문에 천장 취출구로 많이 사용된다.

　㉯ 가운데 원추를 상하로 움직여 기류상태를 조절할 수 있다.

2020년 2회 **산업기사(A형)** 7번

080. 다음 영상에서 보여주는 장치의 명칭을 쓰시오.

◈정답 교류전압계

081. 다음 영상에서 보여주는 부품의 명칭과 그 역할을 쓰시오.

◈정답

① **명칭** : 조광형 누름버튼스위치

② **역할** : 회로에 연결된 전기접점을 수동으로 연결 또는 해제하는 역할을 하며 조건에 따라 램프를 점등 및 소등시킨다.

◈참고

• **조광형 누름버튼스위치(사전적 역할)**

역할1. 외부 회로에 연결된 하나 이상의 전기 접점을 수동으로 연결(MAKE)또는 해제(Break)한다.

역할2. 스위치의 동작에 따라 외부 회로에 연결된 하나 이상의 전기 접점의 동작상태를 램프 점등 또는 소등하여 표시한다.

082. 다음 영상에서 보여주는 댐퍼의 명칭과 작동원리를 쓰시오.

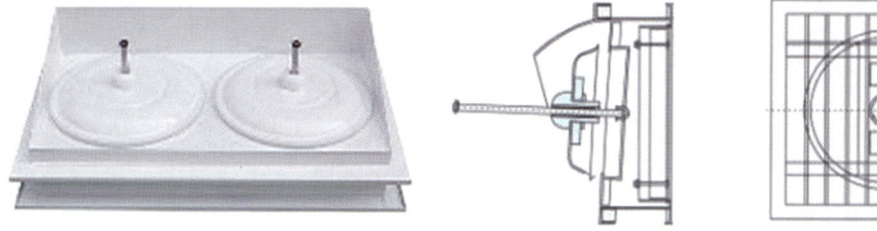

◈정답

① **명칭** : 릴리프 댐퍼

② **작동원리** : 실내의 정압을 유지하고 인접실과의 차압을 유지함으로써 외부의 오염된 공기가 청정실 (클린룸) 안으로 역류되는 것을 방지한다.

083. 다음 영상에서 보여주는 공구의 (가), (나), (다), (라) 중 (다)부분의 명칭과 역할을 쓰시오.

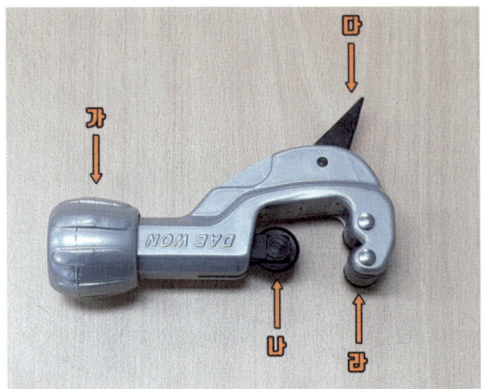

◈정답

① **명칭** : 리머

② **목적** : 관내 거스러미 제거

084. 다음 영상을 보고 해당 장치의 명칭과 감온통의 기능을 쓰시오.

◈정답

① **명칭** : 온도자동식팽창밸브

② **감온통 기능** : 증발기 출구 과열도를 감지하여 냉매유량을 조절한다.

◈참고

• **감온통의 역할 – 온도자동식 팽창밸브(TEV)**

감온통은 증발기 출구에 설치되며 증발기 출구의 온도를 감지하여 팽창밸브의 개도를 조절해 증발기 냉각부하에 알맞은 냉매의 유량을 공급한다.

085. 다음 영상에서 보여주는 장치의 명칭과 그 기능을 쓰시오.

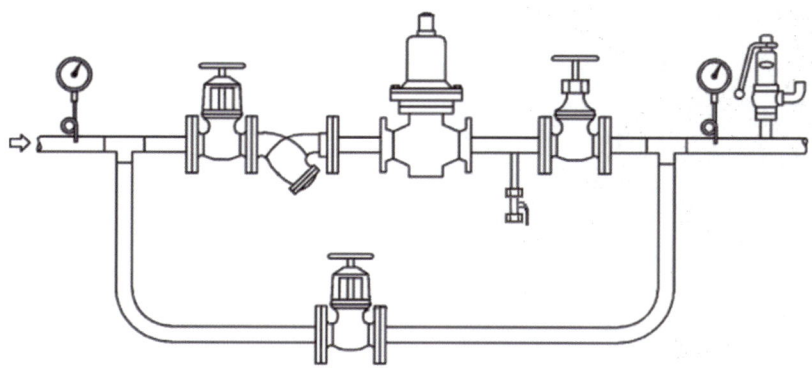

◎ **정답**

① **명칭** : 바이패스배관

② **기능** : 펌프, 밸브, 트랩 등의 기기가 고장난 경우 내부의 유체를 우회시켜 장치를 점검 및 수리하기 위해 사용하는 배관이음방법

086. 다음 영상에서 보여주는 공구의 이름과 사용용도를 쓰시오.

◎ **정답**

① **명칭** : 냉동용 라쳇렌치

② **용도** : 냉동장치의 서비스밸브 또는 그랜드너트의 개폐용으로 사용된다.

087. 다음 영상에서 보여주는 장치의 명칭을 쓰시오.

◈**정답** 연성압력계

◈**참고**

• **연성압력계**[compound pressure gauge, 連成壓力計]

진공도와 대기압 이상의 압력 모두를 측정할 수 있도록 되어 있는 계기. 연성 압력계로는 부르동관 압력계가 쓰이고 있는데, 그 눈금이 진공(−)압력과 (+)압력 양쪽을 가리키고 있다. 연성 압력계는 주철 증기 보일러, 진공 급수 보일러, 진공 탈기기 등에 사용된다.

압력계   연성압력계   진공압력계

2020년 3회 **기능사** 5번

088. 다음 영상을 보고 흡수식 냉동기의 원리를 고려하여 지시한 부품의 명칭과 기능을 쓰시오.

◈**정답**

① **명칭** : 버너

② **기능** : 재생기(발생기)에 열을 공급한다.

◈**참고**

• **재생기(발생기) 기능**

흡수기에서 냉매를 흡수한 흡수제 희용액이 외부에서 열(버너)을 받아 냉매를 기화시키고 흡수제는 농용액으로 만드는 장치로 냉동기 시스템에서 재생기의 수를 효용이라고도 한다.
예) 재생기가 1개인 경우 : 1중효용 흡수식 냉동기, 재생기가 2개인 경우 : 2중 효용 흡수식 냉동기

2020년 3회 **기능사** 9번

089. 다음 영상에 나오는 부품의 명칭을 쓰고 원리로 맞는 것을 보기에서 골라 쓰시오.

보기

가. 증기와 응축수의 온도차이
나. 증기와 응축수의 밀도차이
다. 증기와 응축수의 압력차이

◈**정답**

① **명칭** : 플로트 트랩(플로트식 증기트랩)

② **원리** : 나. 증기와 응축수의 밀도차이

2020년 3회 **산업기사** 11번
090. 다음 영상에서 보여주는 장치의 명칭과 사용 시 장점을 쓰시오.

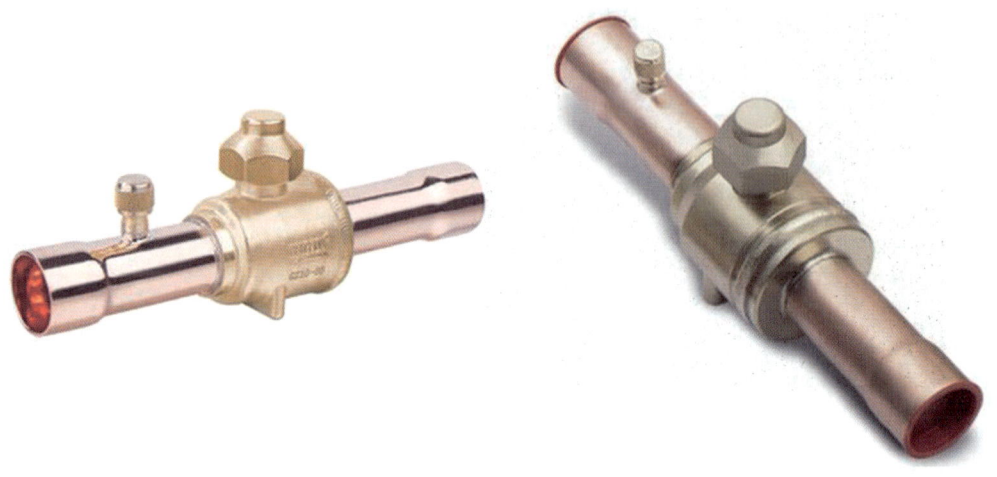

◈정답

① **명칭** : 냉매용 볼밸브

② **장점** : 공기조화기 및 냉동장치에 설치하여 밸브 스핀들을 조작해 유로를 개폐할 수 있으며 가스퍼지,
진공작업, 냉매충전과 같은 서비스밸브 역할로도 사용할 수 있다.

◈참고

• **냉매용 볼밸브**

사용방법 : 밸브 캡(중앙)을 열고 스패너를 이용하여 스핀들을 조작해 밸브를 개폐할 수 있으며 서비스 캡을 열어 가스퍼지,
진공작업, 냉매충전과 같은 서비스밸브 역할로도 사용할 수 있다.

091. 다음 영상에서 보여주는 장치의 설치목적을 쓰시오.

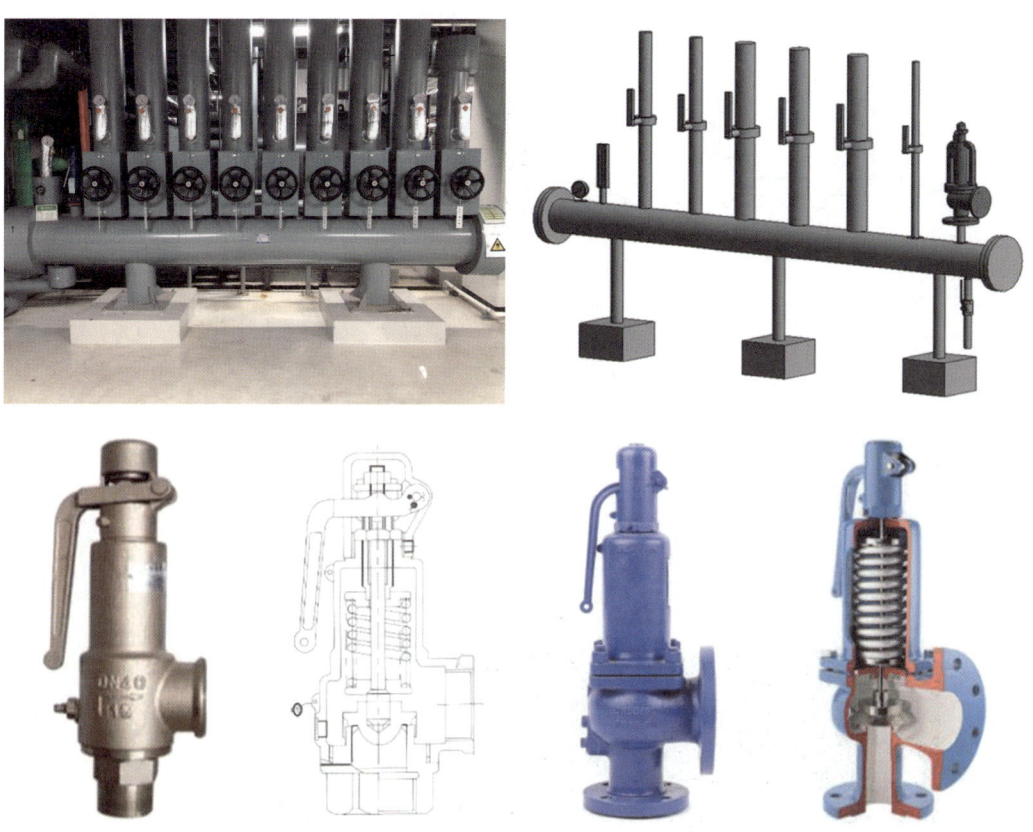

◈정답

설치목적 : 설비내의 압력이 설정압력 이상 상승하게 되면 내부의 유체를 신속하게 배출하여 설정압력으로 되돌린다.

092. 다음 영상을 보고 A와 B장치의 명칭을 쓰시오.

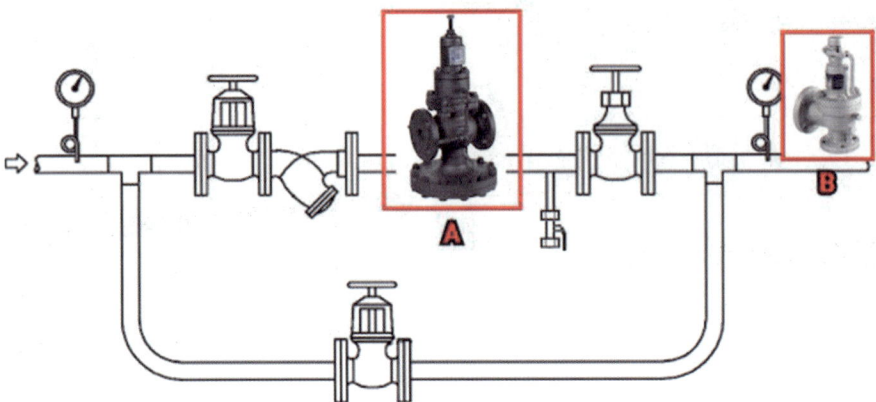

◈ 정답

① **A장치** : 감압밸브

② **B장치** : 스프링식안전밸브

◈ 참고

바이패스이음

① 감압밸브

② 스프링식 안전밸브

2020년 4회 **산업기사** 10번

093. 동영상의 작업자가 무슨 작업을 하는지 쓰시오.

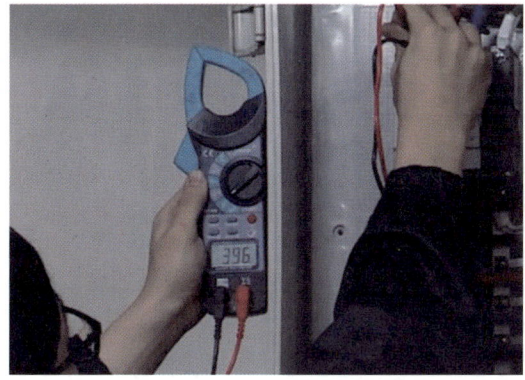

◆**정답** 교류전압측정

2020년 4회 **산업기사** 11번

094. 다음 영상에서 보여주는 장치의 명칭을 쓰시오.

◆**정답** 플렉시블조인트(플렉시블이음)

095. 다음 영상에서 보여주는 (가), (나), (다) 장치의 명칭을 쓰시오.

| (가) | (나) | (다) |

◆정답

(가) : 냉매용 볼밸브

(나) : 스톱밸브(다이어프램식)

(다) : 글로브밸브

◆참고

- 냉매용 볼밸브 : 공기조화기 및 냉동장치에 설치하여 밸브 스핀들을 조작해 유로를 개폐할 수 있으며 가스퍼지, 진공작업, 냉매충전과 같은 서비스밸브 역할로도 사용할 수 있다.
- 스톱밸브(다이어프램식) : 냉동설비의 액관, 흡입관 및 핫가스관에 설치하여 필요에 따라 수동으로 유로를 차단 혹은 개방하는 밸브
- 글로브밸브 : 구조상 유량조절용으로 사용되는 밸브로 디스크가 유체흐름방향과 평행하게 개폐되는 밸브

096. 다음 영상에서 보여주는 장치의 명칭을 쓰시오.

◆정답 급탕탱크

2021년 1회 **기능사** 5번

097. 다음 영상을 보고 아래 질문에 알맞은 답을 쓰시오.

  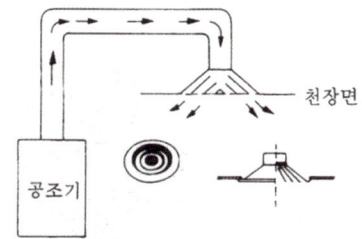

◈**정답**

① **취출구 명칭** : 아네모스탯형 취출구

② **취출구 주위가 검게 변하는 현상을 무엇이라 하는지 쓰시오** : 스머징 현상

◈**참고**

• 스머징(smudging) : 천장 취출구 등에서 취출된 기류 또는 유인된 실내 공기 중의 먼지에 의해 취출구의 주변이 오염되는 현상

2021년 1회 **산업기사** 7번

098. 다음 영상을 보고 아래 지문에 알맞은 답을 쓰시오.

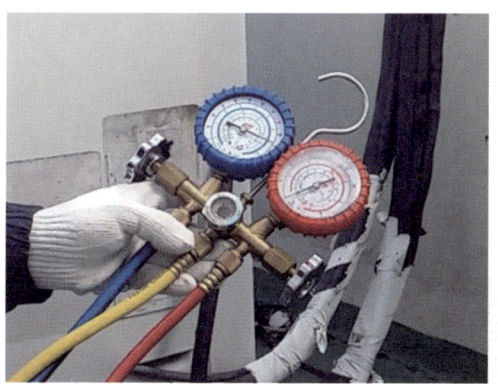

◈**정답**

① **영상에서 보여주는 장치의 명칭** : 매니폴드게이지

② **냉매 충전시 각 호스의 연결 위치를 쓰시오.**

　가. 청색 : 냉동장치 저압측 연결

　나. 적색 : 냉동장치 고압측 연결

　다. 노란색 : 냉매용기 연결

099. 다음 영상을 보고 (가), (나), (다) 장치의 명칭을 쓰시오.

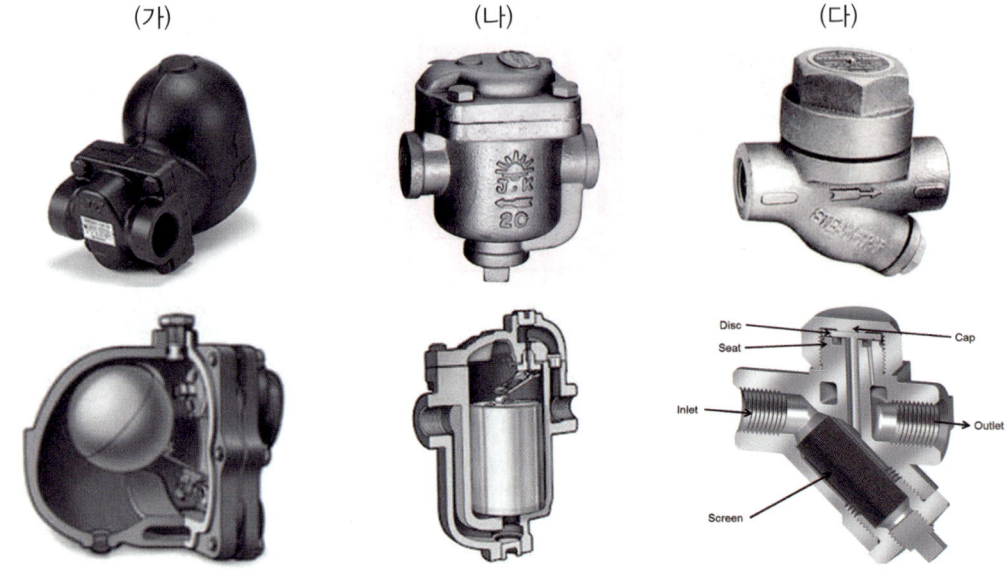

(가)   (나)   (다)

◆정답▶

(가) : 플로트 트랩

(나) : 버킷트랩

(다) : 디스크트랩

100. 다음 영상에서 보여주는 공구의 명칭과 그 사용목적을 쓰시오.

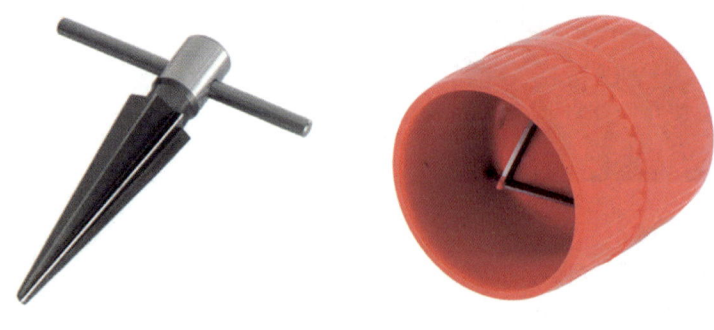

◆정답▶

① **명칭** : 리머

② **목적** : 관내 거스러미 제거

101. 다음 영상에서 보여주는 장치의 명칭과 용도를 쓰시오.

 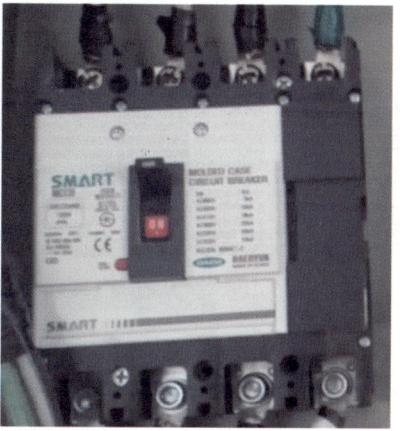

◈정답

① **명칭** : 배선용 차단기

② **용도** : 과전류를 차단하고 기기를 보호한다.

◈참고

• **배선용차단기(MCCB/NFB)** : Molded Case Circuit Breaker / No Fuse Breaker

– 사용용도 : 과전류차단, 선로분리, 모선보호, 기기보호 작용

2021년 2회 **기능사 5번**

102. 다음 영상에서 보여주는 취출구의 형식과 베인의 형태에 따른 종류 3가지를 쓰시오.

◈**정답**

① **취출구의 형식** : 베인격자형 취출구

② **베인에 형태에 따른 종류 3가지** : 수직(V), 수평(H), 수직수평(VH), 수평수직(HV)

◈**참고**

베인의 형태에 따른 분류

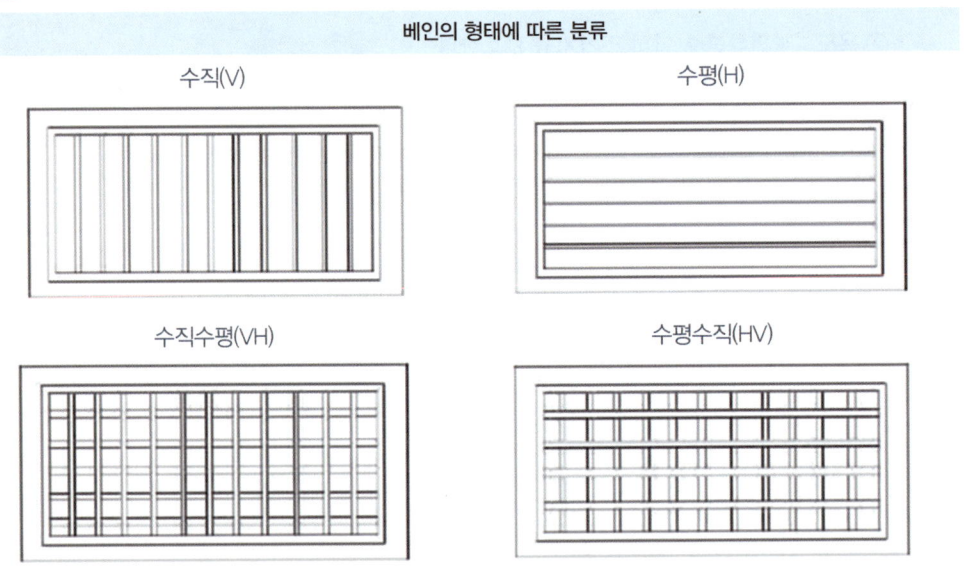

103. 다음 영상을 보고 중앙식 공기조화기 내부장치 5가지를 쓰시오. (단, 배관, 덕트, 댐퍼 등 제외)

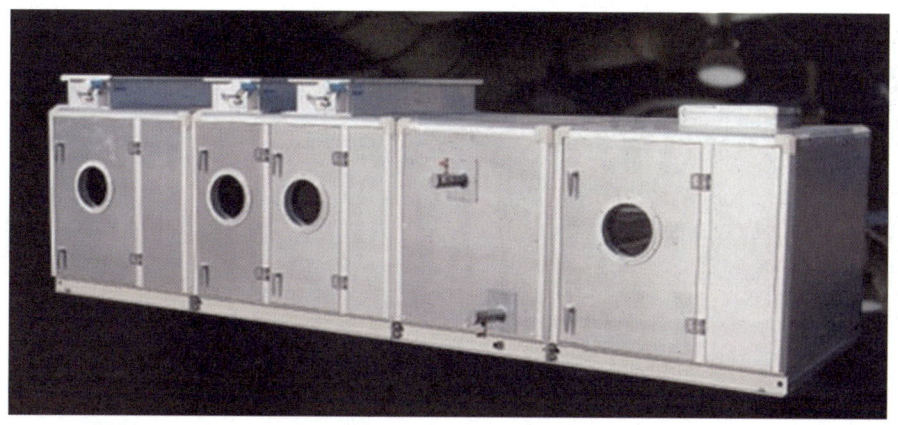

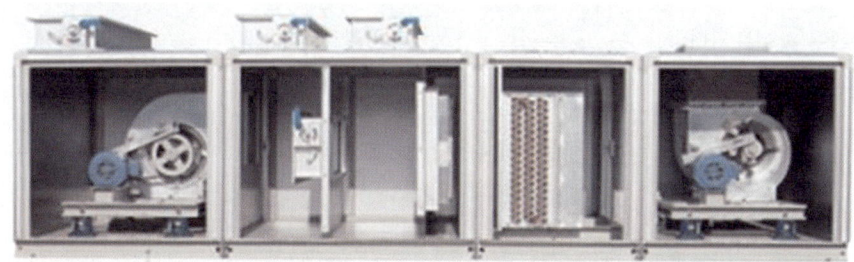

◈**정답** 공기여과기(필터), 냉난방코일(열교환장치), 가습장치, 엘리멘트, 송풍기

104. 다음 영상을 보고 작업자가 하고 있는 이음방법을 쓰시오.

◈**정답** 용접이음(은납땜)

105. 다음 영상을 보고 (가), (나) 공구의 명칭을 쓰시오.

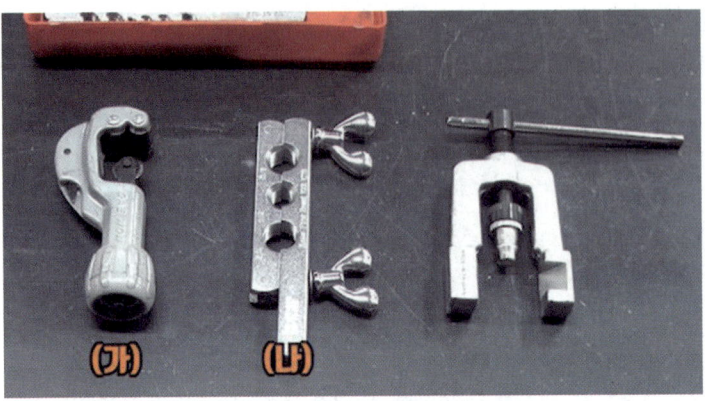

◆정답

(가) : 동관용 파이프커터

(나) : 플레어 툴 바이스

106. 다음 영상에서 보여주는 장치의 명칭과 그 사용목적을 쓰시오.

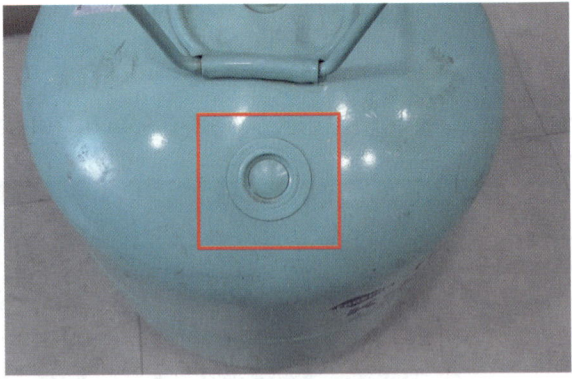

◆정답

① **명칭** : 파열판

② **사용목적** : 압력용기나 배관에 사용하는 안전장치로 내부압력이 높아 위험한 상태에서 파열되어 이상 고압에 의한 위해를 방지하는 장치

107. 다음 영상을 보고 여과식 필터 종류를 2가지 쓰시오.

◈**정답** 헤파필터, 울파필터

◈**참고**

• 여과식 필터의 종류

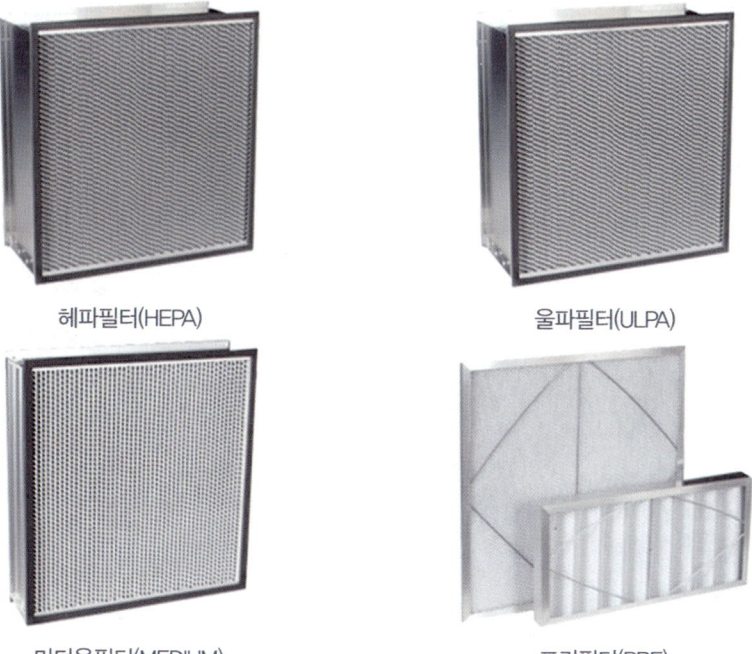

| 헤파필터(HEPA) | 울파필터(ULPA) |

미디움필터(MEDIUM)　　　　프리필터(PRE)

108. 다음 영상에서 보여주는 장치의 명칭과 용도를 쓰시오.

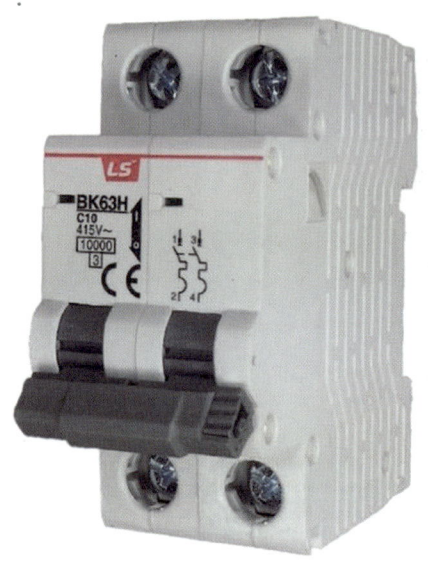

◇ 정답

① **명칭** : 배선용 차단기

② **용도** : 과전류를 차단하고 기기를 보호한다.

◇ 참고

• 배선용차단기(MCCB/NFB) : Molded Case Circuit Breaker / No Fuse Breaker

– 사용용도 : 과전류차단, 선로분리, 모선보호, 기기보호 작용

109. 도달거리가 길고, 소음이 작은 취출구로 주로 음악실이나 영화관, 연극연습실, 방송국 등에 사용된다. 해당 취출구를 다음 영상의 보기에서 찾아 쓰시오.

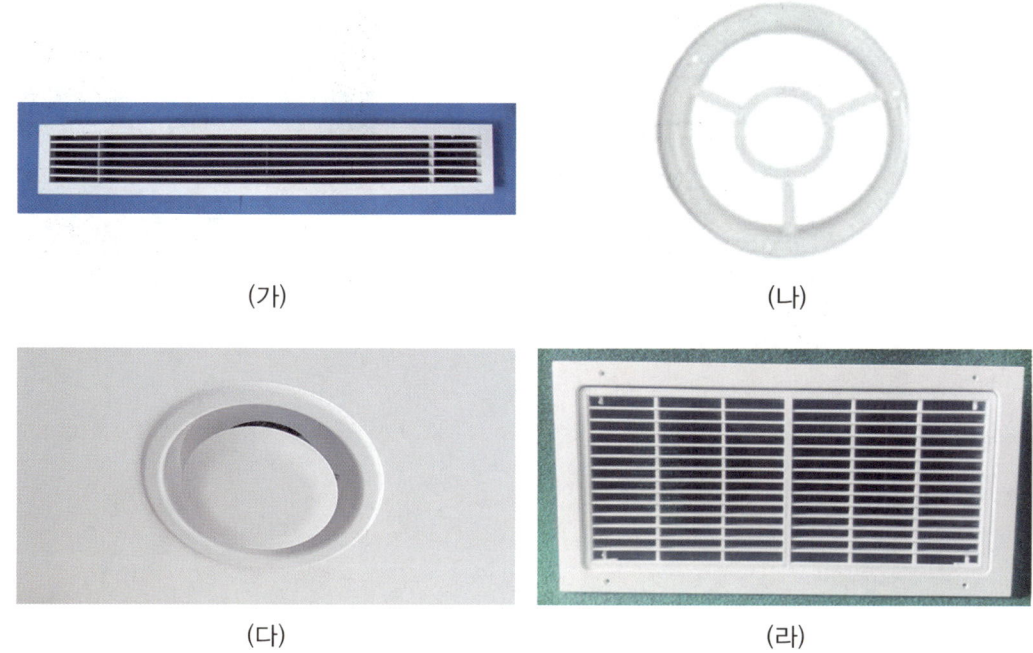

(가)

(나)

(다)

(라)

◆**정답**▷ 나(노즐형 취출구)

◆**참고**▷

• **축류형 : 노즐형, 펑커루버형, 유니버설형, 머쉬룸형 등**

① 노즐형 : 구조가 간단하고, 도달거리가 길며, 다른 형식에 비해 소음이 적어 극장, 로비, 공장 등 대공간의 수직, 수평 취출에 적합하다.

② 펑커루버형 : 목이 움직여 토출공기의 방향을 바꿀 수 있고, 토출구에 달려있는 댐퍼로 풍량조절을 쉽게 할 수 있다.

③ 유니버설형 : 각형 프레임에 여러 개의 베인을 수평 또는 수직으로 설치하고, 베인을 움직여 공기의 토출방향을 조절할 수 있다.

④ 머쉬룸형 : 버섯 모양으로 생겨 바닥에 설치하고 배기 전용으로 사용되며, 실내 오염물질 및 먼지가 배기덕트에 흡입되는 것을 방지하기 위한 별도의 필터와 같은 장치가 있으며 극장 좌석 바닥 및 전산실 바닥 등에 사용된다.(참고 : 머쉬룸형은 흡입구의 일종이며 형식은 축류형이다.)

• **기류형식에 따른 분류**

1. 축류형 취출구 : 노즐형, 펑커루버형, 유니버설형 등
2. 확산형 취출구 : 아네모스탯형, 팬형 등

• **설치위치에 따른 분류**

1. 천장형 : 아네모스탯형, 팬형, T-라인형, 노즐형 등
2. 벽설치형 : 유니버설형, 노즐형 등
3. 바닥 가까이에 설치 : 그릴형

110. 다음 영상에서 보여주는 (가), (나) 장치의 명칭을 쓰시오.

(가)   (나)

◆정답

(가) : 루버댐퍼

(나) : 방화댐퍼

111. 다음 영상에서 보여주는 부품의 명칭과 역할을 쓰시오.

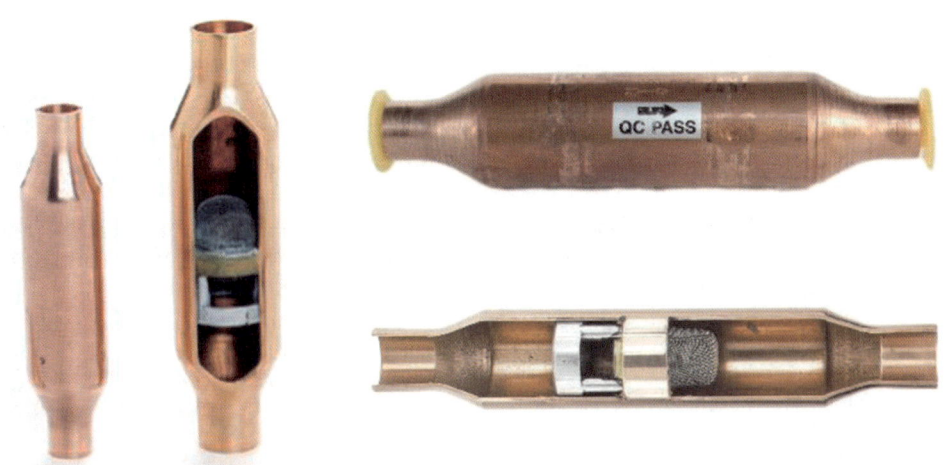

◆정답

① **명칭** : 체크밸브

② **특징** : 유체를 한쪽 방향으로만 흐르게 하여 역류를 방지한다.

112. 다음 영상에 나오는 장치의 명칭과 특징을 2가지 쓰시오.

◈정답

① **명칭** : 터보냉동기(원심식냉동기)

② 특징 :

  – 수명이 길고 대용량 냉동장치 및 공기조화기에 적합하다.

  – 용량제어 및 정밀제어가 용이하다.

113. 다음 영상의 장치는 냉각탑이다. 이 장치에서 쿨링어프로치에 대해 설명하시오.

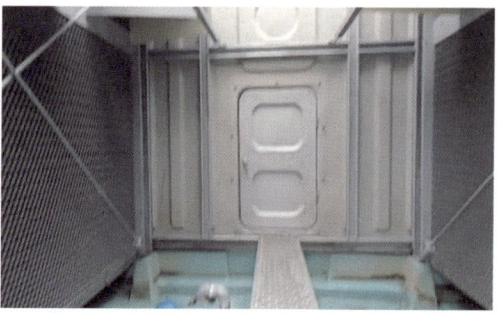

◈정답 냉각수 출구온도와 입구공기의 습구온도차

   (쿨링어프로치 = 냉각수 출구온도 – 입구공기의 습구온도)

◈참고

① 냉각탑 능력(kcal/h)=냉각수 순환량(L/h) × 쿨링레인지
② 쿨링레인지(cooling range)=냉각수 입구온도 – 냉각수 출구온도
③ 쿨링어프로치(colling approach)=냉각수 출구온도 – 입구공기의 습구온도
※ 쿨링레인지가 클수록, 쿨링어프로치가 작을수록 냉각탑의 능력은 커진다.

114. 다음 영상을 보고 흡수식 냉동장치의 원리를 고려하여 추기회수장치의 설치 목적을 쓰시오.

◆정답▶ 증발기 내부의 진공도를 유지하기 위해 사용한다.

115. 다음 영상에서 보여주는 공구의 명칭을 쓰시오.

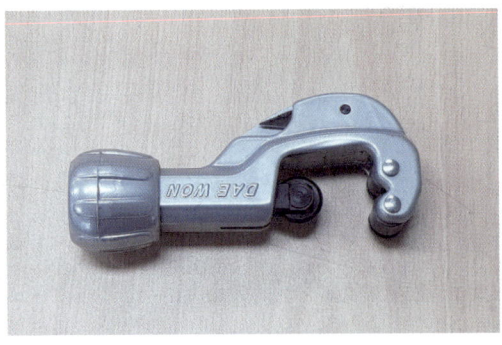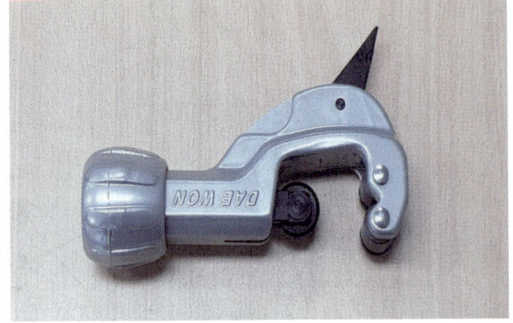

◆정답▶ 동관용 파이프커터

116. 다음 영상에서 보여주는 송풍구의 명칭을 쓰시오.

◈**정답** 도어그릴형 송풍구

◈**참고**

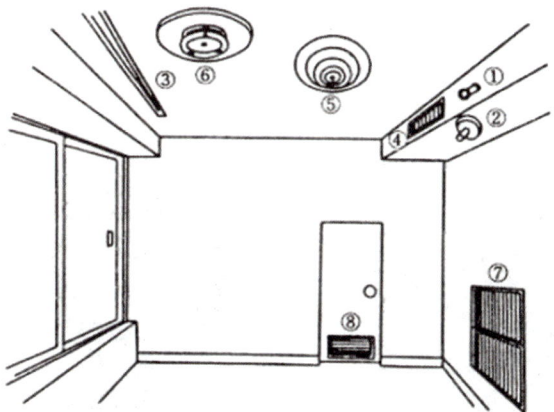

① 노즐형
② 펑커루버형
③ 슬롯형
④ 유니버설형
⑤ 아네모형
⑥ 팬형
⑦ 그릴형
⑧ 도어·그릴형

2022년 3회 **기능사** 9번

117. 다음 영상에서 보여주는 취출구의 명칭을 쓰시오.

◈**정답** 그릴형 취출구

2022년 3회 **산업기사** 12번

118. 다음 영상에서 나오는 2위치 밸브의 작동원리를 쓰시오.

 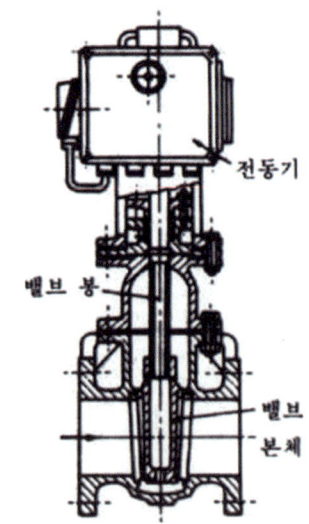

전동기

밸브 봉

밸브
본체

◈**정답** 전자기유도작용에 의해 밸브를 상하로 온오프(on-off)시킨다.

◈**참고**

• **전동밸브 특징**

전동기의 회전운동을 링크(link)기구에 의하여 회전운동 또는 왕복운동으로 바꾸어서 제어밸브를 개폐한다.
(각종 유체의 온도, 압력, 유량 등의 작동제어 및 원격조작용으로 사용된다.)

119. 다음 영상에서 보여주는 장치의 명칭을 쓰시오.

◈**정답** 소음챔버

◈**참고**

• **소음챔버(noise attenuator) 원리**

① 반사: 소음챔버 내부에 반사재를 설치한 방식으로 반사재에서 소음이 반사되어 반사 파동과 원래의 파동이 상쇄되며 소음을 감소시킨다.

② 감쇠: 소음챔버 내부에 감쇠재를 설치한 방식으로 감쇠재에서 소음 파동의 진폭을 줄이고 에너지를 흡수하여 소음을 감소시킨다.

③ 분산: 소음챔버 내부에 분산재를 설치한 방식으로 소음을 분산시켜 소음의 집중을 방지해 소음을 감소시킨다.

120. 다음 영상의 배관이음 입체도를 보고 배관이음 부속(엘보, 티)의 개수를 각각 쓰시오.

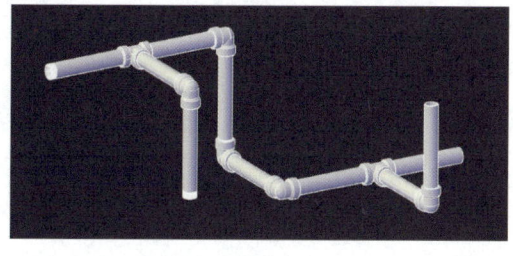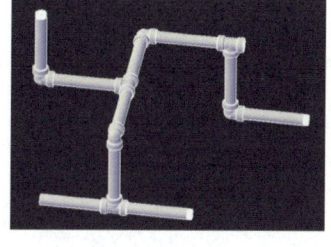

(가)　　　　　　　　　　　　　　(나)

◈**정답**

① (가) : 엘보5개 티2개 　　② (나) : 엘보4개 티3개

PART 05

공조냉동기계기능사·산업기사 실기
필답형 시험 복원 기출문제

공조냉동기계기능사/산업기사 실기 필답형 기출문제 복원(혼합)

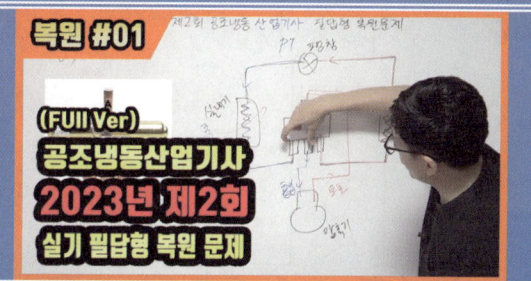

공학용계산기 사용방법(solve 포함)

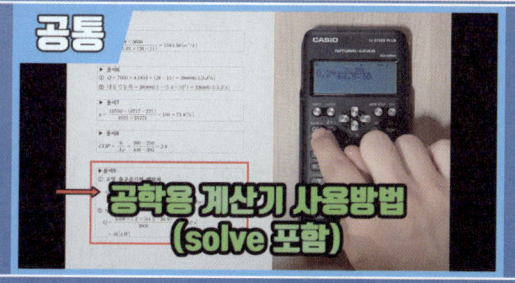

에듀강닷컴 멤버십 가입방법 및 주의사항, 해지방법

* 공조냉동기계산업기사 필답형 복원문제 Full ver 영상은 멤버십 가입 후 시청 가능합니다.
샘플영상을 보신 후 부족한 부분은 멤버십 가입 후 이용해주세요.

01. 아래 회로도를 보고 PB1과 PB2를 눌렀을 때 어떻게 작동하는지 아래 물음에 답하시오.
(MC1, MC2, MC3, L1, L2 위주로 설명할 것)

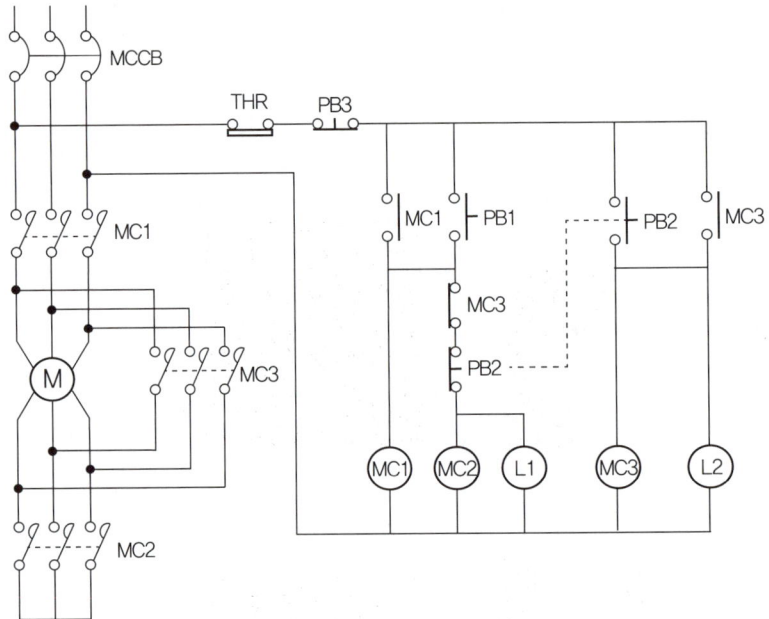

◈정답

① **PB1을 누를 때** : MC1, MC2의 코일전원이 on하게 되고 L1이 점등하며 모터의 Y(와이)기동이 사작된다. 또한 MC1-a접점이 붙어 MC1, MC2 코일전원과 L1을 자기유지시킨다.

② **PB2를 누를 때** : PB2를 누름과 동시에 PB2-b접점이 떨어져 MC2 코일전원이 off되면서 Y(와이)기동이 멈추고 PB2-a접점이 붙으며 MC3 코일전원이 on하고 L2가 점등하게 되어 △(델타)정상운전으로 전환된다. 이때 MC3-a접점에 의해 자기유지가 되고 MC3-b접점에 의해 MC2코일전원과 L1이 작동되지 않도록 한다.

02. 아래 습공기선도와 같이 공기를 가열할 때 필요한 가열량(kW)를 계산하시오.
(단, 습공기량은 0.6kg/s, 공기의 비열은 1.0kJ/kg·℃이다.)

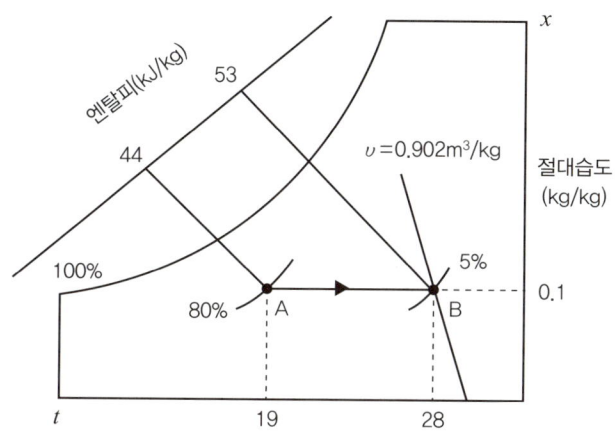

◈ **계산과정**

Q = GC ⊿t = 0.6 × 1.0 × (28 − 19) = 5.4[kW]

◈ **정답** 5.4[kW]

Q = GC ⊿t

여기서, G : 습공기량[kg/s]
　　　　C : 비열[kJ/kg·℃]
　　　　⊿t : 온도차[℃]

※ **단위환산 힌트** : 1[kJ/s] = 1[kW], 1[J/s] = 1[W]

03. 아래 사진을 보고 해당 이음쇠의 명칭과 역할을 쓰시오.

◈ **정답**

① **명칭** : 유니언

② **역할** : 직경이 같은 관을 연결할 때 사용되는 이음쇠로 분해조립이 용이하여 고정된 관의 분해, 점검, 수리 등을 필요로하는 곳에 사용된다.

04. 아래 그림을 보고 다음 질문에 답하시오.

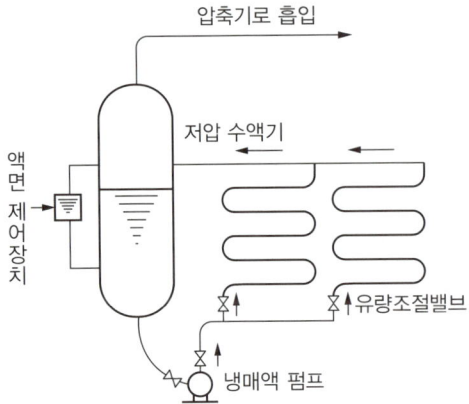

① 증발기의 냉매공급 방식을 참고하여 해당 장치의 명칭을 쓰시오.

② 다음 (   )안에 알맞은 내용을 쓰시오.

> 냉매액은 증발기로, 냉매가스를 압축기로 보내어 (   )을 방지한다.

◈정답

① 액순환식 증발기

② 리퀴드백(액압축)

05. 아래 사진을 보고 해당 부품의 명칭과 나사산의 위치를 고려하여 도시기호를 그리시오.

◈정답

① 명칭 : CM어댑터

② 도시기호 : ─●╂─

06. 아래 사진은 냉동장치의 냉난방 전환시 사용되는 4방밸브(4Way Valve)이다. 압축기의 흡입배관과 토출배관을 연결할 때 다음 A, B, C, D 중 어느 부분에 연결되는지 쓰시오.

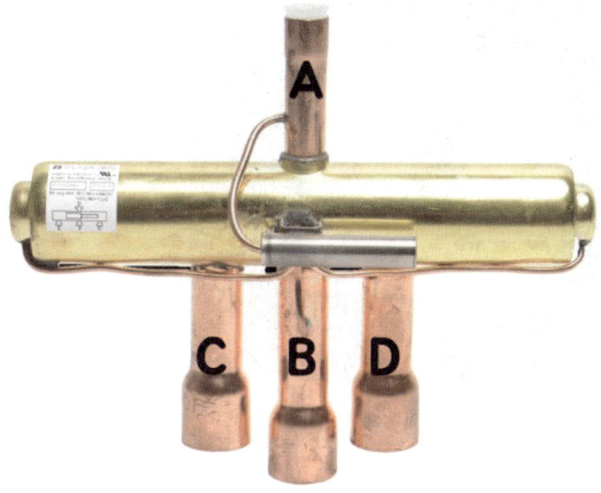

◆정답

① 흡입배관 : B

② 토출배관 : A

4방밸브의 유체흐름 방향
적색(고압냉매), 청색(저압냉매)

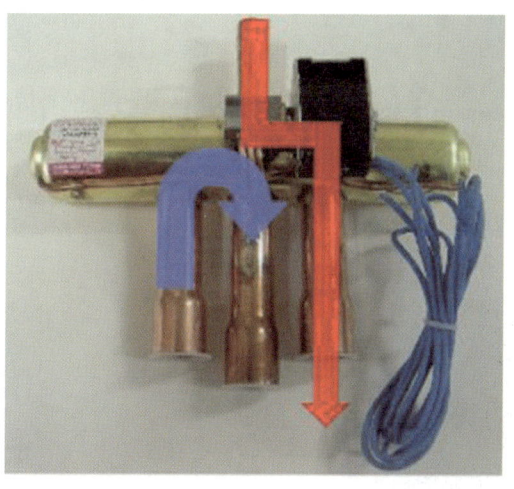 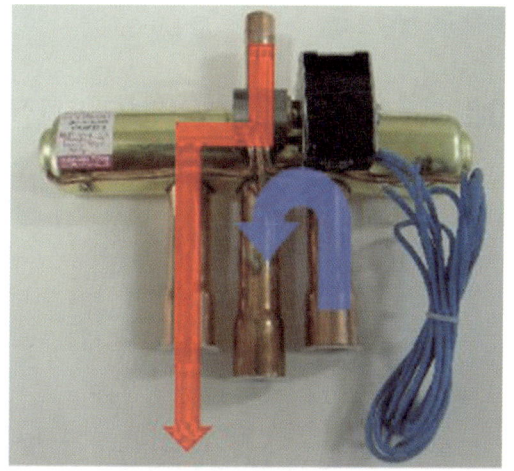

07. 다음 사진에서 보이는 장치의 명칭과 역할을 쓰시오.

◇**정답**

① **명칭** : 배선용 차단기

② **역할** : 과전류를 차단하고 기기를 보호한다.

◇**참고**

• 배선용차단기(MCCB/NFB) : Molded Case Circuit Breaker / No Fuse Breaker

− 사용용도 : 과전류차단, 선로분리, 모선보호, 기기보호 작용

08. 다음 사진을 보고 송풍기의 명칭과 유체 진행방향에 따른 작동원리를 쓰시오.

◇**정답**

① **명칭** : 축류식 송풍기

② **작동원리** : 프로펠러형 블레이드가 회전하며 유체를 흡입해 축방향으로 송풍한다.

09. 공기조화방식은 열운반 매체에 따라 전공기방식, 전수방식, 수공기방식, 냉매방식으로 분류할 수 있다. 아래의 그림을 참고하여 각각 알맞은 열운반 방식을 보기에서 골라 쓰시오.

> **보기**
> 전공기방식, 전수방식, 수공기방식, 냉매방식

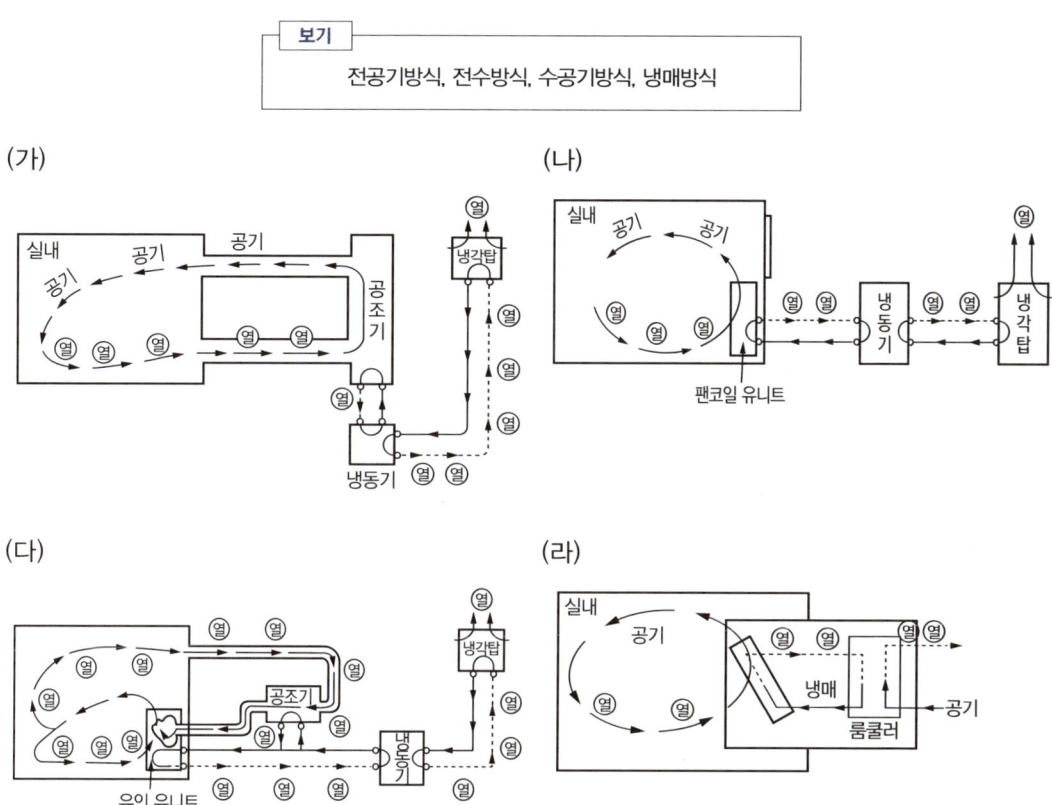

(가)

(나)

(다)

(라)

◈정답◈

(가) : 전공기방식

(나) : 전수방식

(다) : 수공기방식

(라) : 냉매방식

10. 아래 그림의 장치는 모터를 회전함으로써 냉매를 압축하는 방식으로 대용량 냉동장치에 적합하며 소음이 크다는 단점이 있다. 이 장치에 사용되는 압축기의 명칭을 쓰시오.

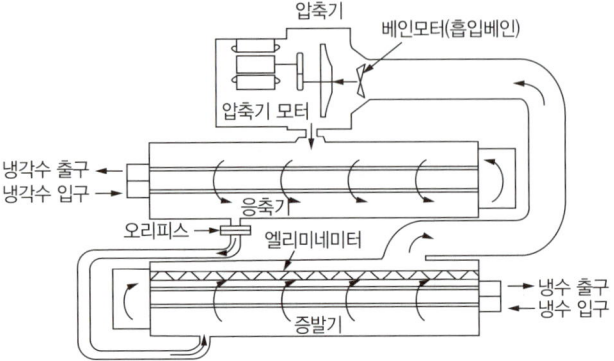

◈정답▶ 원심식 압축기

※ 실제 문제에서는 문제 지문에는 특징이 없었고 해당 장치의 명칭과 특징을 함께 물어보았다고 합니다.
　그러므로 아래 내용을 꼭 참고하여 준비해주세요.

◈참고▶

• 원심식 압축기
1. 특징
　① 대용량 장치로 적합하며 소음이 크다는 단점이 있다.
　② 저압냉매를 사용하므로 위험성이 적고 운전이 용이하다.
2. 원리 : 임펠러의 원심력에 의해 유체의 운동에너지(속도에너지)를 만들어 디퓨저에서 압력에너지로 바꾸어 냉매를 압축한다.

11. 냉동장치의 운전 시 과전류 또는 단락전류가 발생하였을 때 엘리먼트가 단선되어 계기를 보호하는 퓨즈의 색깔이(녹색, 적색, 청색, 회색 등) 의미하는 것은 무엇인가?

◈정답▶ 퓨즈의 용량(정격전류)

◈참고▶

• 다이젯퓨즈/사기퓨즈(Diazed Type Fuse) 퓨즈

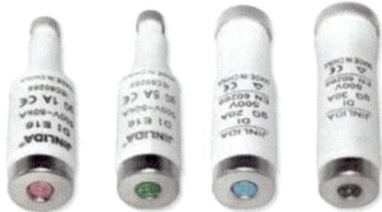

12. 다음과 같은 조건을 보고 물음에 답하시오.

> **조건**
>
> - 급탕량이 3000[L/h], 급수온도 10[℃], 급탕온도 60[℃], 물의 비열 4.18[kJ/kg·K]이다.
> - 상당증발 1000[kg/h] (100℃ 물의 증발잠열 h=2256[kJ/kg])
> - 배관손실 및 예열부하는 각각 0.2, 0.15이다.
> - 보일러의 연료소비량은 130[m³/h]이며, 연료의 저위발열량은 40000[kJ/m³]이다.
>
> ① 급탕부하[kJ/h]를 구하시오.
> ② 상용출력[kJ/h]을 구하시오.
> ③ 정격출력[kW]을 구하시오.
> ④ 보일러의 효율을 구하시오.

◈ **계산과정**

① $Q = GC\Delta t = 3000 \times 4.18 \times (60 - 10) = 627000[kJ/h]$

② 상용출력 = $\{(1000 \times 2256) + 627000\} \times 1.2 = 3459600[kJ/h]$

③ 정격출력 = $3459600 \times 1.15 = 3978540[kJ/h] \rightarrow \dfrac{3978540}{3600} = 1105.15[kW]$

④ 효율 = $\dfrac{Q}{G_f \times Hl} \times 100 = \dfrac{3978540}{130 \times 40000} \times 100 = 76.510 ≒ 76.51[\%]$

◈ **정답**

① 627000[kJ/h]

② 3459600[kJ/h]

③ 1105.15[kW]

④ 76.51[%]

◈ **참고**

$$\eta = \frac{G(h'' - h')}{Gf \times Hl} = \frac{G_e(h'' - h')}{Gf \times Hl} = \frac{Q}{Gf \times Hl}$$

여기서, G : 급수량[kg/h]
  Gf : 사용연료량[kg/h], [m³/h]
  Hl : 연료의 저위발열량[kJ/kg], [kJ/m³]
  h'' : 증기엔탈피[kJ/kg]
  h' : 급수엔탈피[kJ/kg]
  G$_e$: 상당증발량[kJ/kg]
  Q : 열량(유효열)[kJ/h]

01. 회로도와 아래 작동원리를 보고 ① ~ ③의 빈칸에 알맞은 내용을 서술하시오.

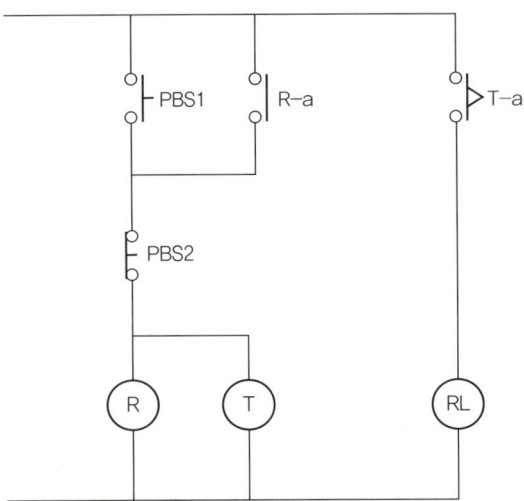

작동원리

전원을 공급 하고 PBS1을 눌렀을 때 ① _____

타이머 시간설정 후 작동 시 ② _____

PBS2를 눌렀을 때 ③ _____

◈정답

① 릴레이(R)와 타이머(T) 전원이 on하게 되고 R-a접점이 붙어 릴레이(R)와 타이머(T) 전원을 자기유지 시킨다.

② T-a접점이 붙어 RL을 점등시킨다.

③ 릴레이(R)과 타이머(T)의 전원이 차단되고 RL이 소등하여 처음 상태로 돌아간다.

02. 다음은 몰리에르선도이다. 아래 표시된 선이 각각 무슨 선인지 쓰시오.

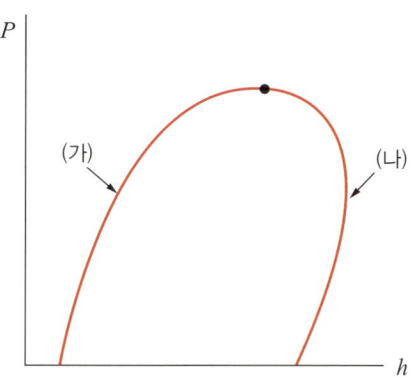

◆정답
(가) : 포화액선
(나) : 건포화증기선

03. 아래 장치는 전류의 흐름에 따른 열발생 효과에 의해 동작하는 계전기로 전동기 등에서 과전류가 흐르면 내부 히터가 가열되어 바이메탈에 열이 전달되고 바이메탈이 휘어져 변형되면 접점이 열려(수동복귀 b접점) 회로를 차단하여 기기가 과부하되는 것을 방지하는 기기로 MC(계전기)와 조합하여 사용된다. 해당기기의 명칭을 쓰시오.

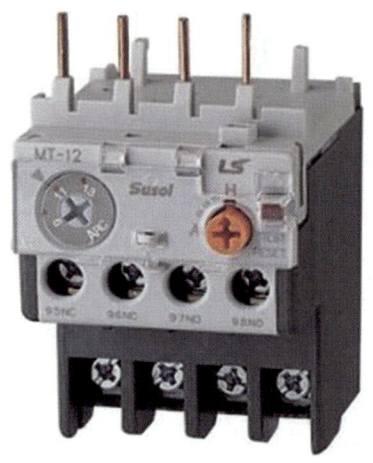
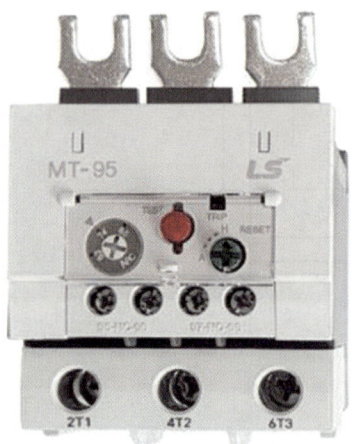

◆정답 열동형과부하계전기(THR : Themal Relay)

04. 냉동장치의 고압측 압력이 10kgf/cm²였다. 이때 압력단위를 bar와 MPa로 변환한 값은 얼마인가?

◈ 계산과정

① bar로 변환할 때 : $\dfrac{10}{1.0332} \times 1.01325 = 9.806 ≒ 9.81[\text{bar}]$

② MPa로 변환할 대 : $\dfrac{10}{1.0332} \times 0.101325 = 0.980 ≒ 0.98[\text{MPa}]$

◈ 정답

① 9.81[bar] ② 0.98[MPa]

◈ 참고

• 표준대기압

$1[\text{atm}] = 1.0332[\text{kg/cm}^2] = 760[\text{mmHg}] = 10.332[\text{mH}_2\text{O}] = 1.01325[\text{bar}]$
$= 1013.25[\text{mbar}] = 101325[\text{N/m}^2] = 101325[\text{Pa}] = 101.325[\text{kPa}] = 0.101325[\text{MPa}]$

05. 아래 그림의 조건을 이용하여 송풍량(m³/h)을 구하시오. (단, 공기의 비열은 1.01[kJ/kg·℃]이고 공기의 비중량은 1.2[kg/m³]이다.)

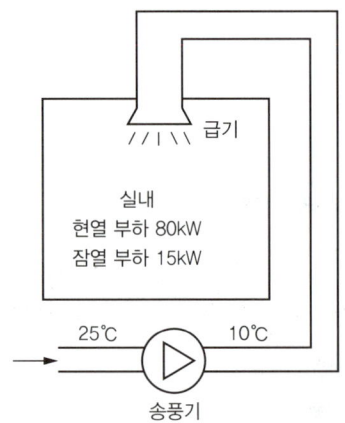

급기

실내
현열 부하 80kW
잠열 부하 15kW

25℃   10℃

송풍기

◈ 계산과정

$q = \dfrac{80 \times 3600}{1.2 \times 1.01 \times (25-10)} = 15841.584 ≒ 15841.58[\text{m}^3/\text{h}]$

◈ 정답 15841.58[m³/h]

• **열량(Q)**

$Q = GC\Delta t = q \times 1.2 \times 1.01 \times \Delta t$

여기서, G : 유량[kg/h]

      q : 송풍량[m³/h]

      C : 공기의비열(1.01[kJ/kg · ℃])

      Δt : 온도차

      공기의비중량 : 1.2[kg/m³]

06. 강관(동경관)을 직선이음할 때 사용되는 부속의 명칭을 2가지 쓰시오.

◈정답 유니언, 소켓, 니플, 플랜지

◈참고

• **나사이음의 사용목적별 분류**

① 배관의 방향을 바꿀 때 : 엘보, 벤드, 리턴벤드

② 관을 도중에 분기할 때 : 티, 와이, 크로스

③ 같은 지름의 관(동경관)을 직선이음할 때 : 유니언, 소켓, 니플, 플랜지

④ 서로 다른 지름의 관(이경관)을 연결할 때 : 이경소켓(레듀셔), 이경엘보, 이경 티, 부싱

⑤ 관 끝을 막을 때 : 플러그, 캡

07. 아래 장치의 명칭과 설치목적을 쓰시오.

◈정답

① **명칭** : 필터드라이어

② **설치목적** : 응축기와 팽창밸브 사이 냉매액관에 설치하여 냉매 중 혼입된 수분을 제거한다.

08. 다음은 송풍기와 덕트 사이에 설치하는 장치이다. 이 장치의 명칭과 설치목적을 쓰시오.

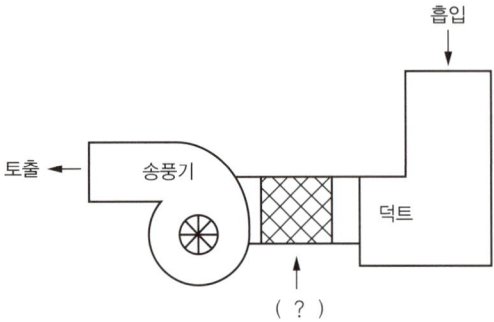

① **명칭** : 캔버스이음

② **설치목적** : 송풍기 운전 시 발생되는 진동 및 소음이 덕트에 전달되지 않도록 하기 위해 송풍기와 덕트
사이에 설치한 천소재의 이음쇠이다.

09. 아래 도시기호를 보고 장치의 명칭을 쓰시오.

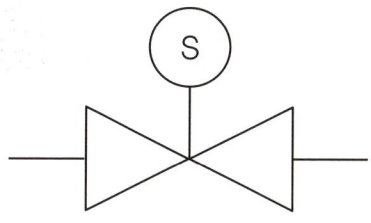

◈정답 전자밸브

10. 아래 그림을 보고 각각의 계전기 명칭을 쓰시오.

(가)

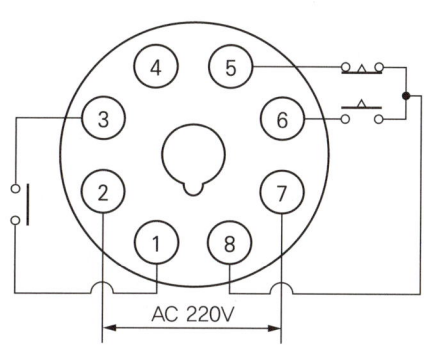

(나)

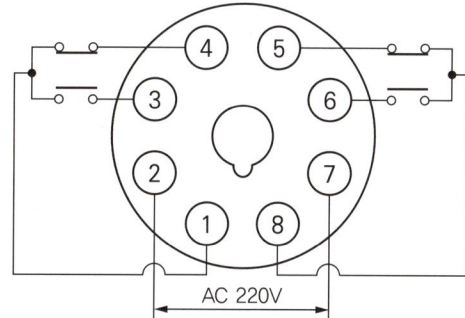

◈정답
(가) : 타이머
(나) : 8핀 릴레이

01. 아래 회로도를 보고 PB1과 PB2를 눌렀을 때 X1과 X2가 어떻게 작동하는지 쓰시오.

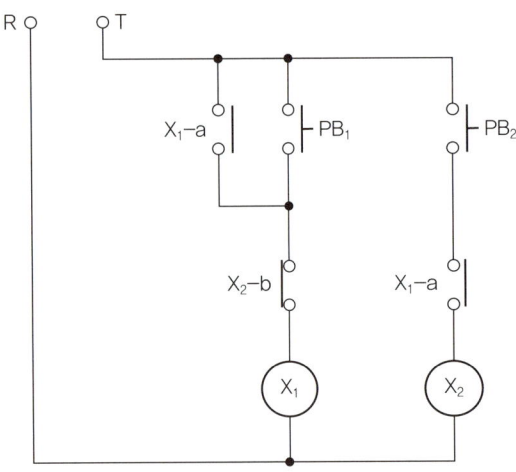

◆ **정답**

① PB1을 누를 때 : 릴레이 코일 X1이 작동하고 X1-a접점이 모두 닫혀 PB1을 제거해도 그 상태를 계속 유지한다(자기유지).

② PB2를 누를 때 : X1-a접점이 모두 닫혀 자기유지되고 있는 상태에서 PB2를 누르게 되면 릴레이 코일 X2가 작동하게 되고 X2-b접점이 열려 릴레이코일 X1의 작동을 멈추게 되고 릴레이코일 X2도 작동을 정지한다.

◆ **참고**

• 쌍안정회로

기계적 접점인 유지형 접점을 사용한 릴레이로서 작동 코일과 복귀 코일 2개 코일이 있으며 접점은 기계적으로 유지되고, 단 접점을 한 방향에서 다른 쪽으로 이동시키는 일을 한다.

02. −10℃ 얼음 1kg을 100℃증기로 만들 때 필요한 열량(kJ)은 얼마인지 계산하시오. (단, 얼음의 비열은 2.1kJ/kg·℃, 물의 비열 4.2kJ/kg·℃, 융해잠열 335kJ/kg, 증발잠열 2257kJ/kg이다.)

◈ 계산과정

−10℃ (얼음) → 0℃ (얼음) → 0℃ (물) → 100℃ (물) → 100℃ (증기)
　　　　　　　①　　　　　　②　　　　　③　　　　　　④

① $q_1 = 1 \times 2.1 \times (0 - (-10)) = 21[kJ]$

② $q_2 = 1 \times 335 = 335[kJ]$

③ $q_3 = 1 \times 4.2 \times (100 - 0) = 420[kJ]$

④ $q_4 = 1 \times 2257 = 2257[kJ]$

∴ $q_t = 21 + 335 + 420 + 2257 = 3033[kJ]$

◈ 정답 3033kJ

◈ 참고

$q_s = GC\triangle t$, $q_L = G \cdot r$

여기서, G : 물질의 양[kg]
　　　　C : 비열[kJ/kg · ℃]
　　　　$\triangle T$: 온도차[℃]
　　　　r : 잠열[kJ/kg]

03. 다음 그림의 부품명칭과 그 사용목적을 쓰시오.

◈ 정답

① **부품명칭** : 고저압차단스위치

② **사용목적** : HPS와 LPS 즉, 고압차단스위치와 저압차단스위치를 조합시킨 형태로 냉동기의 고압이 설정 값 이상이 되거나 저압이 소정압력 이하로 내려간 경우 두 압력의 차압에 의해 전기회로가 차단되어 압 축기를 정지시킨다.

04. 어떤 실내의 취득열량을 구했더니 현열이 8.3kw, 잠열이 2.8kw였다. 실내건구온도 26℃, 상대습도 50%로 유지하기 위해 취출온도차 10℃로 송풍하고자 한다. 이때 현열비(SHF)는 얼마인가?

◆계산과정

$$SHF = \frac{8.3}{8.3 + 2.8} = 0.745 ≒ 0.75$$

◆정답 0.75

05. 실내 오염공기를 배출할 때 실내로 들어오는 외기와 열교환시키는 형태로 열을 회수하는 장치로서 열 회수시 현열뿐만 아니라 잠열을 동시에 회수하므로 현열 열교환기에 비해 열회수 효과가 크다. 이 장 치의 명칭을 쓰시오.

◆정답 전열교환기(고정형)

고정형(직교류식) 전열교환기

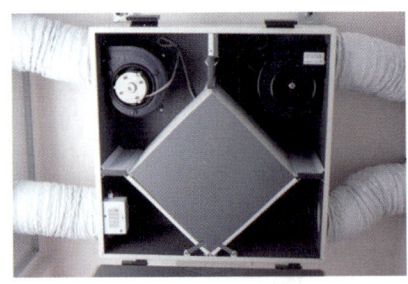

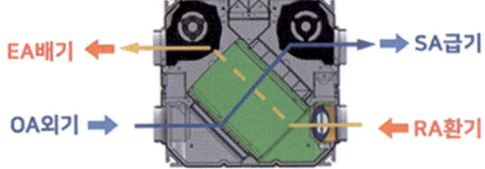

회전형(축류식) 전열교환기

06. 다음의 습공기 선도를 보고 (a ~ e)선의 명칭을 보기에서 골라 쓰시오.

> **보기**
>
> 건구온도, 습구온도, 비체적, 밀도, 절대습도, 상대습도, 현열비, 노점온도, 엔탈피

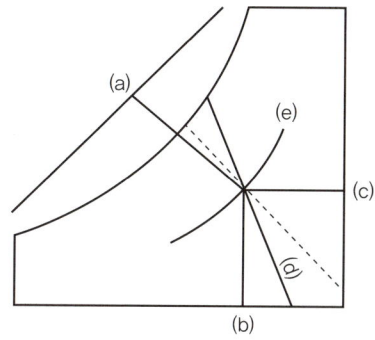

◈**정답** a. 엔탈피 b. 건구온도 c. 절대습도 d. 비체적 e. 상대습도

07. 아래 그림은 온도자동식 팽창밸브(TEV)이다. 팽창밸브의 차압에 대한 아래 물음에 대하여 보기 중 알맞은 번호를 골라 쓰시오. (P1 : 감온통에 봉입된 가스압력, P2 : 증발기 내부 냉매의 증발압력, P3 : 과열도 조절나사 스프링 압력)

> **보기**
>
> ① $P1 = P_2 + P_3$　　② $P_1 \rangle P_2 + P_3$　　③ $P_1 \langle P_2 + P_3$

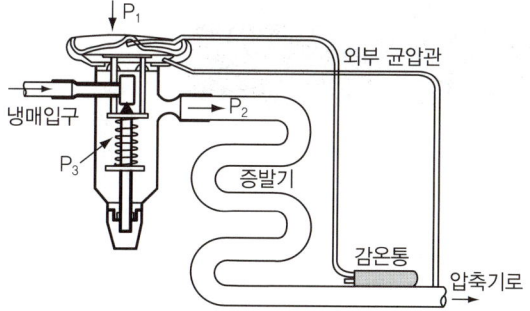

◈**정답**

(가) : 밸브의 개도가 정상일 때 : ①

(나) : 밸브의 개도가 커질 때 : ②

(다) : 밸브의 개도가 작아질 때 : ③

08. 응축기와 팽창밸브 사이에 설치하는 장치로 아래 그림의 명칭과 설치목적을 쓰시오.

◈정답

① **명칭** : 전자밸브

① **설치목적** : 전류의 자기작용에 의해 밸브를 ON-OFF시켜 유체의 흐름을 개방하거나 차단시키며 냉동장치의 용량제어, 온도제어, 액면조정, 리퀴드백 방지 등에 사용된다.

◈참고

• 냉매 순환 계통도

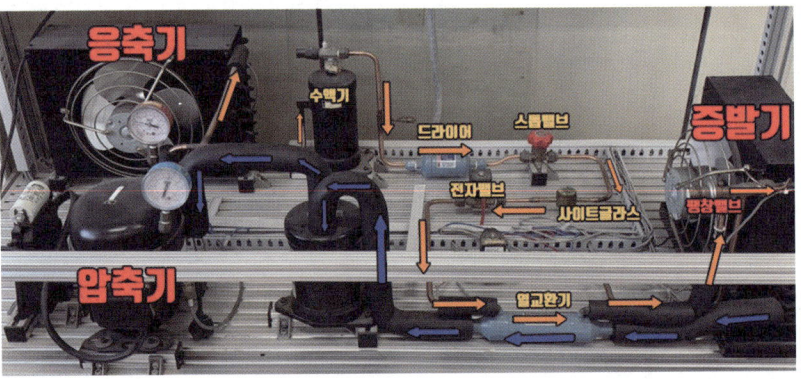

09. 다음 그림을 보고 배관재료의 명칭을 쓰시오.

◆정답 90°엘보(동관용)

10. 아래 그림은 시퀀스 제어의 신호흐름이다. 빈칸에 알맞은 내용을 쓰시오.

시퀀스 제어의 신호흐름

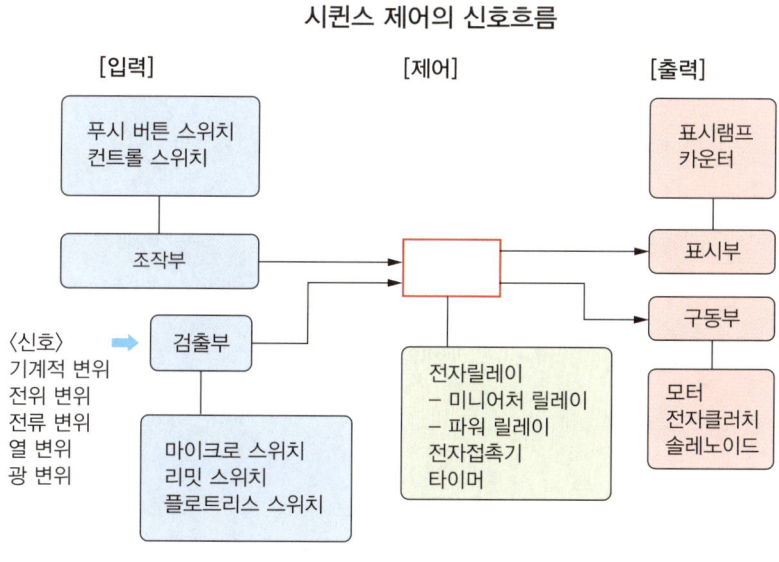

◆정답 제어부

11. 체크밸브의 역할을 쓰시오.

◈정답▶ 역류방지밸브라고도 하며 유체를 한쪽 방향으로만 흐르게 하여 역류를 방지한다.

12. 아래 배관 도시기호를 보고 빈칸에 알맞은 명칭을 쓰시오.

———＋———	일반나사이음
———╫╢———	①
———╫———	②
———Ͻ———	③
———•———	용접이음

◈정답▶ ① 유니언 이음, ② 플랜지 이음, ③ 턱걸이 이음(소켓 이음)

01. 아래 회로도의 동작조건을 보고 아래 질문에 알맞은 기구명칭과 기호를 써넣으시오.

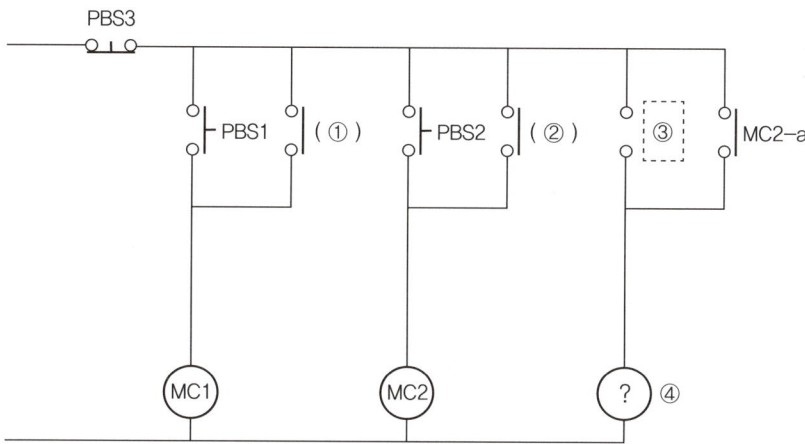

동작조건

PBS1을 누르면 MC1의 코일전원이 작동하며 자기유지된다.

PBS2를 누르면 MC2의 코일전원이 작동하며 자기유지된다.

PBS1 또는 PBS2 둘 중 하나만 눌러도 RL이 작동한다.

PBS3을 누르면 PBS1과 PBS2가 정지된다.

◆정답

① 명칭	② 명칭	③ 접점기호, 명칭	④ 명칭
MC1-a	MC2-a	MC1-a	RL

02. 아래 그림을 보고 감온통의 설치 위치와 역할을 쓰시오.

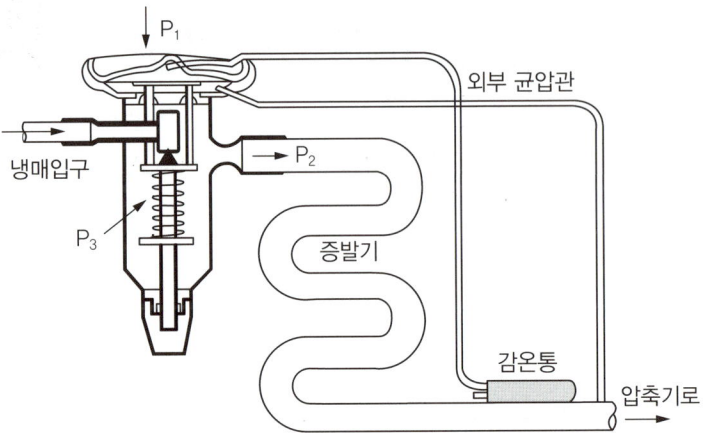

① **설치위치** : 증발기의 출구

② **역할** : 증발기 출구의 과열도를 감지하여 냉매유량을 조절한다.

• **감온통의 역할 – 온도자동식 팽창밸브(TEV)**

감온통은 증발기 출구에 설치되며 증발기 출구의 온도를 감지하여 팽창밸브의 개도를 조절해 증발기 냉각부하에 알맞은 냉매의 유량을 공급한다.

03. 아래 냉동톤(RT)에 대한 설명 중 빈칸에 알맞은 말을 써넣으시오.

> **냉동톤(RT)** : (①)동안 (②)℃의 물 1ton을 (③)℃ 얼음으로 만들 때 제거해야 할 기본적인 열량

① 24시간

② 0

③ 0

04. 아래 그림에서 보여주는 장치의 명칭과 역할을 쓰시오.

◈정답
① **명칭** : 동관용확관기(익스팬더)
② **역할** : 동관의 끝을 확대(스웨징)하는 공구

05. 아래 그림은 덕트에 설치하는 부속품으로 덕트내부의 와류로 인한 통풍저항을 줄이기 위해 설치하는 부속품이다. ①번의 정확한 명칭을 쓰시오.

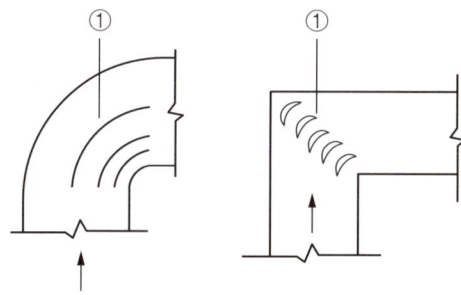

◈정답 가이드베인

◈참고

가이드베인(guide vane) : 덕트의 직각부분 통로에 동일형의 날개(곡률을 가진 날개)를 부착하여 직각부분의 속도 변화에 의한 난류의 발생을 방지하고, 유체의 저항 손실을 작게 하는 목적으로 쓰인다.

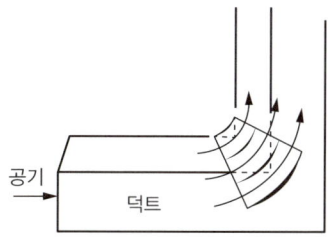

06. 1000kg/h의 공기를 10℃에서 30℃로 가열하려고 한다. 이때 필요한 가열량(kW)은 얼마인가? (단, 습공기의 절대습도는 0.006kg/kg, 비열은 1.01kJ/kg·℃이다.)

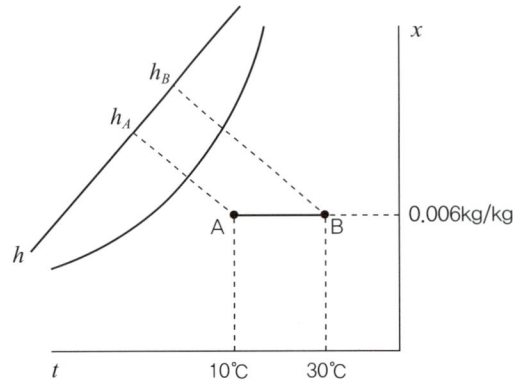

◈ 계산과정

① **열량계산** : Q = 1000 × 1.01 × (30 − 10) = 20200[kJ/h]

② **단위변환** : $\dfrac{20200}{3600}$ = 5.611 ≒ 5.61[kW]

◈ 정답 5.61[kW]

◈ 참고 ....

• **열량계산**

Q = G · C · ΔT

여기서, G : 공기량[kg/h]

C : 공기의 비열 1.01[kJ/kg · ℃]

ΔT : 온도차[℃]

• **단위환산 팁**

1[kW] = 1[kJ/s] = 3600[kJ/h]

07. 응축기의 열량은 K : 열관류율(kJ/m²h℃), F : 전열면적(m²), ΔT : 온도차(℃)를 이용해 구할 수 있다. 여기서 ΔT는 냉매의 응축온도와 냉각수 입출구의 온도차로 높은 매체의 온도를 T_h 혹은 T_1, 낮은 매체의 온도를 T_L 혹은 T_2로 표시하는데 이때 LMTD $= \dfrac{\Delta T_1 - \Delta T_2}{\ln \dfrac{\Delta T_1}{\Delta T_2}}$를 무엇이라고 하는지 쓰시오.

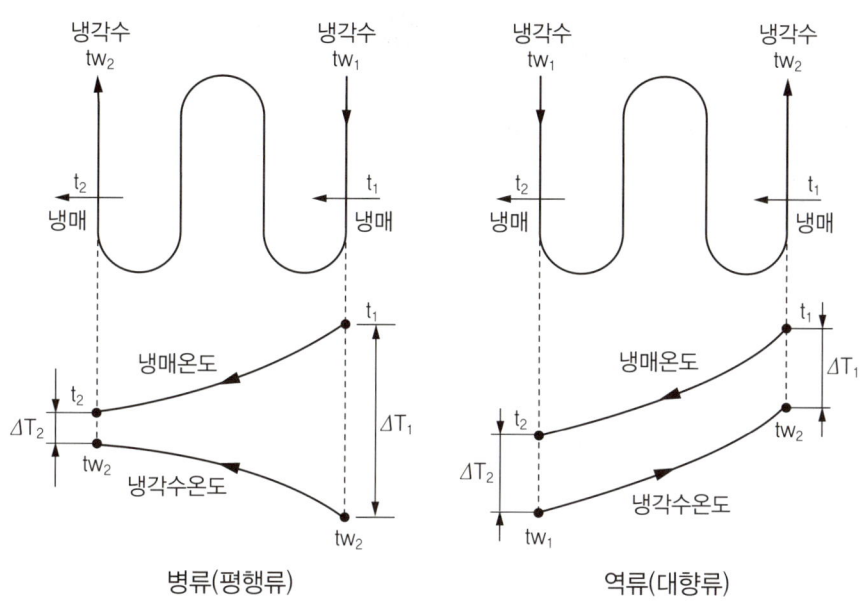

병류(평행류)   역류(대향류)

◈**정답** 대수평균온도차

08. 다음 그림에서 보여주는 장치의 명칭과 설치목적을 쓰시오.

◈정답

① **명칭** : 사이트글라스

② **설치목적** : 냉매액이 관내에 흐르는 상태를 알 수 있도록 액관 중 응축기(수액기) 쪽에 설치하여 적정 냉매량의 확인 및 액 중의 거품 발생 유무를 점검하여 플래시가스 존재를 확인할 수 있다.

09. 다음 그림에서 보여주는 장치의 명칭을 쓰시오.

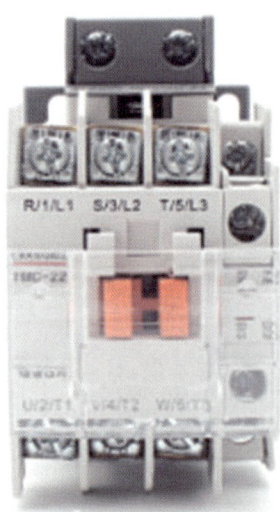

◈정답 전자접촉기 / 마그네틱 컨텍터(MC)

10. 다음 전열교환기를 이용한 공기조화장치의 냉방 시 ①~⑤번까지의 상태점을 습공기선도에 알맞게 써 넣으시오.(습공기 선도의 점옆에 ①~⑤번 숫자로 표시하시오.)

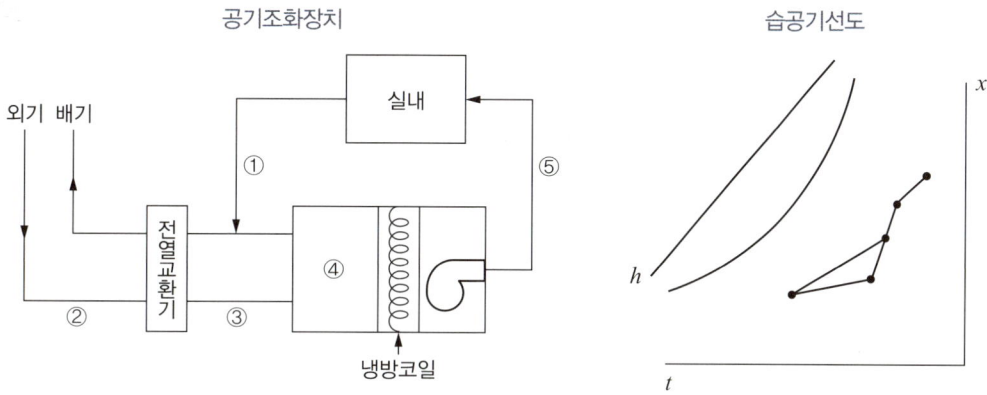

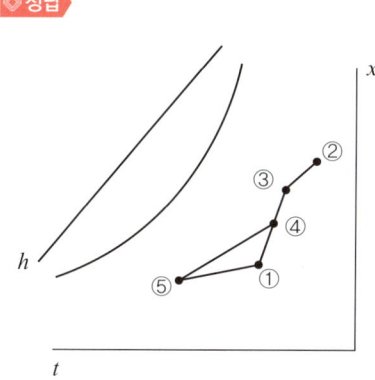

01. 다음 회로의 빈칸에 알맞은 기호를 그려 넣으시오.

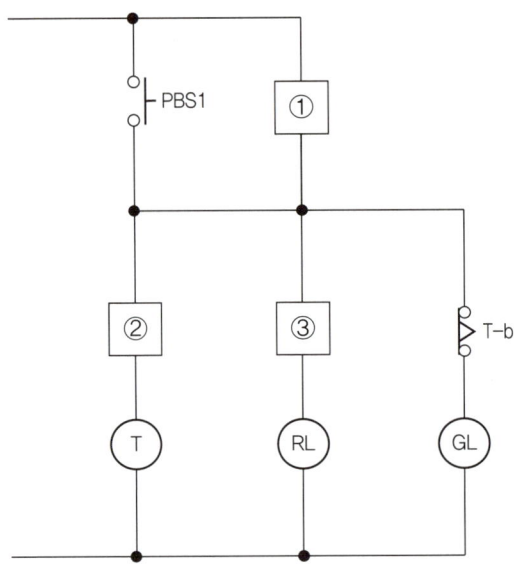

┌─ 작동원리 ─────────────────────────────

1. PBS1을 누르면 타이머 전원이 on하여 자기유지되고 GL이 점등된 후 일정시간이 흐르면 GL이 소
   등하며 RL이 점등된다.
2. PBS2를 누르면 타이머 전원이 off하여 처음 상태로 돌아간다.

◈정답

① ⟨symbol⟩ T-a

② ⟨symbol⟩ PBS2

③ ⟨symbol⟩ T-a

02. 아래 회로도를 보고 PBS1을 눌렀을 때 전원부의 상태를 on-off로 쓰시오.

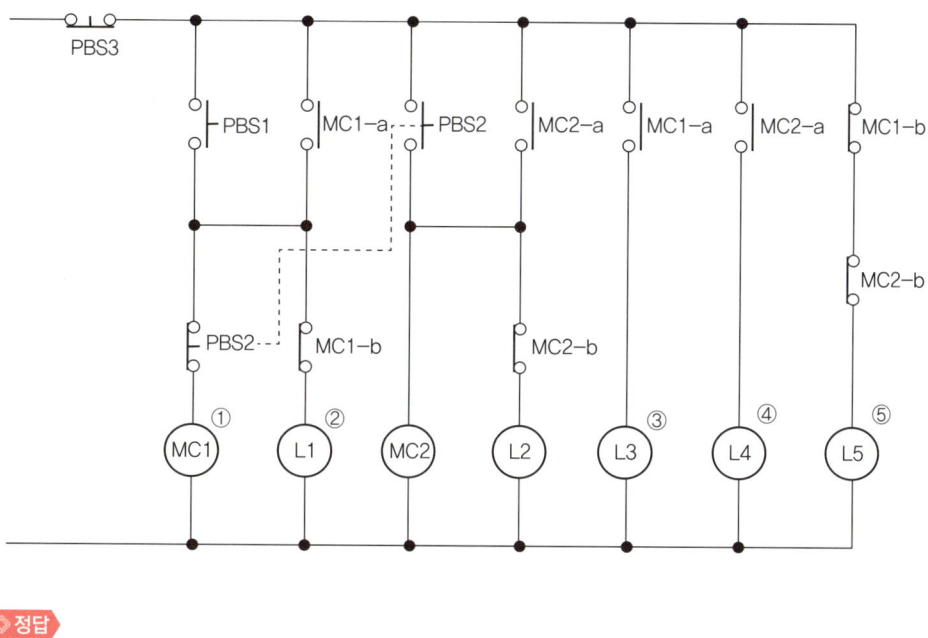

◆정답▶

① on   ② off   ③ on   ④ off   ⑤ off

03. 다음 사진에 나오는 공구의 명칭을 쓰시오.

◆정답▶ 와이어 스트리퍼

04. 다음 냉동선도를 보고 냉매순환량이 0.04kg/s일 때 압축기의 일량(kW)을 구하시오.

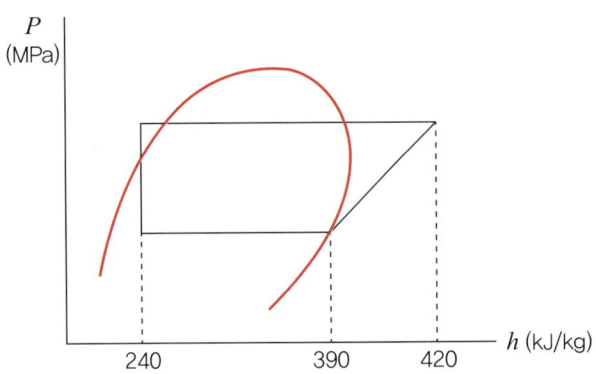

◆ 계산과정

① 0.04 × (420 − 390) = 1.2[kW]

◆ 정답   1.2[kW]

◆ 참고

• Q = GΔh

  G : 냉매순환량[kg/s]

  Δh : 압축기 입출구 엔탈피차[kJ/kg]

• 단위환산 팁

  1[kW] = 1[kJ/s] = 3600[kJ/h]

05. 다음 그림을 보고 아래 빈칸(①, ②)에 알맞은 명칭의 온도를 써넣으시오.

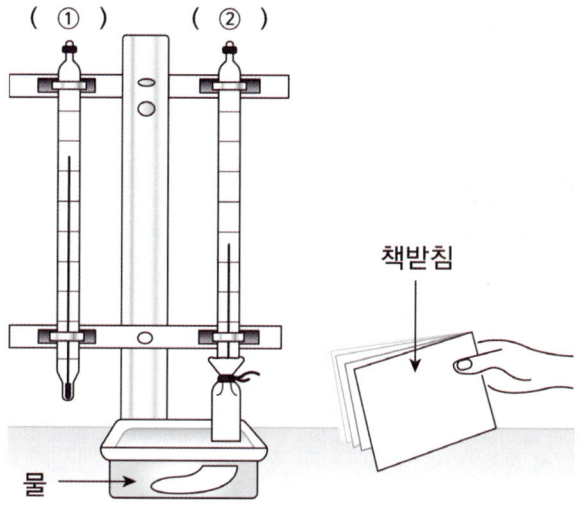

◆**정답** ① 건구온도   ② 습구온도

◆**참고**

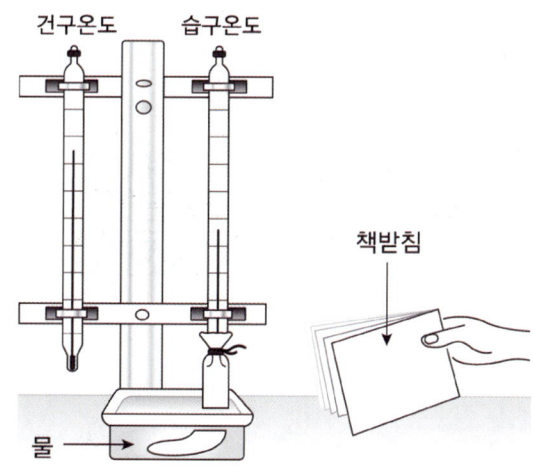

06. 다음 사진을 보고 (A)부분의 명칭과 역할을 쓰시오.

◈정답

① **명칭** : 체크밸브

② **역할** : 유체를 한쪽 방향으로만 흐르게 하여 역류를 방지한다.

◈참고

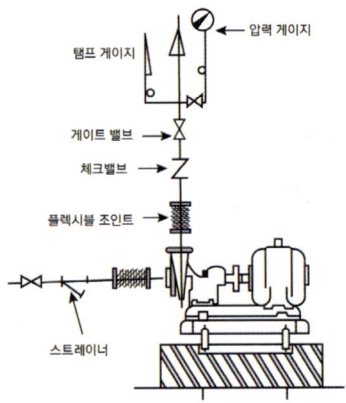

07. 다음 사진에서 보여주는 장치의 명칭과 역할을 쓰시오.

◈ 정답

(가) 명칭 : 수액기

(나) 역할 : 응축기와 팽창밸브 사이에 설치하여 냉매를 일시 저장하거나 불응축가스를 제거하고 액냉매만
팽창밸브로 보내주는 역할을 한다.

◈ 참고

• 수액기 설치위치 : 응축기와 팽창밸브 사이(고온고압액관)

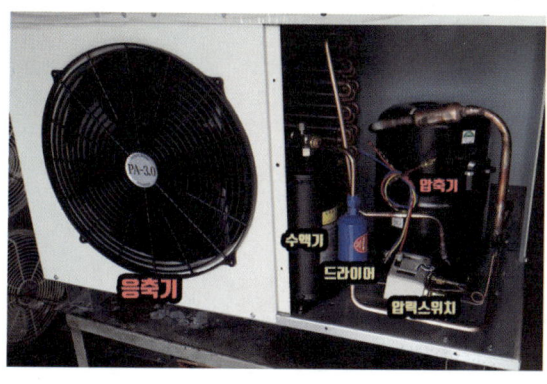

08. 아래 그림은 4방밸브(4Way Valve)를 이용한 히트펌프 냉난방 방식이다.

해당 그림을 보고 실내(실내기)가 냉방 또는 난방 상태일 때 해당하는 번호를 모두 적으시오.

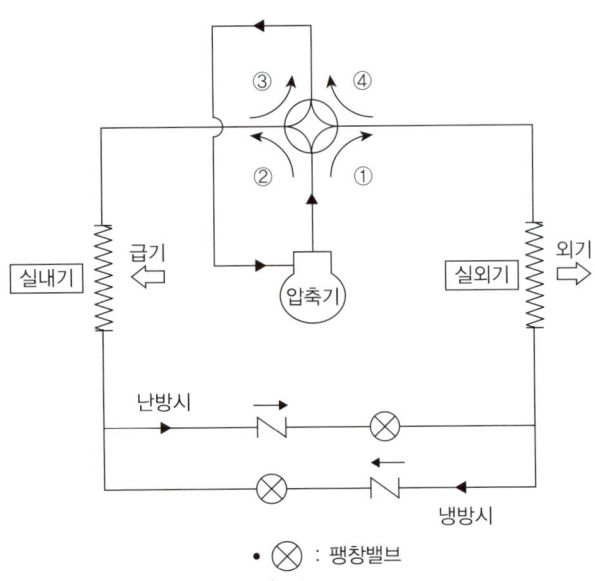

- ⊗ : 팽창밸브
- ∠ : 체크밸브

◈정답

(가) 냉방상태 : ①, ③

(나) 난방상태 : ②, ④

◈참고

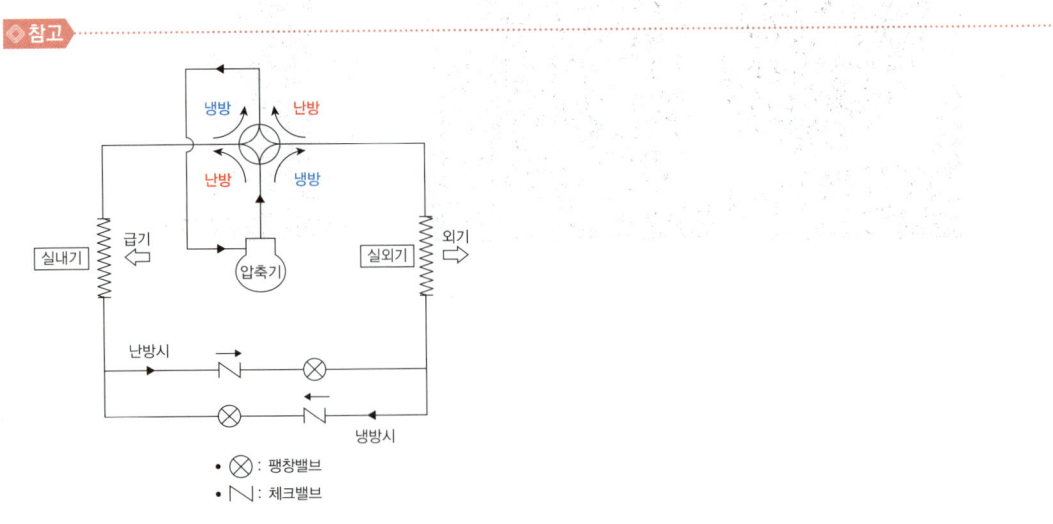

- ⊗ : 팽창밸브
- ∠ : 체크밸브

09. 아래 그림은 강관의 나사이음시 사용되는 배관도이다. 그림에서 *l* 의 길이를 구할 때 공식을 쓰시오.

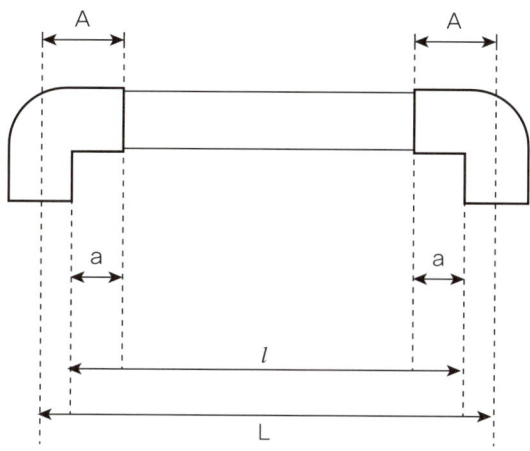

◈ **정답** ▶ $l = L - 2(A - a)$

◈ **참고**

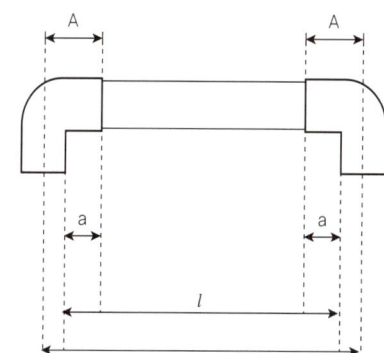

l : 관의 실제길이
L : 관의 전체 길이(도면상 표시 치수)
A : 부속의 중심에서 단면 중심까지의 길이
a : 관의 삽입 길이
(A − a) : 여유치수(도면치수에서 빼는 치수)

10. 아래 그림은 액-가스 열교환기를 삽입하여 구성한 냉동장치이다. 이 때 냉동장치의 ① - ②구간과 ③ - ④구간을 몰리에르 선도상 알파벳으로 표시하면 어느 구간인지 쓰시오.

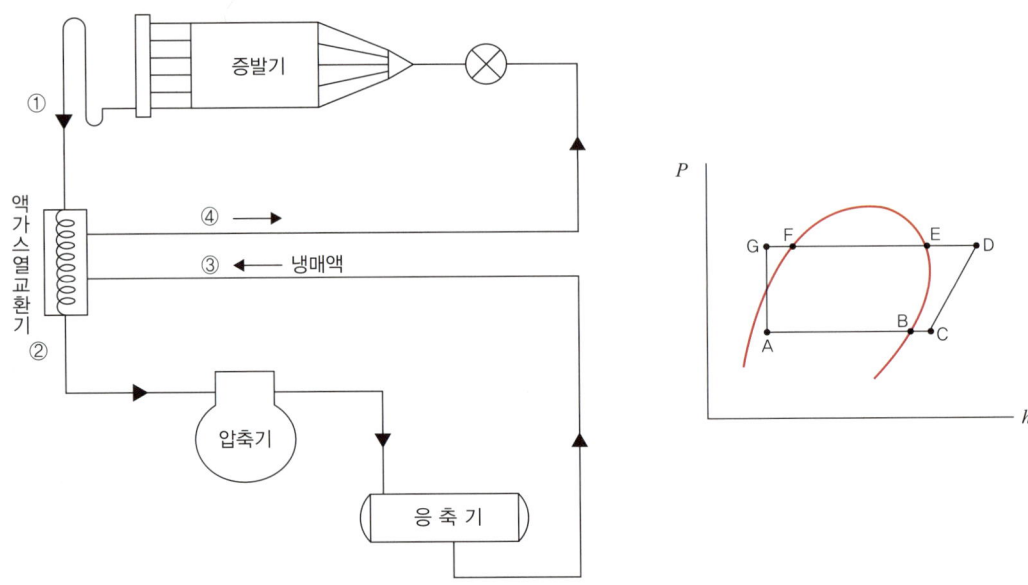

①-② **구간** : B-C

③-④ **구간** : F-G

• 증발기출구(①) – 압축기입구(②) : B–C
• 응축기출구(③) – 팽창밸브입구(④) : F–G

01. 아래 회로도를 보고 ①~⑤번 질문에 알맞은 답을 쓰시오.

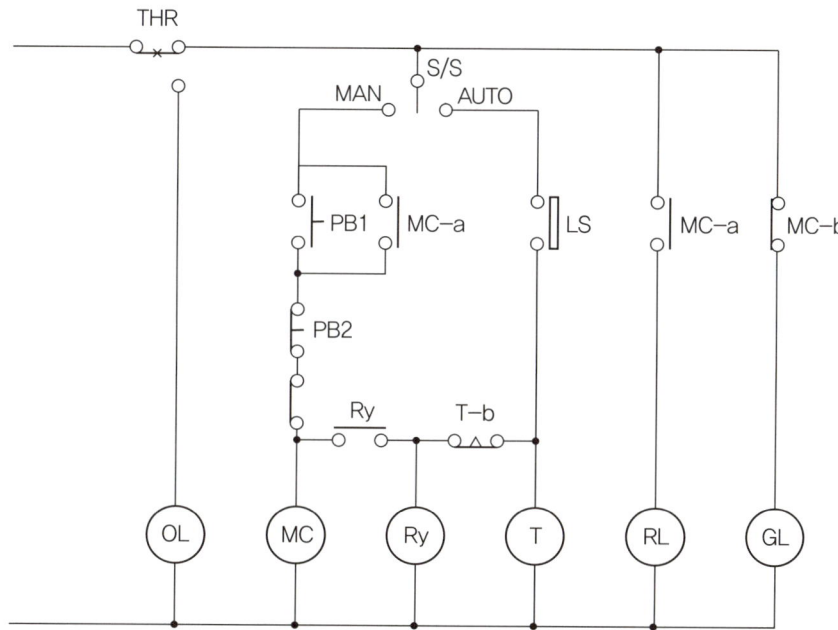

작동원리

① PB1을 누를 때 _____

② PB2를 누를 때 _____

③ LS를 누를 때 _____

④ 타이머 T초 후 _____

⑤ THR 동작 시 _____

정답

가) 전원을 켜면 GL이 점등된다.

나) S/S를 MAN으로 하고 동작시킬 때 아래의 질문에 답하시오.

① PB1을 누를 때 : MC 전원이 on하여 MC-a접점이 붙어 자기유지되고 RL이 점등한다. 또한 MC-b접점이 떨어져 GL은 소등된다.

② PB2를 누를 때 : MC 전원이 off하며 처음 상태(RL소등, GL점등)로 되돌아간다.

다) S/S를 AUTO로 전환하였을 때 아래의 질문에 답하시오.

③ LS를 누를 때 : T와 Ry 전원이 on 하게 된다. 이 때 Ry-a접점이 붙어 MC 전원을 on시키게 되고 MC-a접점이 붙어 RL은 점등되고 MC-b접점이 떨어져 GL은 소등된다.

④ 타이머 T초 후 : T-b 한시접점이 떨어져 Ry와 MC전원을 차단시키고 처음상태(RL소등, GL점등)로 되돌아간다.

⑤ THR 동작 시 : THR-b접점이 떨어지고 주회로를 차단시키며 THR-a 접점이 붙어 OL이 점등된다.

02. 다음 공기조화장치는 혼합, 가열, 순환수 분무가습 사이클이다. 아래 구성도를 참고하여 습공기선도 (t-x선도)의 각 상태점을 완성하시오.

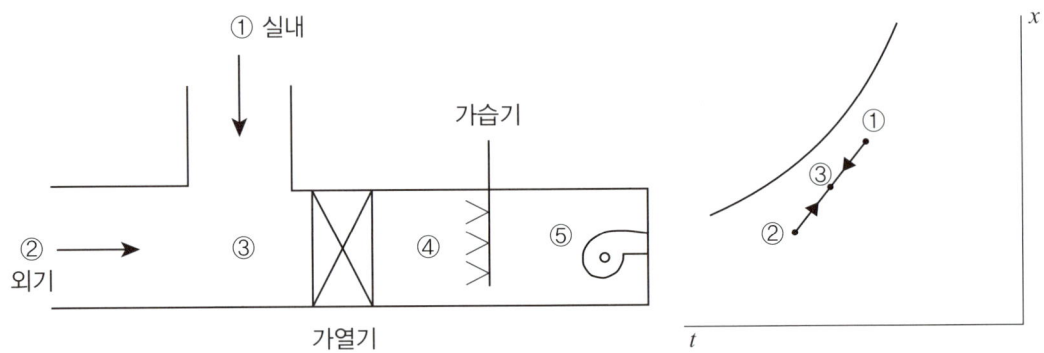

◈정답▶

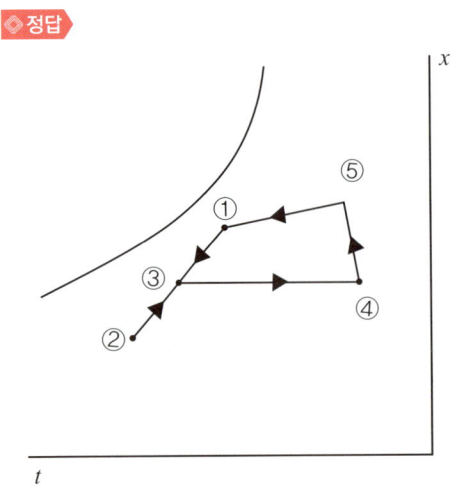

03. 다음 그림에서 보여주는 장치의 명칭과 역할을 쓰시오.

◈정답

① **명칭** : 여과기(스트레이너)

② **역할** : 장치내부의 이물질 제거

04. 다음 그림에서 보여주는 장치의 명칭과 특징을 쓰시오.

◈정답

① **명칭** : 반밀폐형 왕복동식 압축기

② **특징** : 전동기와 압축기가 한 하우징 내에 있으며 외부와 밀폐되어 있고 밀폐형 왕복동식 압축기와 달리 분해 점검 수리가 가능하다.

※ 왕복동식 압축기 종류

① 밀폐형 왕복동식 압축기

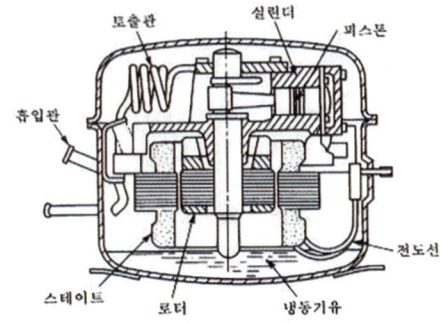

② 반밀폐형 왕복동식 압축기

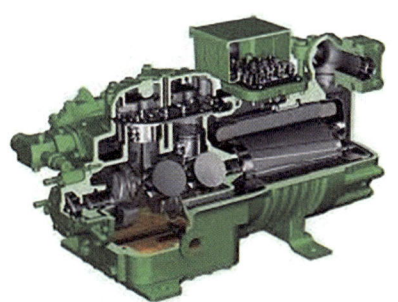

③ 개방형 왕복동식 압축기

05. 다음 그림의 장치로 측정할 수 있는 항목 3가지를 쓰시오.

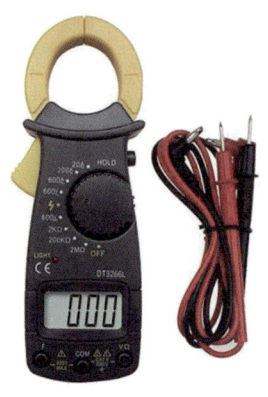 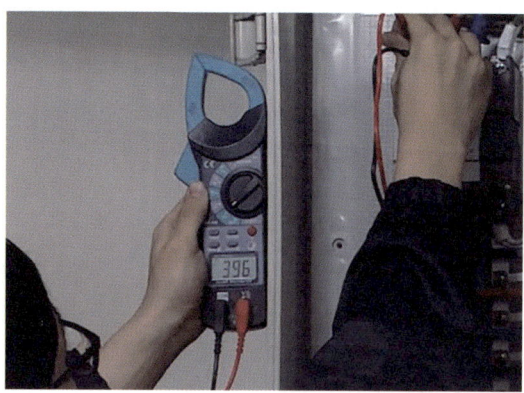

◈**정답**　전압, 전류, 저항

06. 다음 냉동장치의 냉동능력이 12[RT]이다. 이 냉동장치의 냉매순환량[kg/h]을 구하시오.
(단, 1[RT]=3.86[kW]로 한다.)

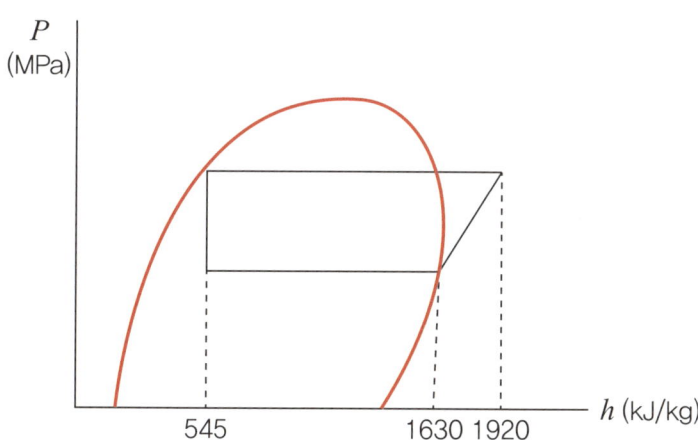

◈**계산과정**

① $G = \dfrac{12 \times 3.86 \times 3600}{1630 - 545} = 153.688 ≒ 153.69[kg/h]$

◈**정답**　153.69[kg/h]

• $Q = G \Delta h \rightarrow G = \dfrac{Q}{\Delta h}$

  여기서 Q : 냉매능력[kJ/h]

  G : 냉매순환량[kg/h]

  Δh : 증발기 입출구 엔탈피차[kJ/kg]

• **단위환산 팁**

  1[kW] = 1[kJ/s] = 3600[kJ/h]

07. 아래 습공기선도의 A, B, C, D 각 상태점에 알맞은 단어를 보기에서 골라 쓰시오.

보기

냉각, 가열, 가습, 감습

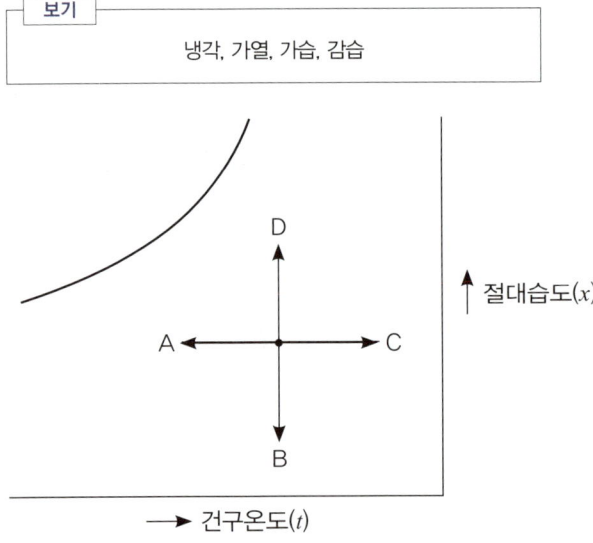

◈정답

A : 냉각

B : 감습

C : 가열

D : 가습

08. 단상 밀폐형 압축기의 과부하(Over Load)를 방지하기 위한 센서의 방식으로 알맞은 것을 아래 보기에서 골라쓰시오.

> **보기**
>
> 전류식, 전압식, 바이메탈식, 압력식

◈정답 바이메탈식

◈참고

단상 밀폐형 압축기에서 모터의 과부하(Over Load)를 방지하기 위해 바이메탈식 센서를 사용 하여 모터에 과부하가 걸려 과전류가 흐르게 되면 내부 히터가 가열되어 바이메탈에 열이 전달되고 바이메탈이 휘여져 변형되어 접점이 열려(수동복귀 b접점) 회로를 차단하여 기기가 과부하되는 것을 방지한다.

09. 외부공기와 실내공기의 비율이 1:4일 때 표를 보고 혼합 상태의 건구온도와 절대습도를 구하시오.

구분	외부공기	실내공기
건구온도	-5[℃]	28[℃]
절대습도	0.001[kg/kg´]	0.005[kg/kg´]

◈계산과정

① 혼합 상태의 건구온도[℃]

$$t_m = \frac{(1 \times (-5)) + (4 \times 28)}{1 + 4} = 21.4[℃]$$

② 혼합 상태의 절대습도[kg/kg´]

$$x_m = \frac{(1 \times 0.001) + (4 \times 0.005)}{1 + 4} = 0.0042[kg/kg´]$$

◈정답

① 21.4[℃]

② 0.0042[kg/kg´]

◈참고

- 혼합온도 : $t_m = \dfrac{G_1 t_1 + G_2 t_2}{G_1 + G_2}$

- 혼합 절대습도 : $x_m = \dfrac{G_1 x_1 + G_2 x_2}{G_1 + G_2}$

10. 노점온도와 결로현상의 관계를 서술하시오.

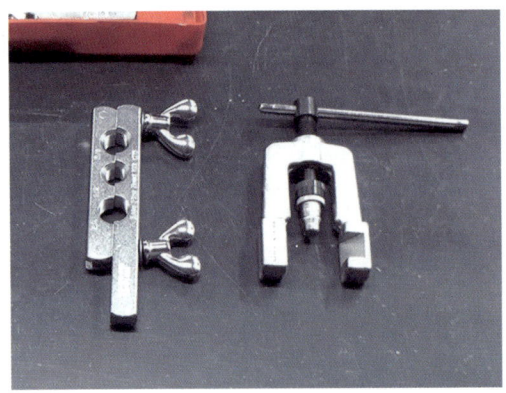

◈정답

노점온도란 공기 중 수분이 응축하기 시작하는 온도를 뜻하며 노점온도 이하에서는 공기 중 포함된 수증기가 작은 물방울로 변하여 이슬이 맺히는데 이러한 현상을 결로현상이라고 한다.

11. 다음 그림을 보고 해당 공구의 명칭과 그 용도를 쓰시오.

◈정답

① **명칭** : 플레어툴 세트

② **용도** : 플레어이음(압축이음)을 하기 위해 동관 끝을 나팔모양으로 만드는데 사용하는 공구

◈참고

플레어링툴 세트 + 튜브커터	각각의 명칭
(가) (나) (다)	(가) 동관용 파이프커터(튜브커터) (나) 플레어툴 바이스 (다) 플레어툴

12. 아래는 내부균압형 온도자동팽창밸브의 그림이다. 외부균압형 온도자동팽창밸브와 어떤 차이점이 있는지 서술하시오.

◆ **정답**

① **내부균압형** : 증발기의 입·출구 압력차가 대체로 같고 과열도가 작을 때 사용되며 주로 소형 냉동장치에 사용된다.

② **외부균압형** : 증발기의 입·출구 압력차가 크고 과열도가 클 때 사용되며 주로 대형 냉동장치에 사용된다.(증발기 코일내의 압력강하가 0.14kg/cm² 이상일 경우)

◆ **참고**

내부균압형	외부균압형

• **온도자동식 팽창밸브(TEV)**

온도자동식 팽창밸브는 기본적으로 조절나사 스프링압력, 감온통 내부압력, 증발기 내부압력에 의해 작동하게 된다. 이때 내부균압형은 증발기 출구의 압력이 입구 압력과 대체로 같은 경우 사용하며 일정한 과열도(3~8℃ 정도)를 얻도록 조정되어 있다. 하지만 냉매가 증발기를 통과할 때 유동저항에 의한 압력강하가 심할 경우 증발기 입출구의 압력차가 발생하므로 증발기 출구 측 압력에 대응하도록 외부균압형을 채택한다. (증발기 코일 내의 압력강하가 0.14kg/cm² 이상일 때 외부균압형을 채택한다.)

01. 다음 회로도를 보고 아래 물음에 답하시오.

(타이머(T), 릴레이(R), 적색등(RL) 장치위주로 설명할 것)

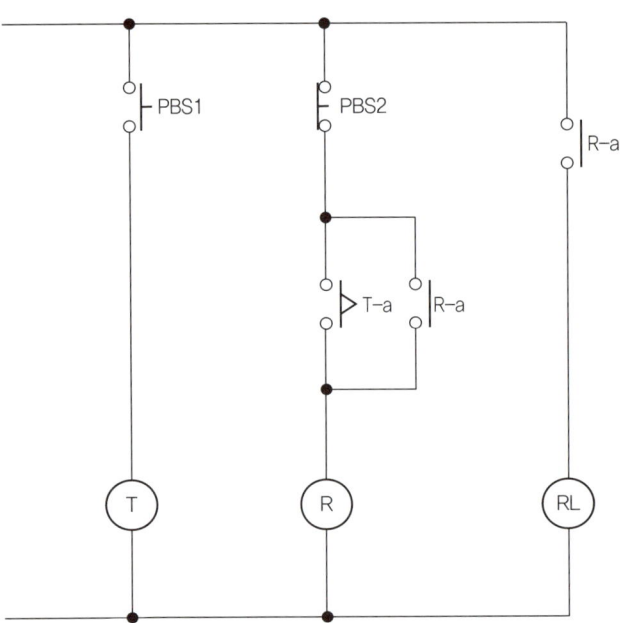

🔶정답

① **PBS1을 눌렀을 때** : 타이머(T)전원이 on한다.

② **타이머(T)의 설정시간이 지났을 때** : 타이머 한시접점 T-a가 닫혀 릴레이(R) 전원이 on되고 R-a 접점 두 개가 모두 닫혀 회로를 자기유지시키며 적색등(RL)을 점등시킨다.

③ **PBS2를 눌렀을 때** : PBS1에서 손을 때면 타이머(T) 전원이 off 하고 타이머 한시접점 T-a가 열리고 그 상태로 PBS2를 누르면 릴레이(R) 전원이 off하고 R-a 접점이 모두 열려 적색등(RL)이 소등하며 초기상 태로 돌아간다.

02. 아래 회로도에서 MC1과 MC2가 순차적으로 작동하고, RL이 점등된다면 (가), (나)의 빈칸에 알맞은 명칭과 도시기호를 그리시오.

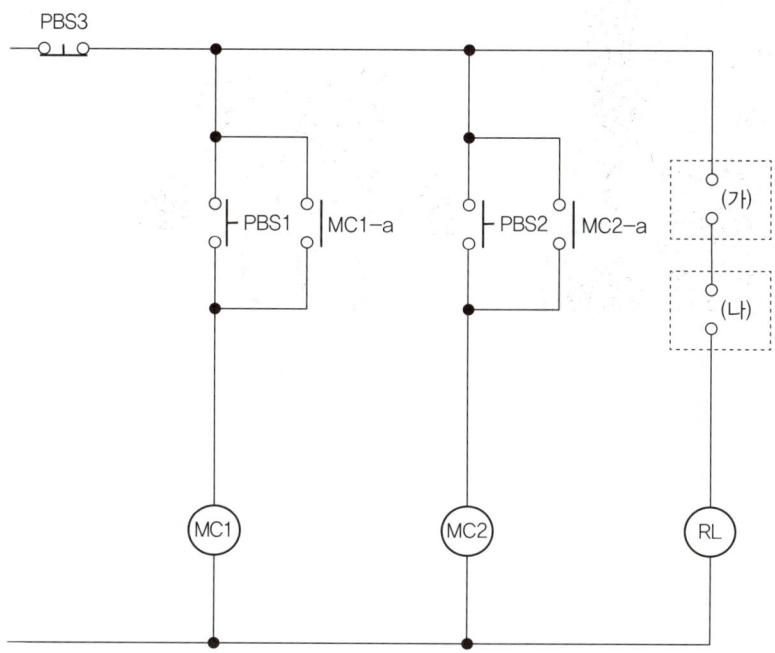

┌─ 동작순서 ──┐
  1. PBS1을 누른다.
  2. PBS2를 누른다.
└──┘

◈정답

(가) : MC1-a

(나) : MC2-a

03. 다음에 보여주는 장치의 이름을 쓰시오.

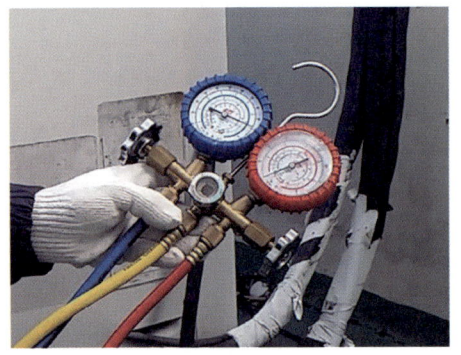 

◈정답 ▶ 매니폴드게이지

◈참고

- **매니폴드게이지의 특징**
  ① 좌측에는 저압게이지, 우측에는 고압게이지가 설치되어 있고, 각 냉매의 압력에 따른 포화온도가 표시되어 있다.
  ② 냉매나 윤활유 충전 및 회수, 압력확인, 진공작업, 누설시험 작업 시 냉동장치의 서비스밸브에 연결하여 사용한다.

- **냉매 충전시 각 호스의 연결 위치**
  ① 청색 : 냉동장치 저압측 연결
  ② 적색 : 냉동장치 고압측 연결
  ③ 노란색 : 냉매용기 연결

04. 다음 배관부속품의 명칭을 쓰시오.(단, 재질이나 규격은 상관하지 않는다.)

(가)

(나)

◈정답 ▶

(가) : 캡

(나) : 90도 엘보

05. 다음은 전기와 관련된 기기의 기호이다. 해당 장치의 명칭과 그 특징을 쓰시오.

◈정답◈

① **명칭** : 퓨즈

② **특징** : 회로에 흐르는 전류가 허용전류를 초과할 때 전류를 차단하여 회로를 보호한다.

◈참고◈

퓨즈	
퓨즈(IEC)	
퓨즈(IEEE)	

06. 다음 그림과 같이 냉각코일을 거치지 않고 지나가는 공기의 비율을 무엇이라고 하는가?

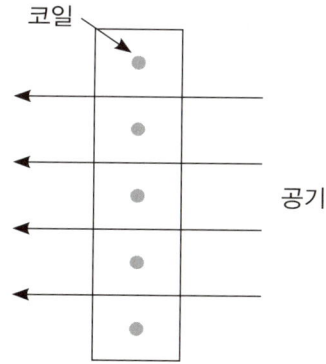

◈정답◈ 바이패스팩터

◈참고◈

• **바이패스팩터(BF : bypass factor)**
  공기조화장치에서 공기를 냉각하고자 할 때 냉각코일을 통과하는 공기 중 코일과 접촉하지 못하고 지나가는 공기의 비율
• **콘택트팩터(CF : contact factor)**
  공기조화장치에서 공기를 냉각하고자 할 때 냉각코일을 통과하는 공기 중 코일과 접촉하고 지나가는 공기의 비율

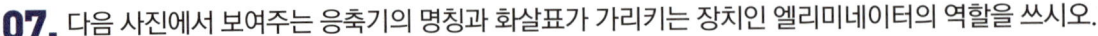

07. 다음 사진에서 보여주는 응축기의 명칭과 화살표가 가리키는 장치인 엘리미네이터의 역할을 쓰시오.

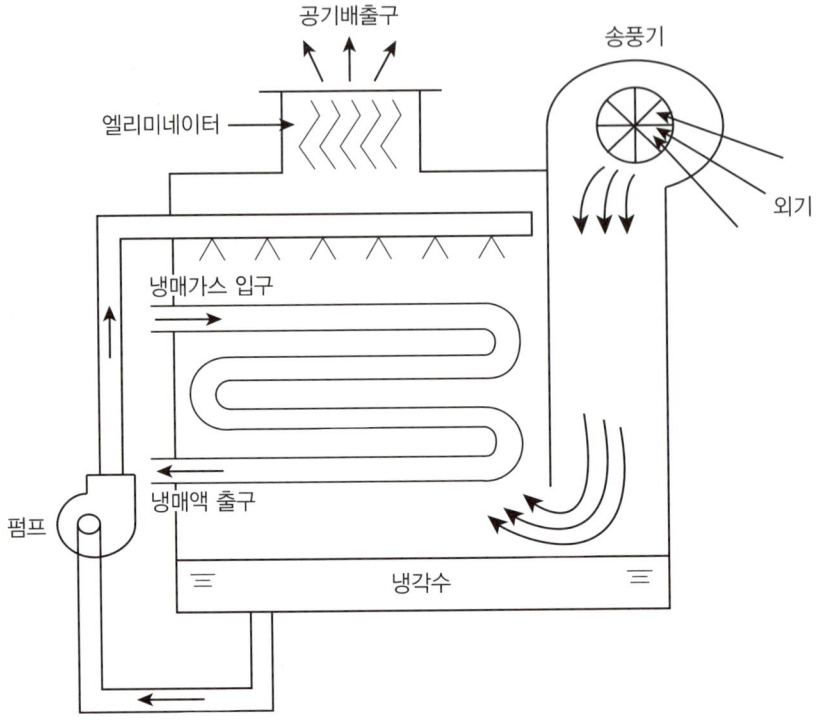

◇정답

① **응축기의 명칭** : 증발식 응축기

② **엘리미네이터의 역할** : 냉각관에 분무되는 냉각수의 일부가 공기와 같이 외부로 비산되는 것을 방지하기 위해 응축기 상부에 설치하는 장치

08. 20℃ 물 100kg을 10분간 0℃로 만드는데 필요한 냉동톤(RT)은 얼마인가?
(단, 물의 비열은 4.2kJ/kg·K, 1RT는 3.86kW이다.)

◈계산과정

① $Q = GC\varDelta T = \dfrac{100}{10 \times 60} \times 4.2 \times \{(20 + 273) - (0 + 273)\} = 14[kW]$

② $\dfrac{14}{3.86} = 3.626 ≒ 3.63[RT]$

◈정답 3.63[RT]

◈참고

• $Q = GC\varDelta T$

　여기서　G : 물의 양[kg/s]
　　　　　C : 비열[kJ/kg · K]
　　　　　$\varDelta T$: 온도채[K]
※ 단위환산 힌트 : 1[kJ/s] = 1[kW], 1[RT] = 3.86[kW]

09. 지구온난화 정도를 상대적으로 나타내는 지표를 GWP라고 한다. 아래의 식에서 (A)안에 들어갈 물질이 무엇인지 쓰시오.(예 : 프로판)

$$GWP = \dfrac{어떤 물질 1kg이 기여하는 지구 온난화 정도}{(A) 1kg이 기여하는 지구 온난화 정도}$$

◈정답 이산화탄소(CO_2)

◈참고

• 지구온난화지수(GWP : Global Warming Potential) : 이산화탄소(CO_2)가 지구온난화에 미치는 영향을 기준으로 다른 온실가스가 지구온난화에 기여하는 정도를 나타낸 것이다. 개별 온실가스 1kg의 태양에너지 흡수량을 이산화탄소 1kg이 가지는 태양에너지 흡수량으로 나눈 값을 말한다. 즉, 단위 질량당 온난화 효과를 지수화한 것으로 이산화탄소(CO_2)를 1로 볼 때 메탄(CH_4)은 21, 아산화질소(N_2O)는 310, 수소불화탄소(CHF)는 1,300, 육불화항(SF_6)은 23,900이다.

$$GWP = \dfrac{어떤 물질 1kg이 기여하는 지구 온난화 정도}{(CO_2) 1kg이 기여하는 지구 온난화 정도}$$

• GWP기준물질 : 이산화탄소(CO_2)

10. 면적이 20m²인 벽체의 외부온도가 -5℃이고, 내부온도가 20℃일 때 벽체를 통해 전달되는 열량(W)은 얼마인가? (단, 열관류율은 1.5W/m²·K 이다.)

◈ **계산과정**

$Q = KF\Delta T = 1.5 \times 20 \times \{(20 + 273) - (-5 + 273)\} = 750[W]$

◈ **정답** 750[W]

◈ **참고**

$Q = KF\Delta T$

여기서 Q : 열량[W]

　　　　K : 열관류율 [W/m² · K]

　　　　F : 벽체면적[m²]

　　　　ΔT : 온도차[K]

01. 회로도와 아래 작동원리를 보고 ① ~ ③의 빈칸에 알맞은 내용을 서술하시오.

(단, MC, GL, RL 위주로 설명할 것)

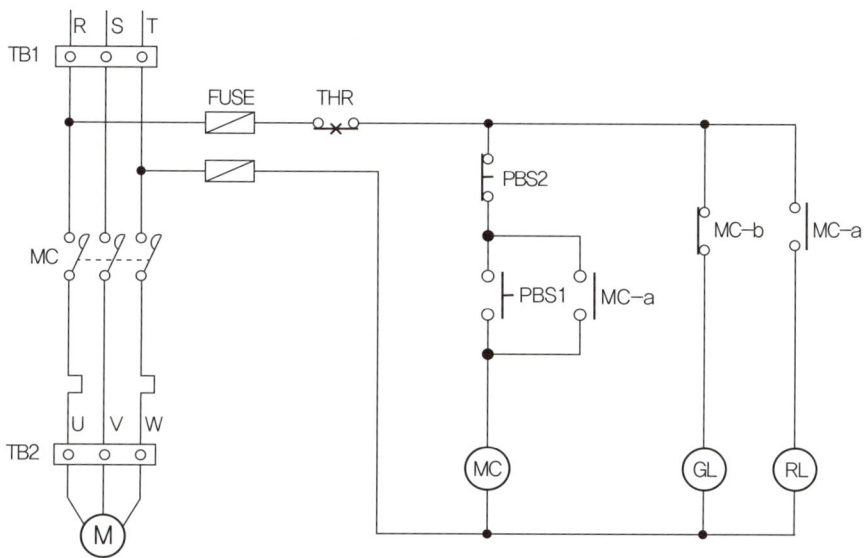

작동원리

① 전원 공급 시 _____

② PBS1 동작 시 _____

③ PBS2 동작 시 _____

◆ 정답

① GL이 점등된다.

② MC 전원이 on하여 MC-a 접점이 닫혀 자기유지되며 RL이 점등하고, MC-b접점이 열려 GL이 소등된다.

③ MC 전원이 off하여 초기상태(RL소등, GL점등)로 되돌아간다.

02. 다음 표의 빈칸에 각각의 계전기 접점(a, b)을 알맞게 그려넣으시오.

항 목		a접점	b접점
릴레이접점	수동 복귀	—○ ○—	—○ ○—
	자동 복귀	—○ ○—	—○ ○—
타이머접점	한시 동작	—○ ○—	—○ ○—
	한시 복귀	—○ ○—	—○ ○—

항 목		a접점	b접점
릴레이접점	수동 복귀	—○⤬○—	—○⤬○—
	자동 복귀	—○——○—	—○ ○—
타이머접점	한시 동작	—○△○—	—○△○—
	한시 복귀	—○▽○—	—○▽○—

03. 다음 그림에서 보여주는 장치의 명칭과 역할을 쓰시오.

① **명칭** : 여과기(스트레이너)
② **사용목적** : 장치내부의 이물질 제거

• 그 외 여과기(스트레이너) 사진

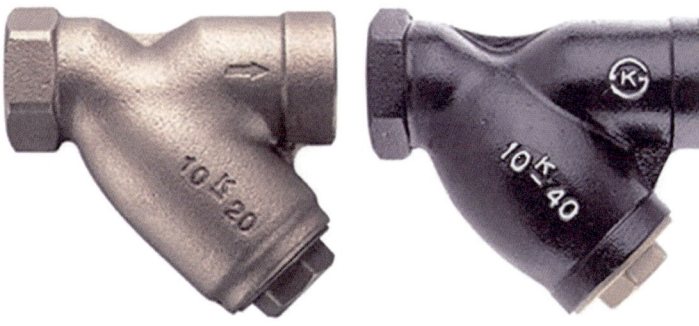

04. 다음에 보여주는 장치의 명칭과 사용목적을 쓰시오.

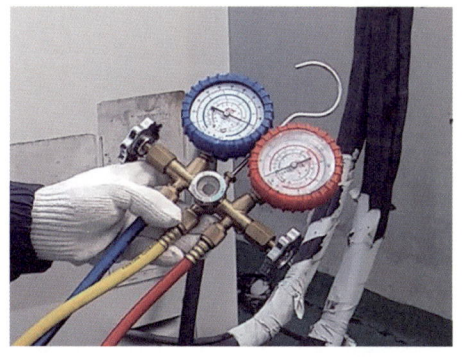 

◈정답

① **명칭** : 매니폴드게이지

② **사용목적** : 냉동장치의 냉매나 윤활유 충전 및 압력확인, 진공작업, 누설시험 시 냉동장치의 서비스밸브에 연결하여 사용한다.

◈참고

• **매니폴드게이지의 특징**
  ① 좌측에는 저압게이지, 우측에는 고압게이지가 설치되어 있고, 각 냉매의 압력에 따른 포화온도가 표시되어 있다.
  ② 냉매나 윤활유 충전 및 회수, 압력확인, 진공작업, 누설시험 작업 시 냉동장치의 서비스밸브에 연결하여 사용한다.

• **냉매 충전시 각 호스의 연결 위치**
  ① 청색 : 냉동장치 저압측 연결
  ② 적색 : 냉동장치 고압측 연결
  ③ 노란색 : 냉매용기 연결

05. 아래 그림을 참고하여 열관류율이 0.5[W/m²·℃], 내부온도 20[℃], 높이가 3[m]인 지하실바닥의 손실열량[W]은 얼마인가? (단, 지중열은 8.2[℃] 이다.)

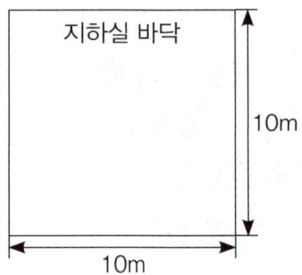

지하실 바닥

10m

10m

◈ **계산과정**

0.5×10×10×(20-8.2) = 590[W]

◈ **정답** 590[W]

◈ **참고** ⋯⋯⋯⋯⋯⋯⋯⋯⋯⋯⋯⋯⋯⋯⋯⋯⋯⋯⋯⋯⋯⋯⋯⋯⋯⋯⋯⋯⋯⋯⋯⋯⋯⋯⋯⋯⋯⋯⋯

- $Q = KF \Delta T$
  여기서 Q : 손실열량[W]
  F : 면적[m²]
  ΔT : 온도차[℃]

- **단위환산 팁**
  1[kW] = 1[kJ/s] = 3600[kJ/h]

06. 다음 그림의 장치는 냉각코일을 분무수에 적신상태로 송풍을 하고, 그로인해 발생되는 현열과 잠열을 동시에 이용해 냉각코일 속의 기체를 응축액화 시키는 장치이다. 해당 장치의 명칭을 쓰시오.

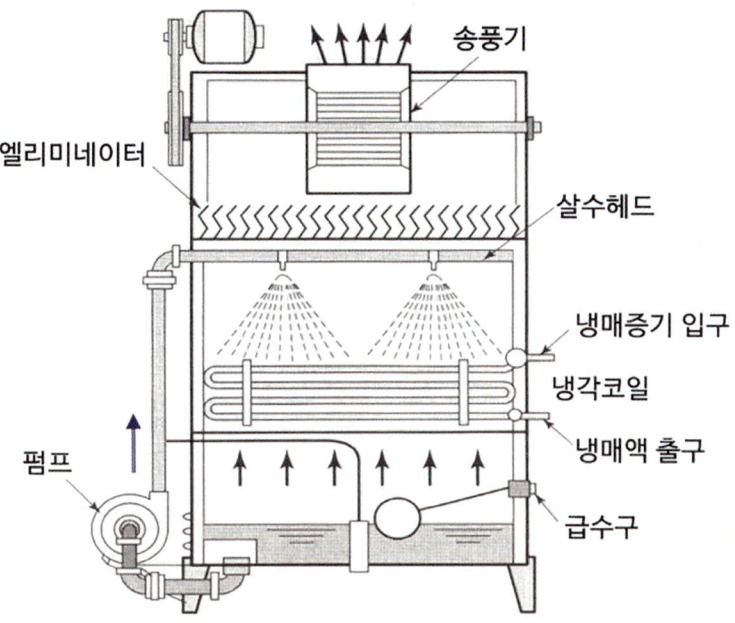

◆**정답** 증발식 응축기(흡입식)

◆**참고**

• 증발식 응축기 형식

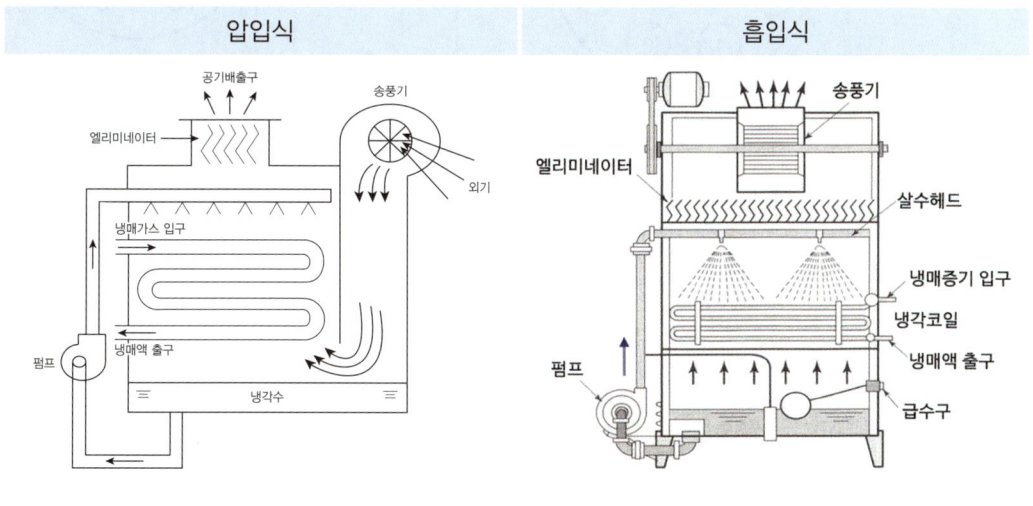

압입식	흡입식

07. 아래 계전기의 내부회로도를 보고 해당 계전기의 명칭을 쓰시오.

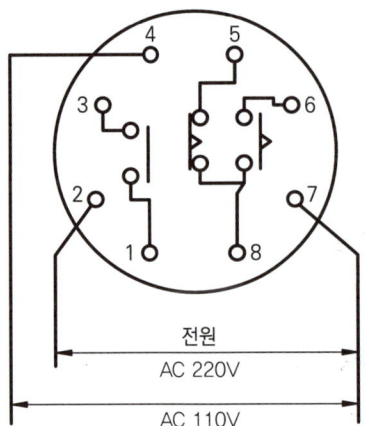

전원
AC 220V
AC 110V

◆**정답** 타이머

◆**참고**

• 타이머 내부회로도

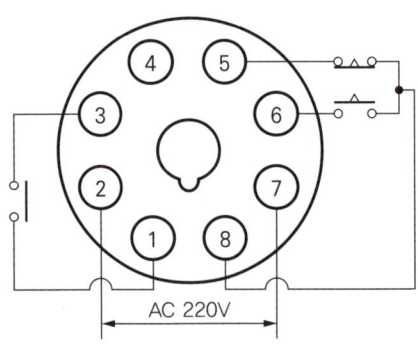

AC 220V

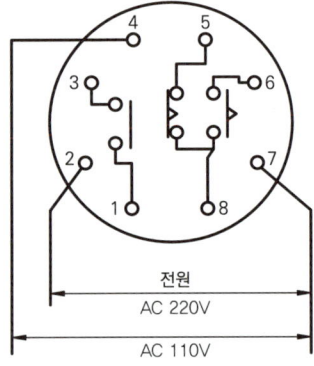

전원
AC 220V
AC 110V

08. 다음 표를 기준하여 해당 냉동장치의 냉동톤(RT)를 구하시오.
(단, 냉동톤 1[RT] = 3.86[kW]이다.)

부하명	냉방부하(kW)		난방부하(kW)	
	현열	잠열	현열	잠열
벽체침입열량	5	–	9	–
유리창 침입열량	6	–	10	–
극간풍 부하	0.5	1.3	1.5	2.5
인체발생부하	1	1.5	–	–
형광등 발생부하	3	–	–	–
외기 부하	1.5	2.3	2.3	3.2

◈계산과정

① 냉방부하의 총합(kW)

5 + 6 + 0.5 + 1 + 3 + 1.5 + 1.3 + 1.5 + 2.3 = 22.1[kW]

② 냉동톤(RT)

$\dfrac{22.1}{3.86}$ =5.725 ≒ 5.73[RT]

◈정답 5.73[RT]

09. 다음 그림을 보고 해당 증발기의 명칭을 쓰시오.

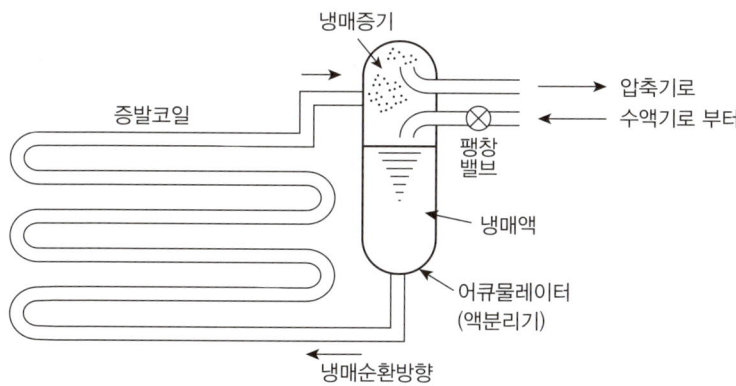

◈정답 만액식 증발기

10. 아래 그림을 보고 바이패스팩터(BF)와 콘택트팩터(CF)를 구하는 공식을 쓰시오.

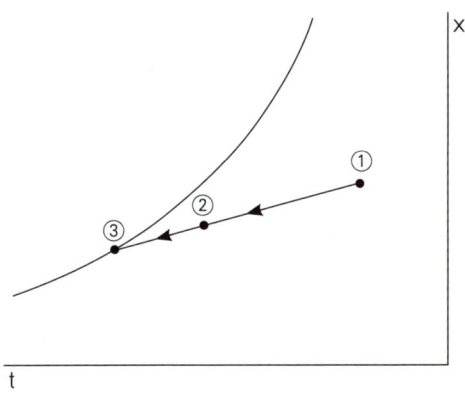

◆정답

① 바이패스팩터(BF) : $\dfrac{② - ③}{① - ③}$

② 콘택트팩터(CF) : $\dfrac{① - ②}{① - ③}$

11. 다음 그림을 보고 배관이음재료의 명칭과 사용목적을 쓰시오.

◆ **정답**

① **명칭** : 플랜지이음

② **사용목적** : 분해조립 및 수리가 용이하며, 65A이상의 대구경 배관을 직선이음 할 때 사용된다.

◆ **참고**

• 플랜지 이음

• 관의 분해 점검 시 사용되는 이음방법
  ① 대구경(65A 이상) : 플랜지이음
  ② 소구경(50A 이상) : 유니언이음

12. 다음 사진을 보고 소형 냉동장치에서 팽창밸브 대신 사용하는 장치의 명칭과 사용목적을 쓰시오.

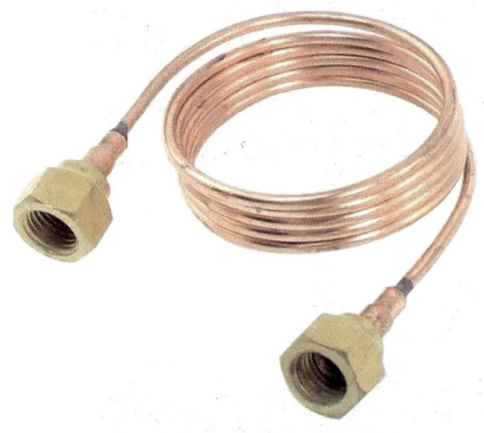

◈ **정답**

① **명칭** : 모세관

② **사용목적** : 소형 냉동장치와 같이 냉매순환량이 일정한 냉동장치에 사용되며 0.7~2.5mm 정도의 가는 관을 응축기와 증발기 사이에 연결하여 냉매액을 교축시킨다.

◈ **참고**

• 모세관의 특징
  ① 유량조절이 어려우므로 냉매순환량이 일정한 곳에 사용된다.
  ② 모세관 입구측에는 여과기(스트레이너)를 부착한다.
  ③ 냉매충진량은 될 수 있는한 소량으로 한다.
  ④ 모세관은 고저압의 압력차에 의해 유량이 변하므로 냉동장치에 적합한 것을 선정한다.
  ⑤ 가정용 소형냉동기나 창문형 에어컨 등 소형에 사용된다.

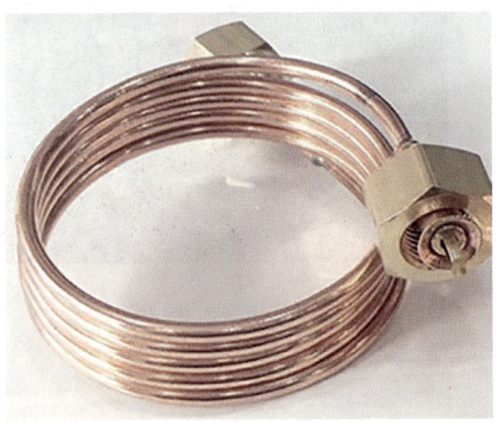

01. 다음 회로도를 보고 아래 동작설명의 물음에 답하시오.
(단, MC, 타이머(T), YL, RL, GL 위주로 설명할 것)

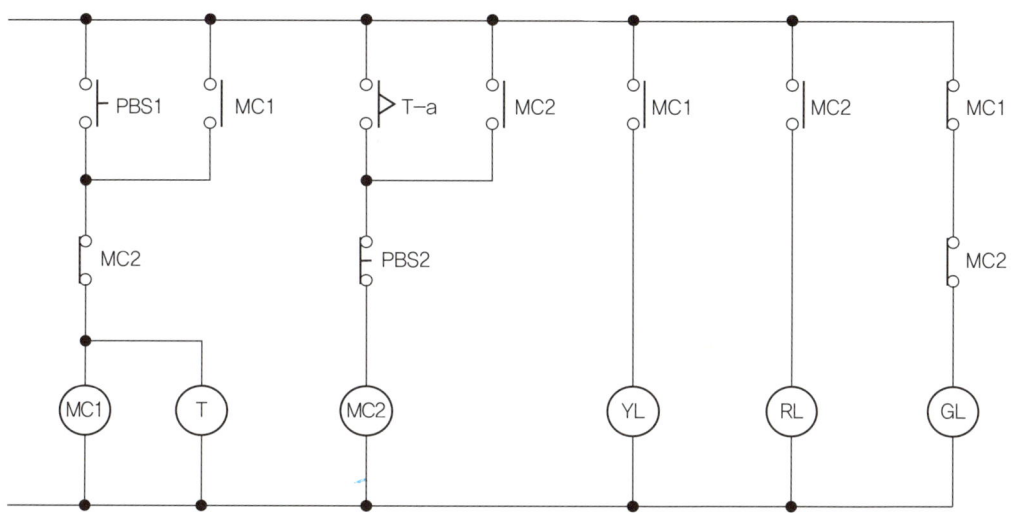

┌─ **동작설명** ─────────────────────────────

전원 투입 시 GL이 점등한다.

① PBS1을 눌렀을 때 : _____

② 타이머의 T초가 지난 후 : _____

③ PBS2를 눌렀을 때 : _____

◆**정답**

① MC1과 타이머(T)전원이 on한다. 이때 MC1-a접점들이 모두 닫혀 MC1과 타이머(T)가 자기유지되며 YL이 점등되고 MC1-b접점이 열려 GL이 소등된다.

② T-a한시접점이 닫혀 MC2의 전원이 on한다. 이때 MC2-a접점들이 모두 닫혀 MC2가 자기유지되며 RL이 점등되고 MC2-b접점이 모두 열려 MC1과 타이머(T)전원을 차단시켜 YL이 소등하고 GL이 소등 된 상태를 유지한다.

③ MC2의 전원을 차단시켜 초기상태(YL소등, RL소등 GL점등)로 되돌아간다.

02. 아래 그림은 유도전동기의 3상중 2상을 바꾸는 회로도이다. 이 회로도의 명칭과 3상중 2상을 변환하는 이유를 쓰시오.

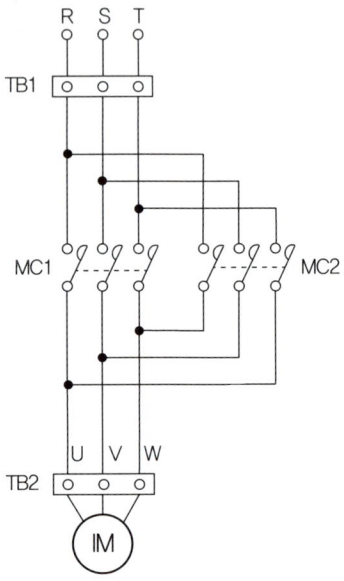

◆**정답**

① **회로도의 명칭** : 정역운전회로

② **3상중 2상을 변환하는 이유** : 유도전동기의 회전방향을 바꾸어 정역운전을 할 수 있다.

03. 냉동장치의 용량제어 목적 2가지를 쓰시오.

◆**정답**

① 부하변동에 따른 용량을 조절하여 경제적인 운전을 할 수 있다.

② 부하변동에 의해 일어날 수 있는 사고를 미연에 방지할 수 있다.

③ 장치의 수명을 연장할 수 있다.

04. 다음 그림을 보고 배관의 신축이음 중 어떤 이음방식인지 그 명칭을 쓰시오.

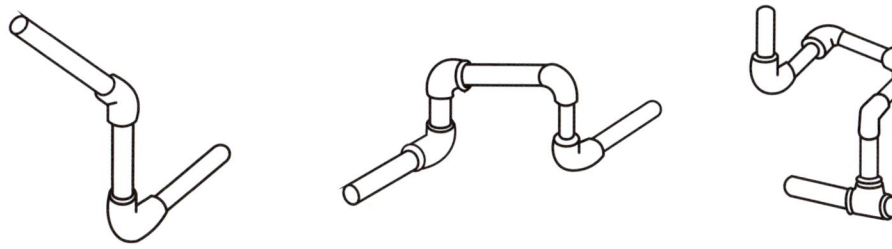

◈**정답** 스위블 이음

◈**참고**

• **스위블 이음**

2개 이상의 엘보우를 조합하여 만든 형태의 신축이음으로 지웰이음이라고도 하며 신축량이 너무 큰 배관에서는 나사이음부 가 헐거워져 누설의 우려가 있는 이음방식이다.

05. 다음은 −25[℃] 얼음을 가열할 때 상태변화를 나타낸 것이다. (B)점과 (D)점의 명칭을 쓰시오.

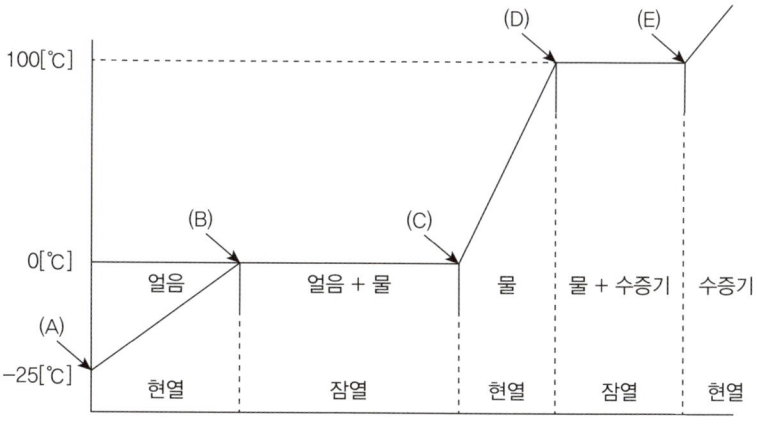

◈**정답**

① B점 : 융해점
② D점 : 비등점(기화점)

참고

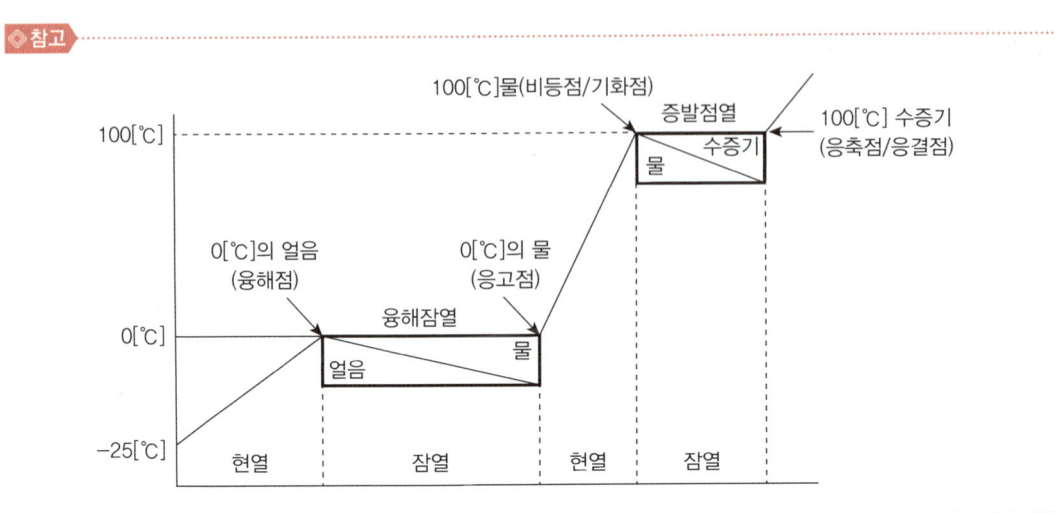

06. 다음 표는 스크류 압축기의 냉동능력과 소비전력을 나타낸 것이다. 압축기의 모델이 K2일 때, 응축온도가 40[℃]이고, 증발온도가 −10[℃]라면 냉동능력은 얼마인지 아래 표를 보고 찾아 쓰시오.

모델명	응축온도[℃]	냉동 능력[kW]				소비 전력[kW]			
		증발온도[℃]							
		−30	−20	−10	0	−30	−20	−10	0
K1	30	5.40	6.90	8.80	11.2	2.80	2.90	3.00	3.00
	40	4.80	6.10	7.80	10.0	3.50	3.60	3.70	3.70
	50	–	–	6.70	8.60	–	–	4.60	4.70
K2	30	2.04	2.90	3.84	4.8	1.44	1.32	1.32	1.32
	40	1.68	2.64	3.95	4.32	1.80	1.68	1.68	1.68
	50	–	–	3.00	3.84	–	–	2.04	2.04

정답 3.95[kW]

07. 다음은 여름철 냉방부하요소이다. ( ) 안에 들어갈 알맞은 용어를 쓰시오.

구 분		부하의 발생요인	열의 종류
실내취득부하	(③)	벽체를 통한 취득열량	현열
		유리창을 통한 취득열량	현열
		(⑤)에 의한 취득열량	현열, 잠열
	(④)	(⑥)의 발생열량	현열, 잠열
		조명의 발생열량	(⑦)
		실내기구의 발생열량	현열, 잠열
(①)		송풍기 및 덕트로 부터의 취득열량	현열
재열부하		재열기에 따른 취득열량	현열
(②)		외기의 도입에 의한 취득열량	(⑧)

◈정답 ① 기기취득부하 ② 외기부하 ③ 외부침입열량 ④ 실내발생열량
⑤ 극간풍(틈새바람) ⑥ 인체 ⑦ 현열 ⑧ 현열, 잠열

◈참고

구 분		부하의 발생요인	열의 종류
실내취득부하	외부침입열량	벽체를 통한 취득열량	현열
		유리창을 통한 취득열량	현열
		극간풍(틈새바람)에 의한 취득열량	현열, 잠열
	실내발생열량	인체의 발생열량	현열, 잠열
		조명의 발생열량	현열
		실내기구의 발생열량	현열, 잠열
기기취득부하		송풍기 및 덕트로 부터의 취득열량	현열
재열부하		재열기에 따른 취득열량	현열
외기부하		외기의 도입에 의한 취득열량	현열, 잠열

08. 다음 그림을 참고하여 정압비열 : Cp[kJ/kg·℃], 증발잠열 : r[kJ/kg] 이라고 할 때 주어진 기호를 이용하여 현열 q_s[kJ/kg]과 잠열 q_L[kJ/kg]의 계산식을 작성하시오.

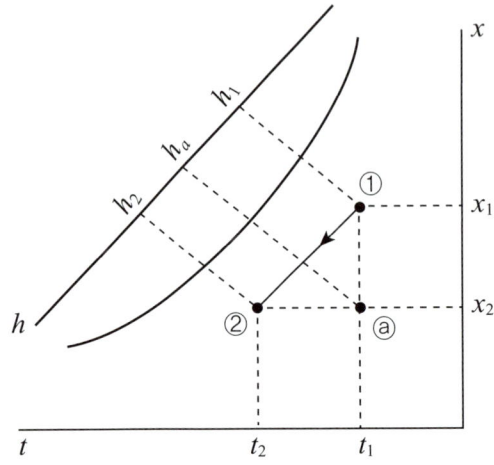

◈정답

① 현열 : $q_s = C_p(t_1 - t_2)$

② 잠열 : $q_L = r(x_1 - x_2)$

◈참고

① 현열 : q_s[kJ/kg] = C_p[kJ/kg℃] × $(t_1 - t_2)$[℃]

② 잠열 : q_L[kJ/kg] = r[kJ/kg] × $(x_1 - x_2)$[kg/kg]

09. 다음 그림을 보고 공기조화기의 각부 명칭을 보기에서 골라 알맞게 쓰시오.

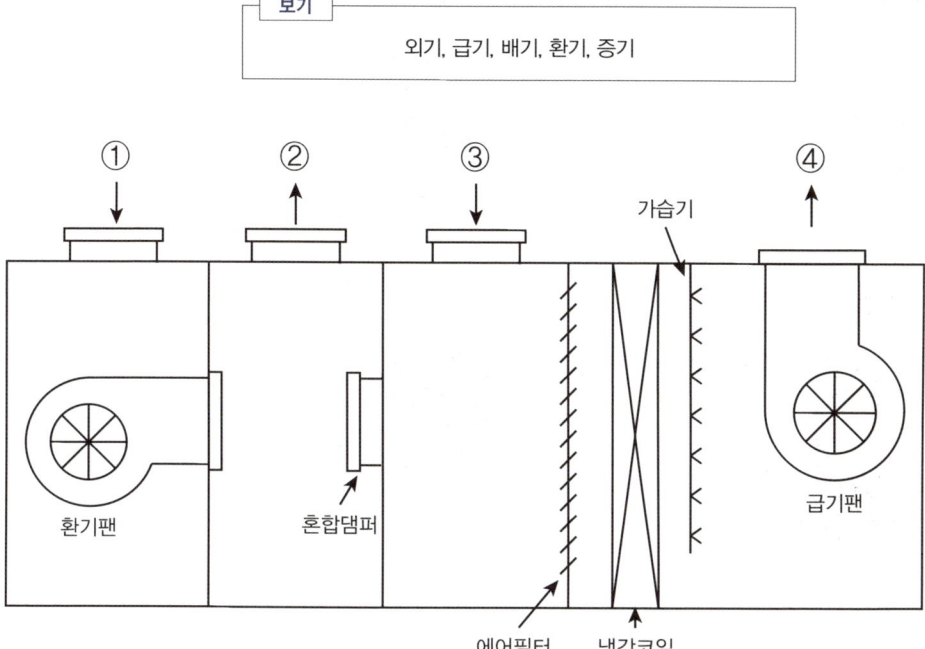

◈ **정답** ① 환기 ② 배기 ③ 외기 ④ 급기

◈ **참고**

• 공기조화기의 구조

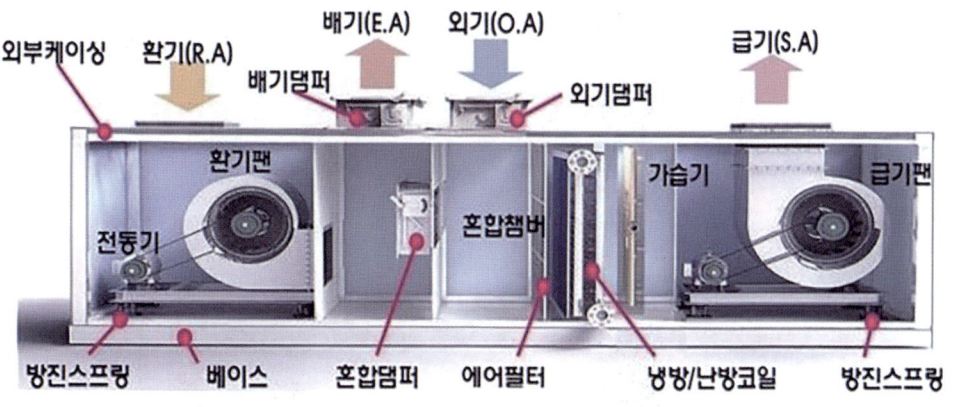

10. 다음 냉동장치의 구성도를 보고 (2)번 장치의 명칭과 그 역할을 쓰시오.

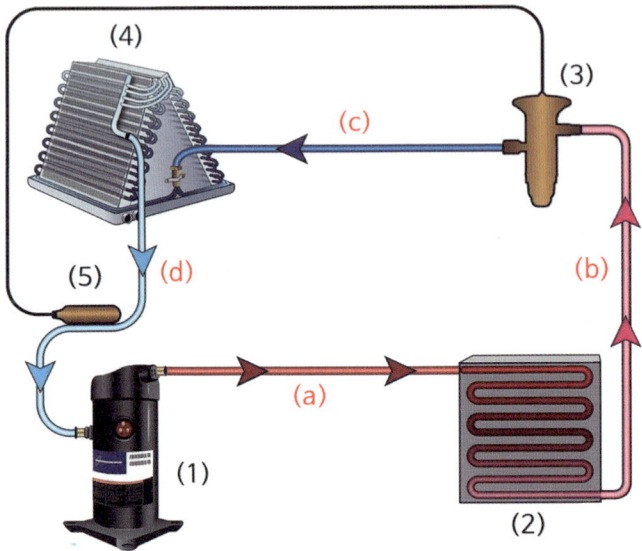

◆정답◆

① **장치의 명칭** : 응축기

② **장치의 역할** : 압축기에서 보내온 고온고압의 기체냉매를 외부의 공기나 냉각수를 이용해 응축액화시키는 장치

◆참고◆

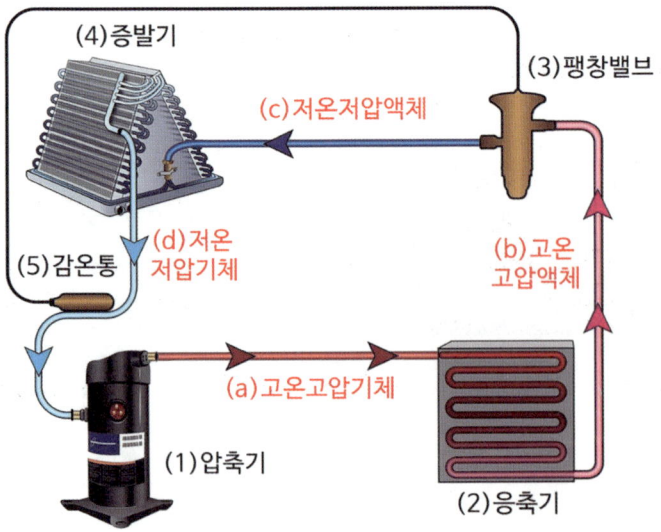

01. 다음 회로도의 동작설명을 보고 아래 빈칸에 알맞은 접점명칭을 써넣으시오.

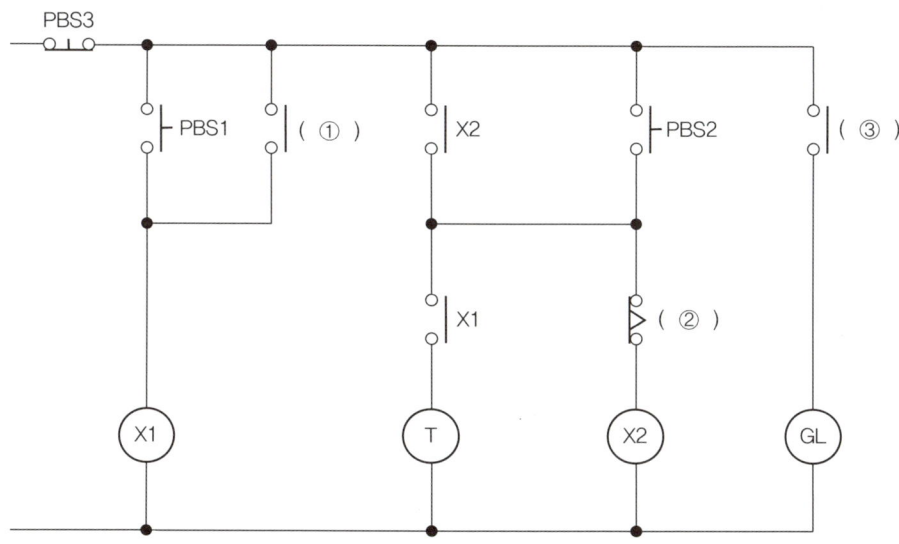

> **동작설명**
>
> 1. PBS1을 누르면 X1이 여자되며 자기유지된다.
> 2. PBS2를 누르면 T가 여자되고 GL이 점등된다.
> 3. 타이머의 한시 접점으로 인해 t초 경과 후 GL이 소등된다.
> 4. PBS3를 누르면 초기상태로 되돌아 간다.

◆ **정답**

① 접점	② 접점	③ 접점
X1-a	T-b(한시)	X2-a

02. 다음 회로도의 동작설명을 보고 아래 빈칸에 알맞은 기구명칭을 써넣으시오.

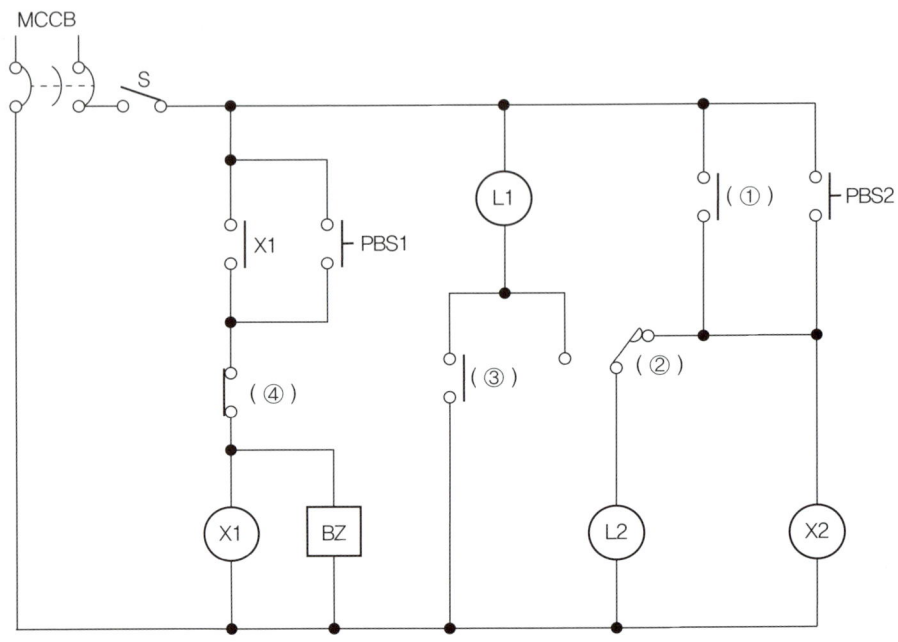

┌─ 동작설명 ───┐

1. MCCB를 on 하고 PBS1을 누르면 X1이 여자되어 자기유지되고 BZ(부저)가 작동하며, L1과 L2가 직렬 점등한다.

2. 이 상태에서 PBS2를 누르면 X2가 여자 되어 X1은 소자되고 BZ(부저)는 정지하며, L1과 L2가 병렬 점등한다.

3. MCCB를 off하면 L1과 L2가 소등한다.

└──┘

◈ 정답

① 명칭	② 명칭	③ 명칭	④ 명칭
X2	X1	X2	X2

03. 다음 그림을 보고 환기방식의 명칭와 특징을 쓰시오.

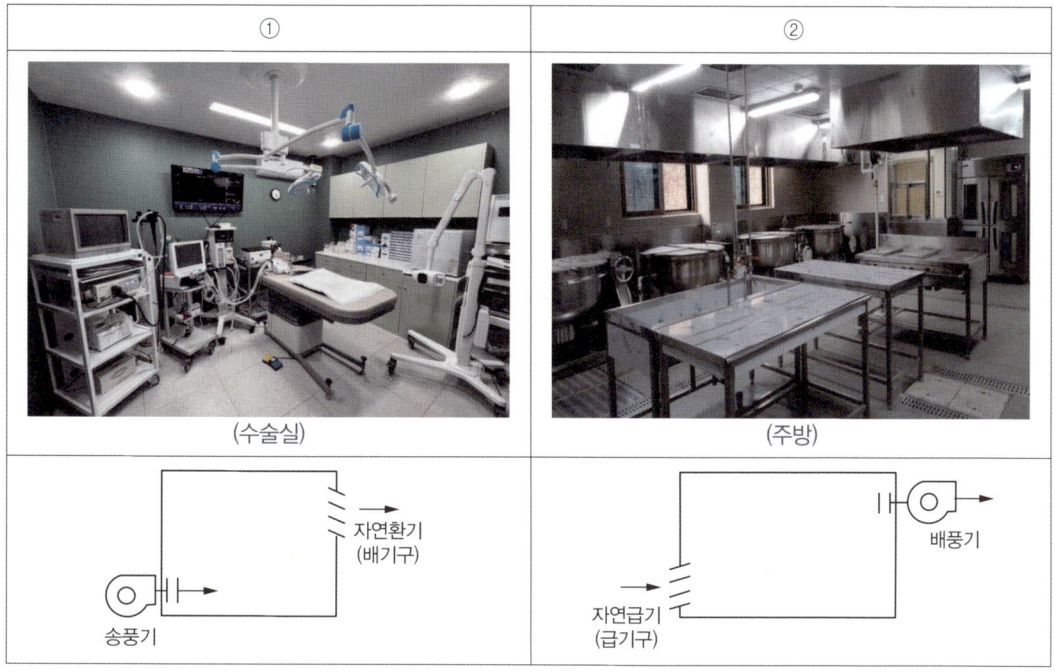

①	②
(수술실)	(주방)
자연환기 (배기구) 송풍기	배풍기 자연급기 (급기구)

◆ 정답

① **명칭** : 제2종 환기방식

　특징 : 급기팬과 배기구를 조합한 강제급기+자연배기 방식으로 실내압력은 정압상태로 수술실, 클린룸 등에 사용된다.

② **명칭** : 제3종 환기방식

　특징 : 급기구와 배기팬을 조합한 자연급기+강제배기 방식으로 실내압력은 부압상태로 화장실, 주방, 탕비실 등에 사용된다.

04. 펠티어효과의 역 효과로 이종금속에 온도차를 주면 열기전력이 발생하는데 이러한 효과를 무엇이라고 하는가?

◆정답 제백효과

◆참고

• 열전효과
① 제백효과(Seebeck effect) : 이종금속에 온도차를 흘리면 열기전력이 발생한다.(발전기)
② 펠티어효과(Peltier effect) : 이종금속의 접합점에 전류를 인가시키면 각각의 접촉부에 흡열과 발열현상이 발생된다.(냉동기)

05. 아래 그림에서 보여주는 장치의 명칭과 역할을 쓰시오.

◆정답
① **명칭** : 동관용확관기(익스팬더)
② **역할** : 동관의 끝을 확대(스웨징)하는 공구

06. 암모니아 냉매에 수분이 유입되었을 경우 발생할 수 있는 문제 3가지를 쓰시오.

◇정답

① 장치에 부식이 발생할 수 있다.

② 유탁액 현상의 원인이 된다.

③ 증발온도가 상승된다.

④ 흡입 압력이 저하된다.

◇참고

• 냉매와 수분의 용해시 장치에 미치는 영향
(1) 프레온 냉매
 　① 팽창밸브의 동결폐쇄 현상
 　② 염산, 불화수소산 생성으로 인한 장치의 부식
 　③ 동부착현상 촉진
 　④ 흡입 압력 저하
(2) 암모니아 냉매
 　① 장치의 부식
 　② 유탁액 현상
 　③ 증발온도 상승
 　④ 흡입 압력 저하

07. 외부공기와 실내공기의 비율이 1:3일 때 표를 보고 혼합 상태의 건구온도와 절대습도를 구하시오.

구분	외부공기	실내공기
건구온도	-8[℃]	24[℃]
절대습도	0.001[kg/kg']	0.008[kg/kg']

◈ 계산과정

① 혼합 상태의 건구온도[℃]

$$t_m = \frac{(1 \times (-8)) + (3 \times 24)}{1+3} = 16[℃]$$

② 혼합 상태의 절대습도[kg/kg']

$$x_m = \frac{(1 \times 0.001) + (3 \times 0.008)}{1+3} = 0.00625[kg/kg']$$

◈ 정답

① 16[℃]

② 0.00625[kg/kg']

◈ 참고

• 혼합온도 : $t_m = \dfrac{G_1 t_1 + G_2 t_2}{G_1 + G_2}$

• 혼합 절대습도 : $x_m = \dfrac{G_1 x_1 + G_2 x_2}{G_1 + G_2}$

08. 다음 그림을 보고 해당 부속의 명칭과 역할을 쓰시오.

① **명칭** : 레듀셔

② **역할** : 직경이 서로 다른 관의 직선 이음시 사용한다.

[레듀셔] 직경이 서로 다른 관의 직선 이음시 사용한다.	[편심 레듀셔] 직경이 서로 다른 수평관 이음시 사용하며 관내 이물질의 체류를 방지한다.

09. 다음 그림의 증발기 명칭과 핀을 부착하는 이유를 쓰시오.

◆**정답**

① **명칭** : 핀코일식 증발기

② **핀을 설치하는 이유** : 냉동장치에서 전열효율이 낮은 냉매(예 : 프레온)를 사용할 때 전열량이 작은 유체 쪽에 핀을 부착하여 전열면적을 넓히고 냉동능력을 증가시킨다.

10. 아래 그림은 강관의 나사이음시 사용되는 배관도이다. 그림에서 의 길이를 구할 때 공식을 쓰시오.

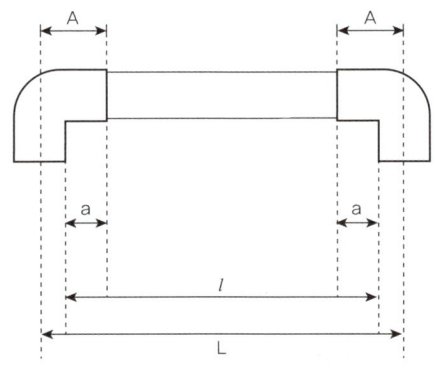

◆**정답** $l = L - 2(A - a)$

◆**참고**

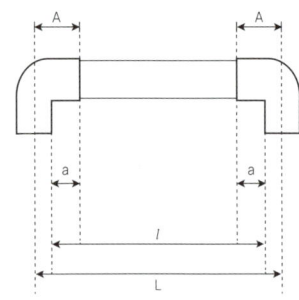

l: 관의 실제길이

L: 관의 t전체 길이(도면상 표시 치수)

A: 부속의 중심에서 단면 중심까지의 길이

a: 관의 삽입 길이

(A-a): 여유치수(도면치수에서 빼는 치수)

11. 다음 그림을 보고 각각의 취출구 명칭을 쓰시오.

①	②	③
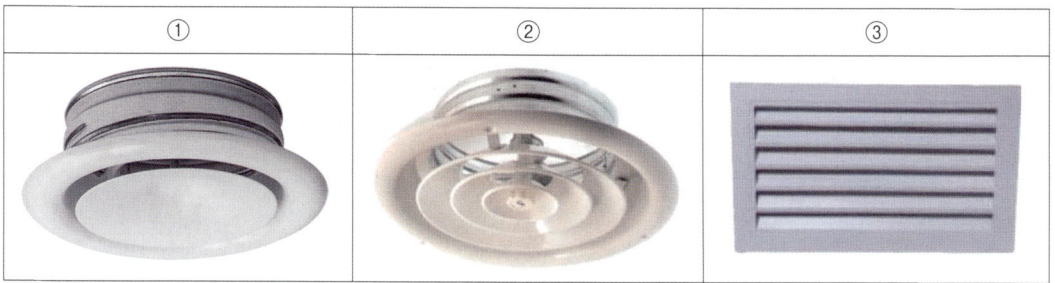		

◈정답

① 팬형

② 아네모스탯형

③ 루버형

◈참고

• 취출구의 종류

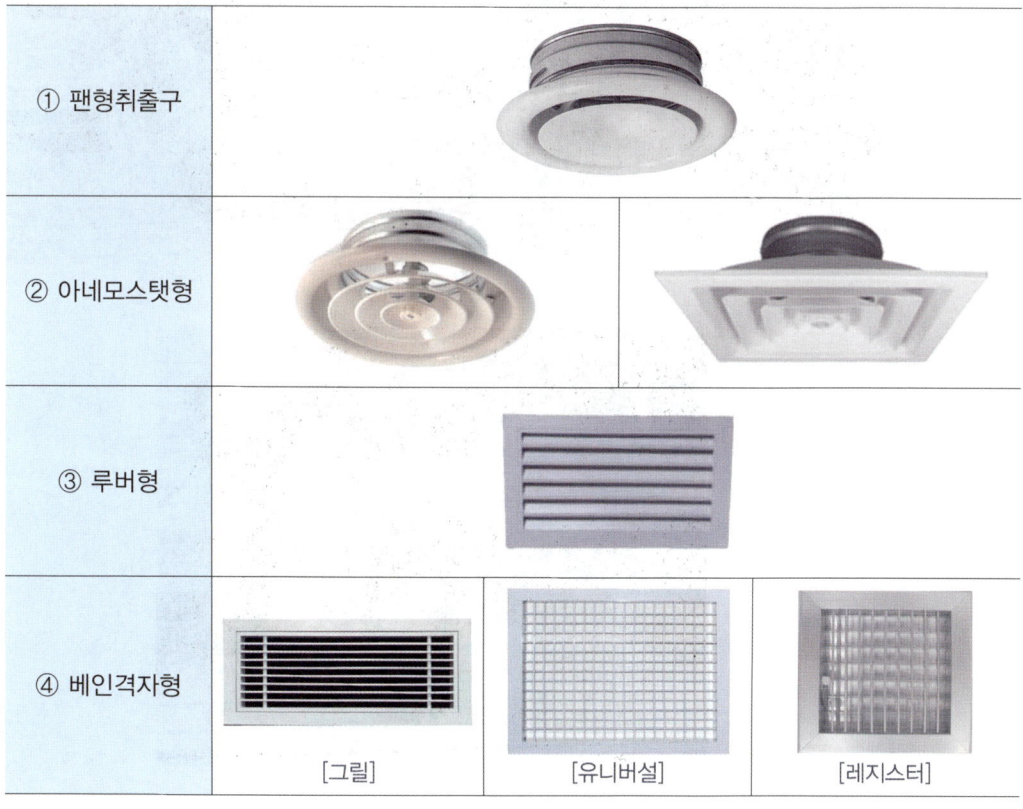

① 팬형취출구			
② 아네모스탯형			
③ 루버형			
④ 베인격자형	[그릴]	[유니버설]	[레지스터]

12. 다음 그림을 보고 (A) 부분의 명칭과 역할을 쓰시오.

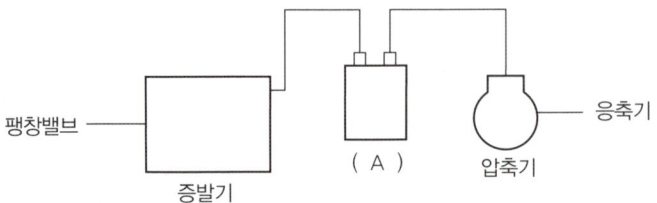

◈ **정답**

① **명칭** : 액분리기

② **역할** : 증발기와 압축기 사이에 설치하여 압축기로 액이 넘어가는 것을 막아 액압축(리퀴드백)을 방지한다.

◈ **참고**

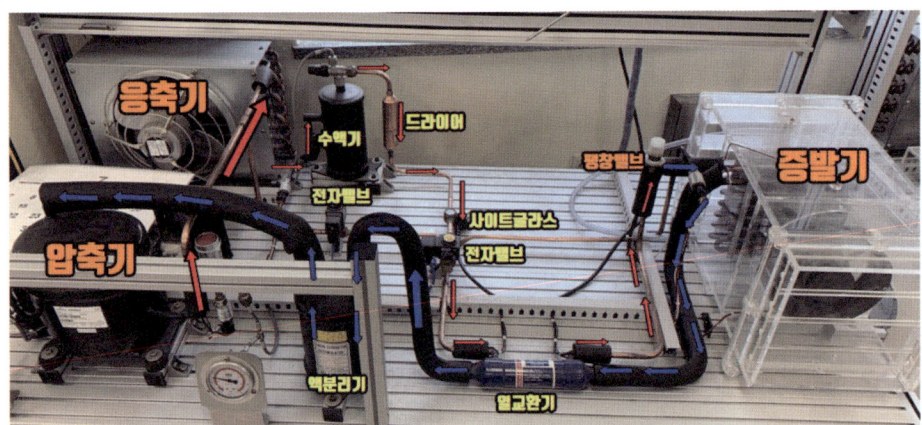

[냉매 순환 계통도]

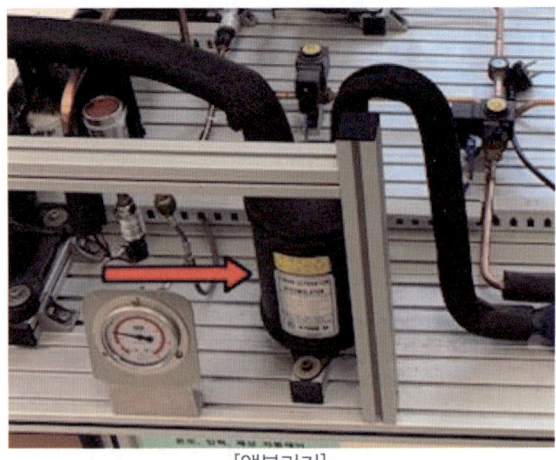

[액분리기]

2024년 4회 공조냉동기계기능사 필답형 복원 문제

01. 다음 회로도를 보고 아래 동작설명의 물음에 답하시오.

(단, MC, PL 위주로 설명할 것)

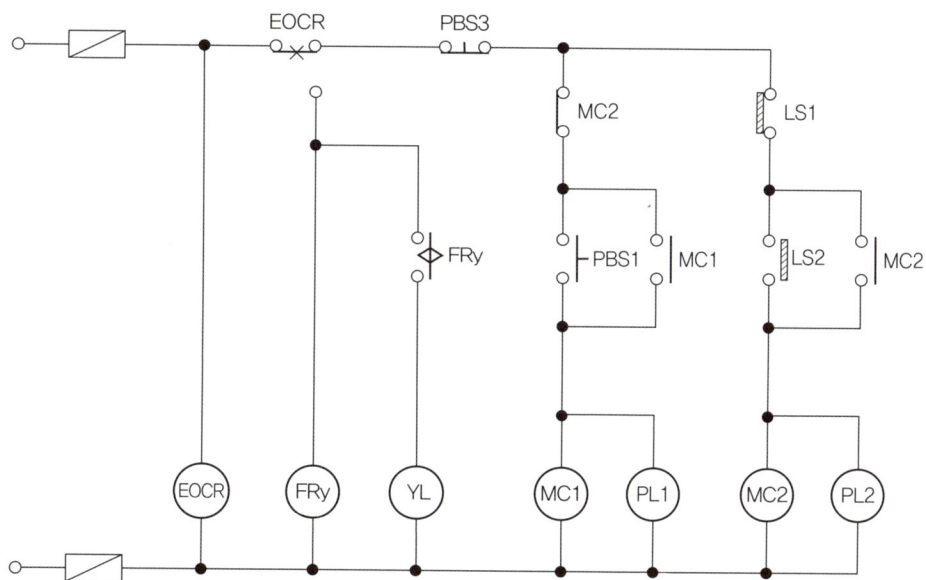

동작설명

전원 투입 시 EOCR 전원이 on한다.

① PBS1을 눌렀을 때 :

② LS2가 감지되면 :

◆**정답**

① MC1이 여자되고 PL1이 점등된다. 이때 MC1-a접점이 닫혀 자기유지된다.

② MC2가 여자되고 PL2가 점등된다. 이때 MC2-a접점이 닫혀 자기유지되고 MC2-b접점이 열려 MC1이 소자되고 PL1이 소등한다.

02. 다음 회로와 같이 3개의 회로가 연결된 모터가 정방향으로 회전하고 있을 때, 그중 2개의 회로를 뒤바꿔 연결하면 모터의 회전방향은 어떻게 되는지 쓰시오.

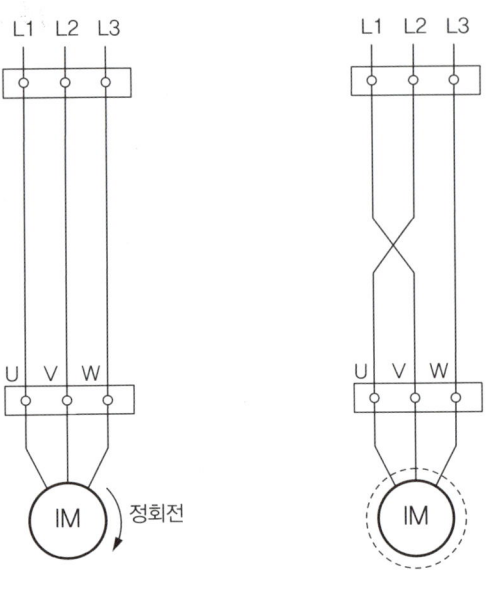

◆**정답** 역회전

03. 아래 사진을 보고 해당 부품의 명칭을 쓰시오

◆**정답** CM어댑터

04. 다음 그림에서 보여주는 압축기는 왕복동식 압축기이다. 밀폐구조에 따른 압축기의 종류를 쓰시오.

①	②	③
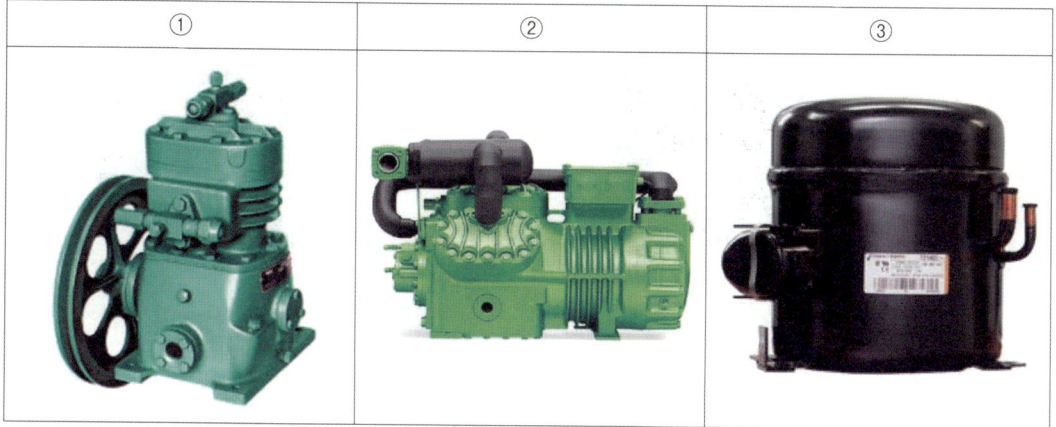		

◈ **정답**

① 개방형

② 반밀폐형

③ 밀폐형

◈ **참고**

• 왕복동식 압축기 종류

① 밀폐형 왕복동식 압축기

② 반밀폐형 왕복동식 압축기

③ 개방형 왕복동식 압축기

05. 동관용 공구를 5가지 쓰시오.

정답

① 플레어링툴 세트　　② 사이징툴　　③ 익스팬더
④ 튜브벤더　　　　　　⑤ 리머　　　　⑥ 튜브커터

참고

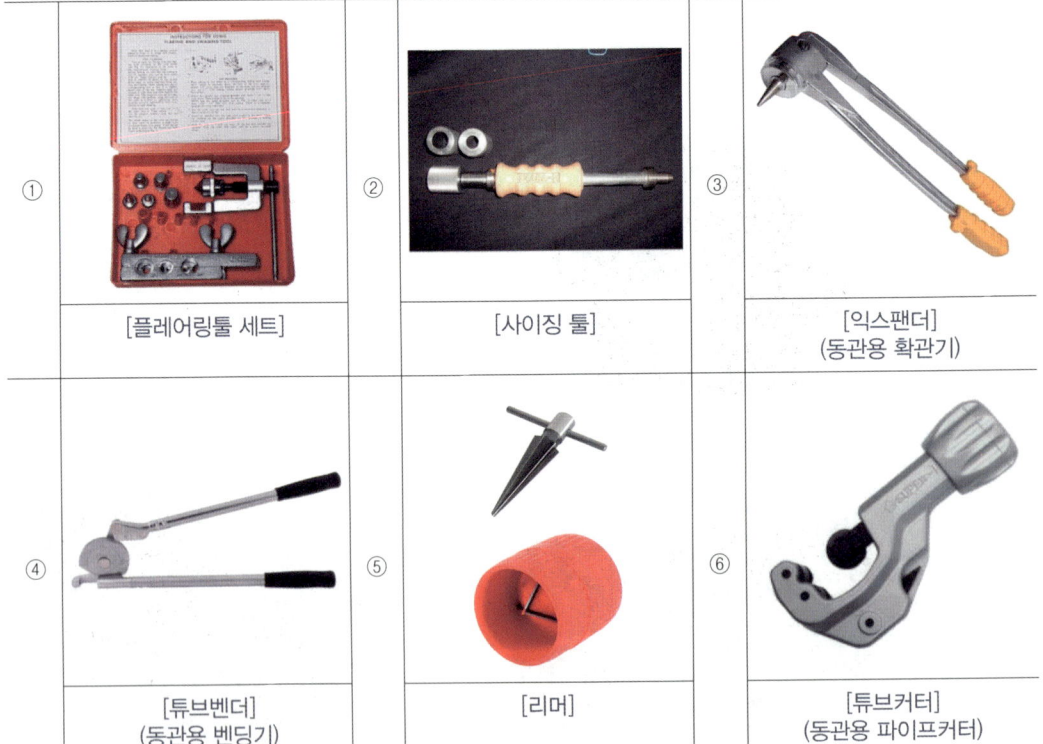

① [플레어링툴 세트]	② [사이징 툴]	③ [익스팬더] (동관용 확관기)
④ [튜브벤더] (동관용 벤딩기)	⑤ [리머]	⑥ [튜브커터] (동관용 파이프커터)

06. 다음 보기를 참고하여 냉매의 지구온난화지수(GWP)가 작은 것부터 큰 순서대로 알맞은 기호를 쓰시오.

보기
㉮ R–22 ㉯ R–134A ㉰ R–404A ㉱ R–410A

◈정답 ㉯ 〈 ㉮ 〈 ㉱ 〈 ㉰

◈참고

• 냉매의 GWP가 작은 것부터 큰 순서

　R–134A 〈 R–22 〈 R–410A 〈 R–404A

• 각 냉매의 GWP 지수(서적별로 약간씩 상이할 수 있음)

① R–22 : 1760(1810)
② R–134A : 1300(1430)
③ R–404A : 3922
④ R–410A : 1924(2088)

07. 다음 몰리에르(P–h)선도를 보고 냉동장치의 성적계수(COP)를 구하는 공식을 쓰시오.

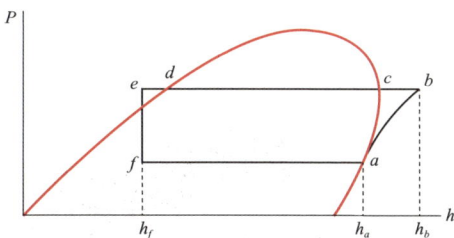

◈정답

$$COP = \frac{h_a - h_f}{h_b - h_a}$$

◈참고

• 냉동장치의 성적계수(COP)

$$COP = \frac{q}{A_w} = \frac{h_a - h_f}{h_b - h_a} = \frac{Q_2}{Q_1 - Q_2} = \frac{T_2}{T_1 - T_2}$$

여기서 Q_1 : 응축부하(응축기 방출열량)(kcal/h)(kJ/h)
Q_2 : 냉동능력(kcal/h)(kJ/h)
T_1 : 응축 절대온도(K)
T_2 : 증발 절대온도(K)

08. 다음 사진에서 보여주는 부품의 명칭을 쓰시오.

◆정답 누름버튼 스위치

◆참고

[누름버튼 스위치]	[조광형 누름버튼 스위치]

09. 다음은 여름철 공기조화기(AHU)에서의 상태변화로 혼합공기가 냉각코일과 재열코일을 거치는 과정이다. 냉각–재열 변화과정에 따른 상태량의 변화를 (   )안에 쓰시오.

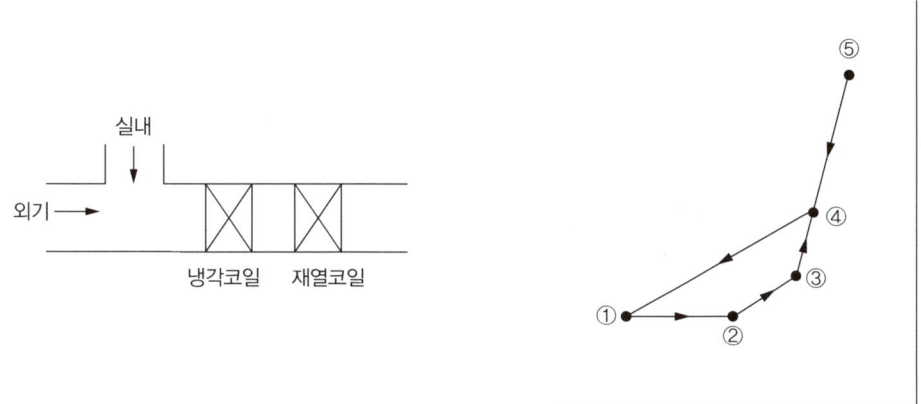

상태변화	변화과정	건구온도	상대습도	절대습도	엔탈피
냉각제습	(→)	( )	증가	( )	( )
재열	(→)	증가	( )	( )	증가

◆ 정답

상태변화	변화과정	건구온도	상대습도	절대습도	엔탈피
냉각제습	(④ → ①)	(감소)	증가	(감소)	(감소)
재열	(① → ②)	증가	(감소)	(일정)	증가

10. 다음 그림을 보고 공기세정기의 각부 명칭을 보기에서 골라 알맞게 쓰시오.

> **보기**
>
> 루버, 엘리미네이터, 플러딩노즐, 분무노즐

① 유입되는 공기의 흐름을 일정하게 정류하여 물방울과의 접촉효율을 향상시키는 장치
② 엘리미네이터에 부착된 먼지를 세정하는 장치
③ 스탠드파이프에 부착되어 $1.5 \sim 2 \text{kg/cm}^2$ 정도의 물을 미세하게 분무하는 장치
④ 분무된 물이 공기와 함께 비산되는 것을 방지하는 장치

◆**정답**
① 루버　　　② 플러딩노즐　　　③ 분무노즐　　　④ 엘리미네이터

◆**참고**
- 공기세정기(Air Washer) : 공기세정기는 공기에 물을 분사시켜 공기 중의 먼지 및 수용성 가스등을 제거하고 공기를 세정한다. 또한 공기와 냉수, 온수를 직접 접촉하여 열교환하고 공기를 냉각, 감습 또는 가열, 가습하게 되며, 주로 가습을 목적으로 사용한다.

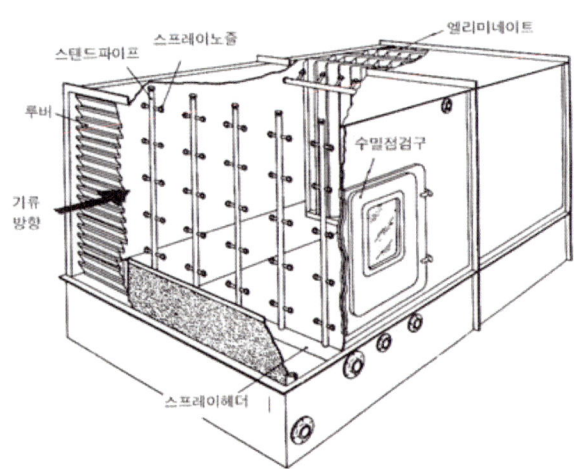

① 루버(louver) : 유입되는 공기의 흐름을 일정하게 정류하여 물방울과의 접촉효율을 향상시킨다.
② 분무노즐(spray nozzle) : 스텐드파이프에 부착되어 1.5~2kg/cm2 정도의 물을 미세하게 분무한다.
③ 엘리미네이터(eliminator) : 분무된 물이 공기와 함께 비산되는 것을 방지한다.
④ 플러딩노즐(flooding nozzle) : 엘리미네이터에 부착된 먼지를 세정한다.

01. 다음 회로도를 보고 아래 동작설명의 물음에 답하시오.
(단, MC, T, PL 위주로 설명할 것)

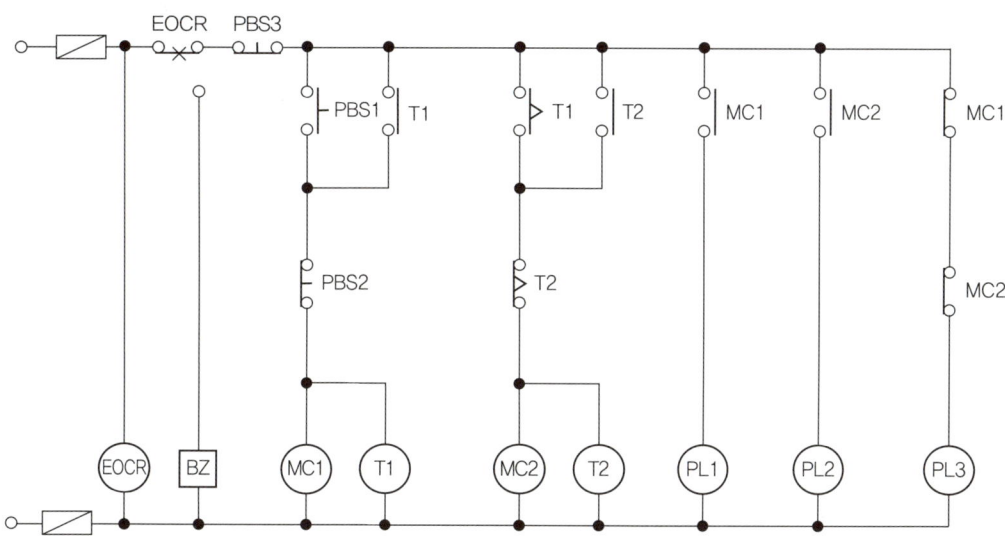

┌─ **동작설명** ───┐

전원 투입 시 EOCR 전원이 on하고 PL3가 점등한다.

① PBS1을 눌렀을 때 : _____

② PBS3를 눌렀을 때 : _____

└──┘

◆정답

① MC1과 T1이 여자되어 PL1이 점등 되고 PL3는 소등된다.
  이때 T1-a(순시)접점이 닫혀 자기유지 되며 T1의 설정시간이 경과하면 T1-a(한시)접점이 닫히고 MC2와 T2가 여자되어 PL2가 점등되고 T2-a(순시)접점이 닫혀 자기유지 된다.
  이후 T2의 설정시간이 경과하면 T2-b(한시)접점이 열려 MC2와 T2가 소자되는데 T2의 설정시간 경과 전 PBS2를 누르지 않았다면 MC1-b접점이 열려있는 상태이므로 PL1점등, PL2, PL3는 소등 상태가 되고, T2의 설정시간 경과 전 PBS2를 눌렀다면 T2의 설정시간 경과 후 PL1, PL2소등, PL3는 점등 상태가 된다.

② 모든 MC와 T의 전원이 차단되고 PL3만 점등되어 초기상태로 돌아간다.

02. 다음 사진을 보고 해당 공구의 명칭과 그 사용목적을 쓰시오.

◆정답

① **명칭** : 니퍼

② **사용목적** : 철선, 강선, 동선 등을 절단하는데 사용하는 공구로 전선의 피복을 벗기는데도 사용된다.

03. 아래 사진에서 보여주는 장치의 명칭과 역할을 쓰시오.

◆정답

① **명칭** : 동관용확관기(익스팬더)

② **역할** : 동관의 끝을 확대(스웨징)하는 공구

04. 다음 사진에서 보여주는 취출구의 명칭을 쓰시오.

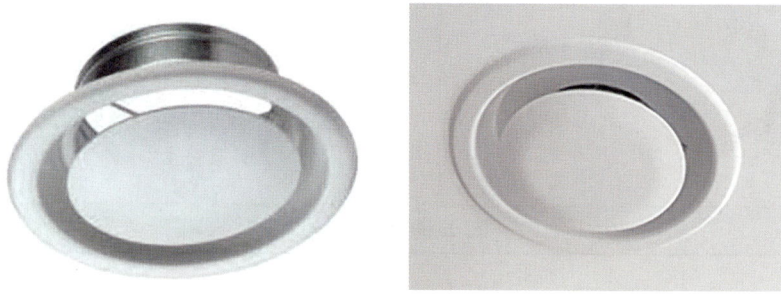

◆정답 팬형취출구

◆참고

• 취출구 및 흡입구의 종류

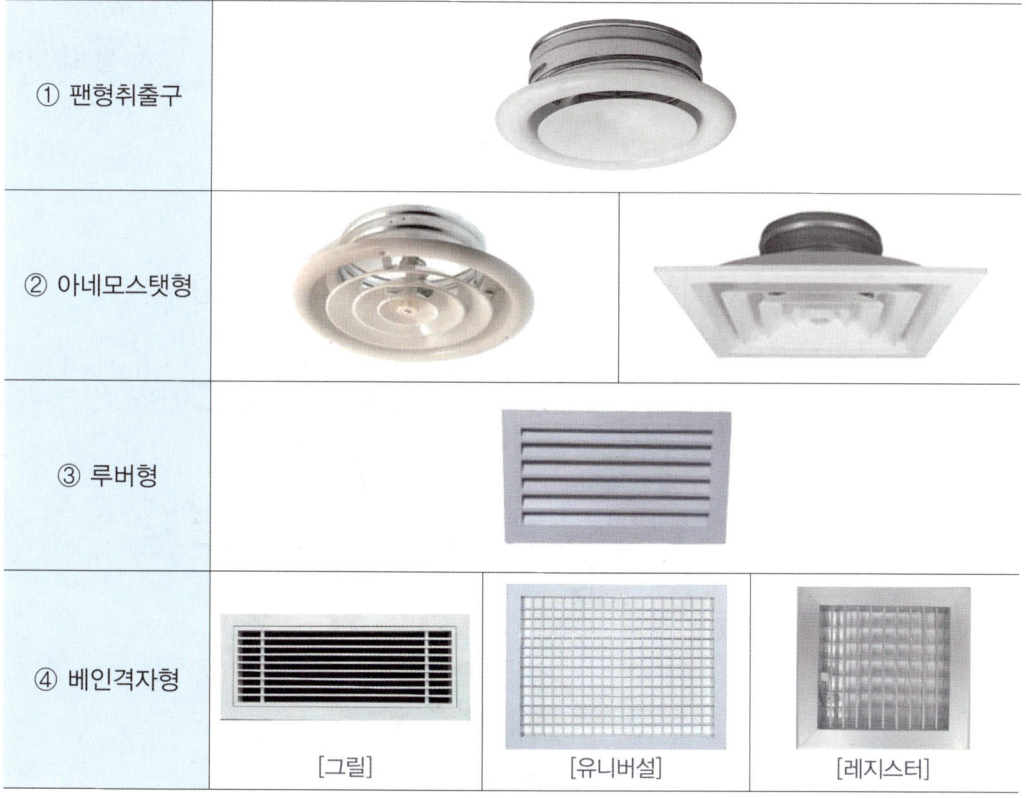

① 팬형취출구	
② 아네모스탯형	
③ 루버형	
④ 베인격자형	[그릴] [유니버설] [레지스터]

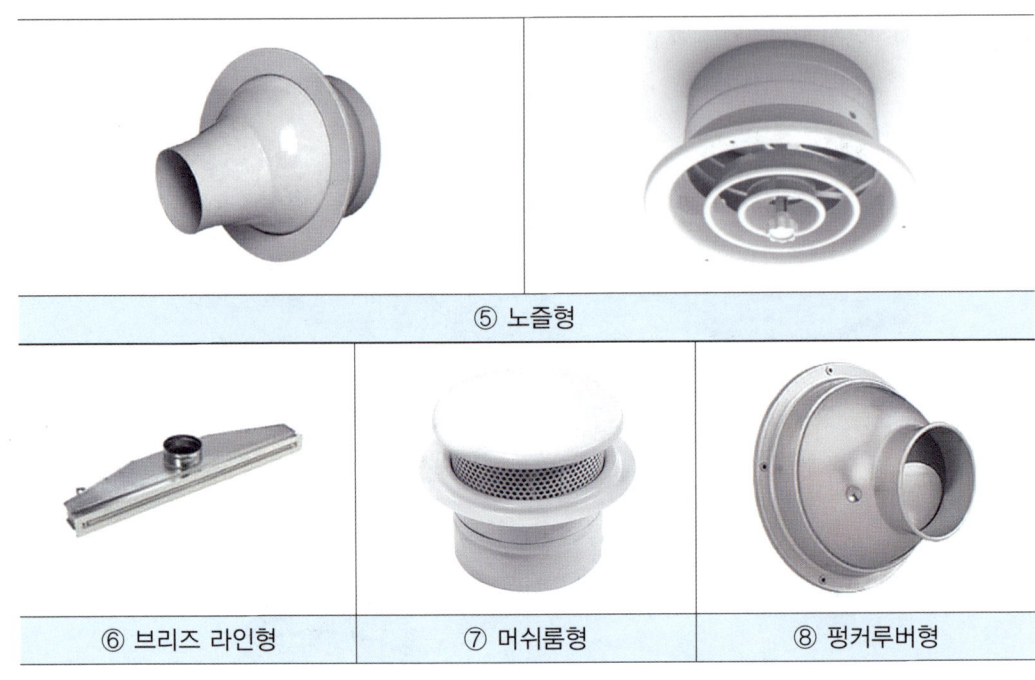

⑤ 노즐형	
⑥ 브리즈 라인형	⑦ 머쉬룸형
⑧ 펑커루버형	

05. 다음 그림은 흡수식 냉동기의 구성도이다. 그림을 참고하여 아래 질문에 답하시오.

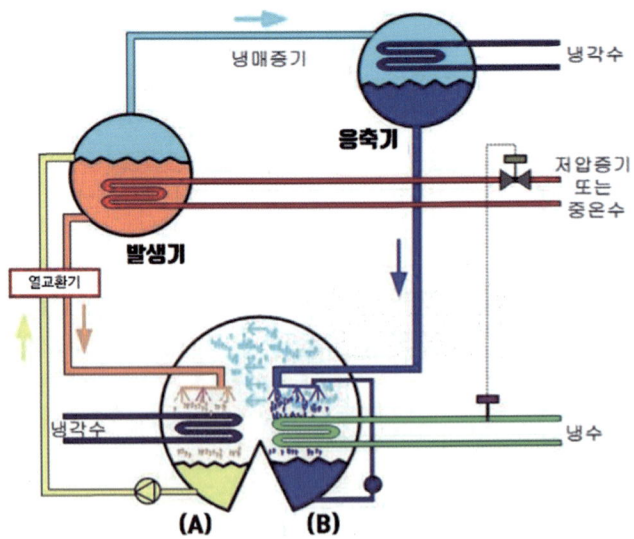

가. 위 구성도에서 (A)와 (B)장치의 명칭을 쓰시오.

　(A) :

　(B) :

나. 다음 표의 빈칸에 알맞은 답을 써넣으시오.

냉매	흡수제
암모니아(NH_3)	(①)
(②)	가성소다
물(H_2O)	(③)

◈정답

가. (A) : 흡수기
　　(B) : 증발기

나. ① 물(H_2O)　② 물(H_2O)　③ 리튬브로마이드(LiBr)

◈참고

• 흡수식 냉동장치(냉온수기) 구성도

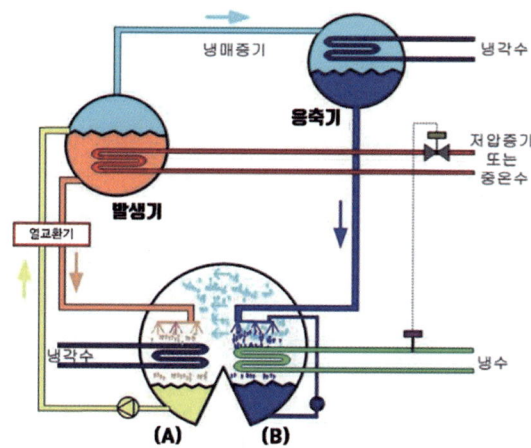

• 흡수식 냉동장치(냉온수기)의 냉매와 흡수제의 관계

냉매	흡수제
암모니아(NH_3)	물(H_2O)
물(H_2O)	리튬브로마이드(LiBr), 염화리튬(LiCl) 가성소다, 황산
염화메틸	사염화 에탄
톨루엔	펜탄, 파라핀유

06. 다음 그림은 냉매와 냉각수가 서로 반대로 흐르는 대향류 흐름을 나타낸다. 해당 그림과 조건을 참고하여 대수평균온도차(LMTD)를 구하시오.

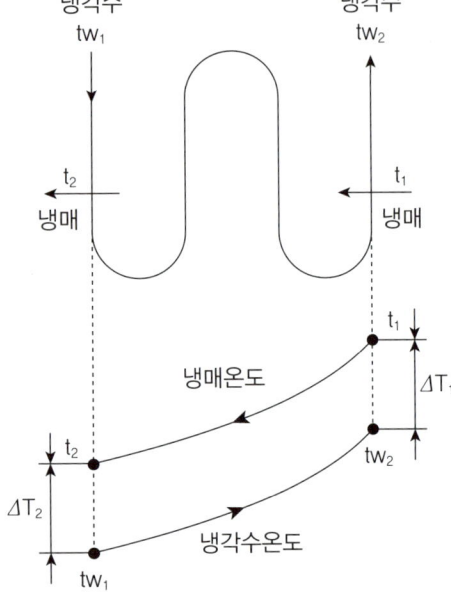

> **조건**
> • t_1 : 50[℃], t_2 : 20[℃]
> • tw_1 : 10[℃], tw_2 : 30[℃]

◈ **계산과정**

$\Delta T_1 = 50 - 30 = 20[℃]$

$\Delta T_2 = 20 - 10 = 10[℃]$

$\therefore \text{LMTD} = \dfrac{\Delta T_1 - \Delta T_2}{\ln\dfrac{\Delta T_1}{\Delta T_2}} = \dfrac{20 - 10}{\ln\dfrac{20}{10}} = 14.426 \fallingdotseq 14.43[℃]$

◈ **정답** 14.43℃

07. 송풍기의 토출측과 흡입측에 설치하여 송풍기의 진동이 덕트 및 장치에 전달되는 것을 방지하기 위해 설치하는 이음법을 쓰시오.

◆정답 캔버스이음

◆참고

• 캔버스 이음(Canvas Connection)

송풍기의 진동이 덕트에 전달되지 않도록 하기 위해 송풍기와 덕트 사이에 천소재로 만들어 설치한 이음

08. 다음은 반도체 무접점으로 되어있는 계전기로 전동기 및 제어장치의 운전 중 과전류에 의한 소손이 발생 할 우려가 있을 때 과전류를 차단하여 전동기 및 제어장치를 보호하는데 사용되는데 해당 계전기의 명칭을 쓰시오.

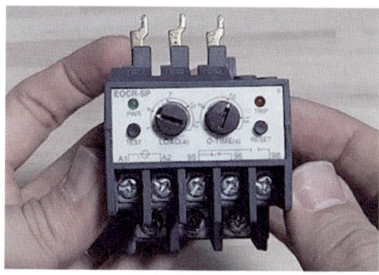  

◆정답 전자식과전류계전기(EOCR)

09. 프레온 냉동장치에서 압축기 정지 시 크랭크케이스 내의 압력이 높아지고 온도가 저하하면 기체 냉매가 액으로 변해 오일과 섞여 있게 된다. 이 때 다시 압축기가 기동하면 크랭크케이스 내의 압력이 급격히 낮아지면서 오일과 섞여있던 냉매가 급격히 분리되며 오일의 유면이 약동하고 심한 거품이 일어나는데 이 현상의 명칭과 방지대책을 쓰시오.

◈정답

① **명칭** : 오일포밍 현상

② **방지대책** : 크랭크 케이스 내에 오일히터를 설치하여 기동전 압축기를 예열해 냉매와 오일을 분리시킨 후 압축기를 기동한다.

◈참고

• **오일포밍 현상(Oil foaming)**

프레온 냉동장치에서 압축기 정지 시 크랭크케이스 내의 압력이 높아지고 온도가 저하하면 기체 냉매가 액으로 변해 오일과 섞여 있게 된다. 이 때 다시 압축기가 기동하면 크랭크케이스 내의 압력이 급격히 낮아지면서 오일과 섞여있던 냉매가 급격히 분리되며 오일의 유면이 약동하고 심한 거품이 일어나는데 이 현상을 오일포밍이라 하며 오일포밍과 동시에 오일 해머링도 동반된다.

• **오일포밍 발생시 피해**

① 오일 해머링 발생

② 응축기 빛 증발기로 오일이 넘어가 전열을 방해한다.

③ 크랭크 케이스 내의 오일이 부족해져 활동부의 마모 및 소손을 초래한다.

• **방지대책**

① 크랭크 케이스 내에 오일히터를 설치하여 압축기 기동 전 30~60분 가량 35[℃] 이상으로 예열시켜 오일 중 용해되어 있던 냉매를 미리 증발시킨 후 압축기를 기동한다.

② 터보 냉동기의 경우 크랭크 케이스 내를 무정전 상태로 60~80[℃]로 항상 유지시켜준다.

③ 부하를 서서히 올린다.

④ 밸브조작을 서서히 하여 유면을 조절한다.

10. 다음 몰리에르(P–h)선도를 보고 열펌프(Heat Pump)의 성적계수(COP_H)를 구하시오.

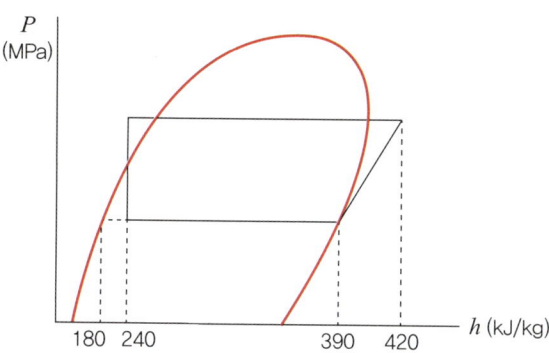

◈ 계산과정

$$COP_H = \frac{q_c}{A_W} = \frac{420 - 240}{420 - 390} = 6$$

◈ 정답) 6

◈ 참고 ....

• 열펌프(Heat Pump)의 성적계수(COP_H)

$$COP_H = \frac{q_c}{A_W} = \frac{h_b - h_e}{h_b - h_a} = \frac{Q_1}{Q_1 - Q_2} = \frac{T_1}{T_1 - T_2}$$

여기서 Q_1 : 응축부하(응축기 방출열량)(kcal/h)(kJ/h)
Q_2 : 냉동능력(증발기 흡수열량)(kcal/h)(kJ/h)
T_1 : 응축 절대온도(K)
T_2 : 증발 절대온도(K)

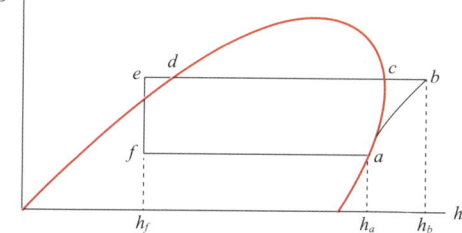

01. 다음 시퀀스 회로도와 타임차트를 참고하여 ① ~ ②번의 빈칸에 알맞은 기구의 명칭을 써넣으시오.

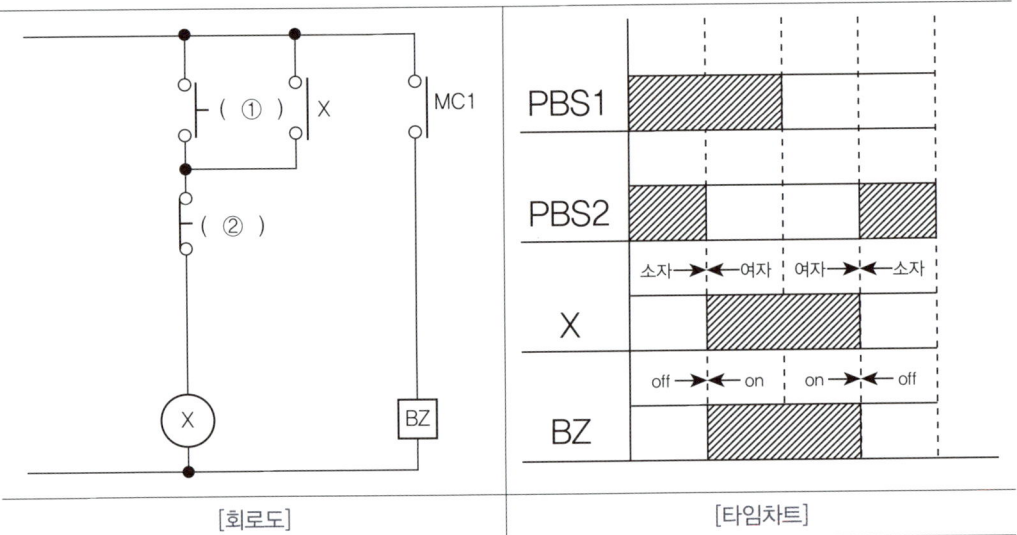

| [회로도] | [타임차트] |

◆ **정답**

①	②
PBS1	PBS2

02. 다음 회로도를 보고 아래 동작설명의 물음에 답하시오.

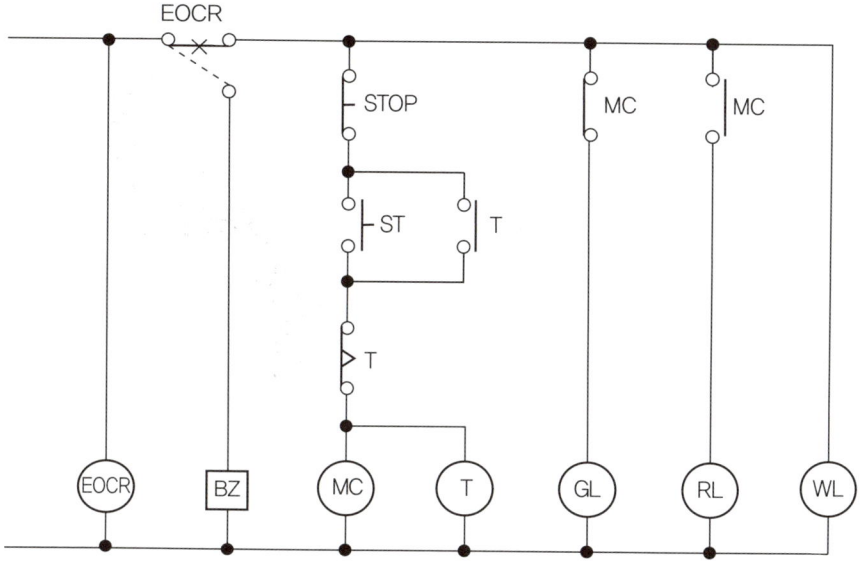

┌ **동작설명** ┐

전원 투입 시 EOCR 전원이 on하고, GL, WL이 점등된다.

① ST버튼을 눌렀을 때 : _____

② 타이머 설정시간 경과 후 : _____

③ EOCR 동작 시 : _____

◈**정답**

① MC와 T가 여자되고 T-a(순시)접점이 닫혀 자기유지 된다. 이때 MC-b접점이 열리고 MC-a접점이 닫혀 GL이 소등하고 RL이 점등되며 WL은 점등상태를 유지한다.

② T-b(한시)접점이 열려 MC와 T가 소자되고 처음상태인 GL점등, RL소등, WL점등 상태가 된다.

③ EOCR의 b접점이 열리며 회로의 동작을 차단시키고 a접점이 닫히며 BZ가 울린다.

03. 다음 그림 중 ②번 그림을 기준으로 배관의 평면도를 도시기호로 그리시오.

①	②
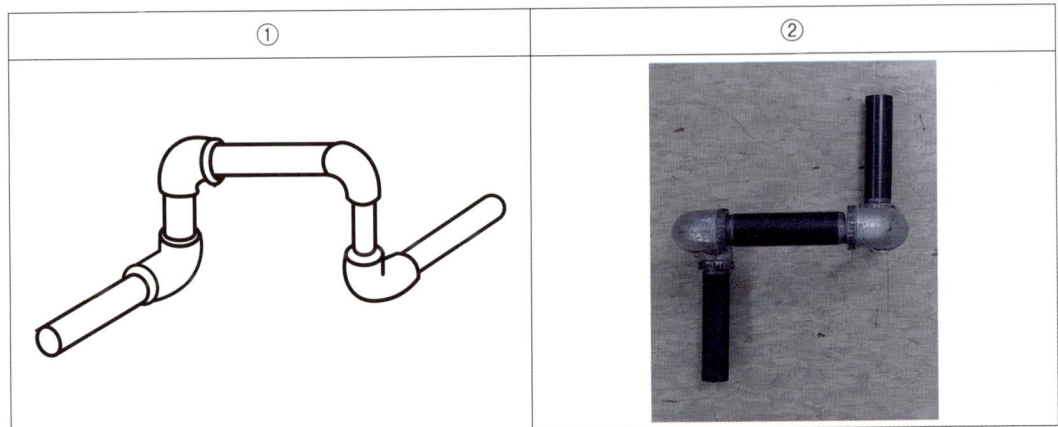	

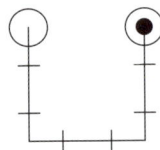

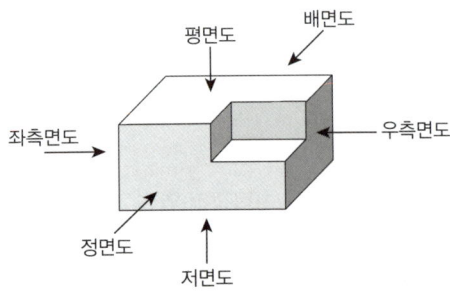

◎참고

평면도   배면도

좌측면도   우측면도

정면도

저면도

- **정투상도의 입면도 위치**
  - 정면도 : 물체의 특징이 가장 잘 나타나 있는 도면
  - 우측면도 : 정면도를 기준으로 우측에서 본 도면
  - 좌측면도 : 정면도를 기준으로 좌측에서 본 도면
  - 평면도 : 정면도를 기준으로 위에서 본 도면
  - 저면도 : 정면도를 기준으로 아래에서 본 도면
  - 배면도 : 정면도를 기준으로 뒤에서 본 도면

04. 유량 1500[m³/h], 양정이 10[m]인 펌프의 축동력(kW)을 계산하시오.
(단, 물의 비중량 9800[N/m³], 펌프의 효율 η=0.7이다.)

◈ 계산과정

$$L_s = \frac{9800 \times 1500 \times 10}{102 \times 0.7 \times 9.8 \times 3600} = 58.356 ≒ 58.36[kW]$$

◈ 정답 58.36[kW]

◈ 참고

• 단위환산 힌트

  1[kW] = 102[kg · m/s], 1[kg_f] = 9.8[N]

• 펌프의 축동력

$$L_s = \frac{rQH}{102 \times \eta}[kW]$$

$$L_s = \frac{rQH}{75 \times \eta}[PS]$$

$$L_s = \frac{rQH}{76 \times \eta}[HP]$$

  여기서, Q : 급수량[m³/s]

   r : 비중량[1000kg/m³]

   H : 수두압[mH₂O]

   η : 펌프의 효율

05. 아래 사진을 참고하여 팬코일유닛(FCU : Fan Coil Unit)의 작동원리를 쓰시오.

◈ 정답

송풍기, 냉·온수코일, 에어필터(공기여과기) 등을 하나의 장치에 내장한 유닛으로 코일내부에 냉수 또는 온수를 순환시키며 유닛 내 송풍기로 송풍을 하여 실내를 냉난방 하는 장치이다.

◈참고 ┄┄

• 팬코일유닛(FCU : Fan Coil Unit) 내부 구조도

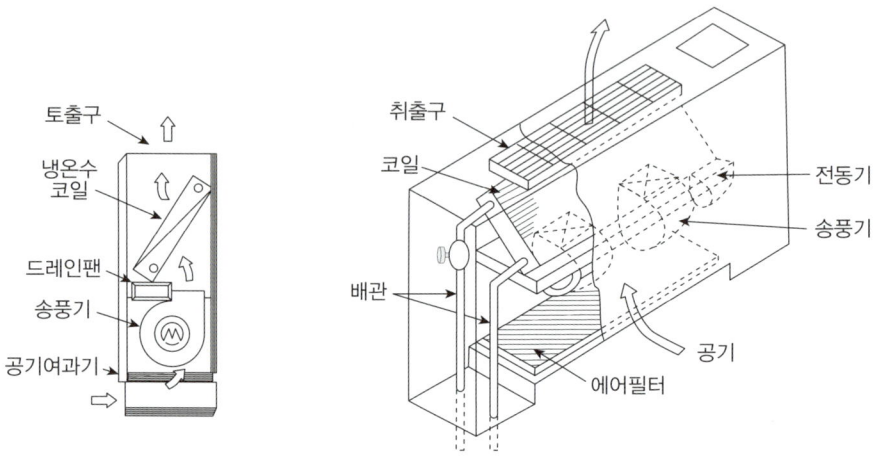

┄┄

06. 다음은 동관용 부품이다. 해당 부품의 명칭을 쓰시오.

◈정답 동관용 이경티

07. 다음 사진을 보고 해당 부품의 명칭과 그 사용목적을 쓰시오.

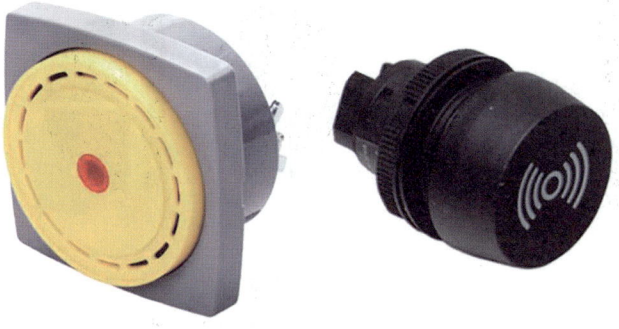

◆ 정답

① **명칭** : 부저

② **사용목적** : 제어회로의 고장이나 긴급한 상황 시 소리에 의해 기계의 이상 유무를 알리기 위한 장치이다.

◆ 참고

• **부저** : 제어회로의 고장이나 긴급한 상황 시 소리에 의해 기계의 이상 유무를 알리기 위한 장치로, 비상등과 교대점멸로 사용되며 노출형과 매립형이 있다.

08. 실내 오염공기를 배출할 때 실내로 들어오는 외기와 열교환시키는 형태로 열을 회수하는 장치로서 열 회수시 현열뿐만 아니라 잠열을 동시에 회수하므로 현열 열교환기에 비해 열 회수 효과가 크다. 이 장치의 명칭을 쓰시오.

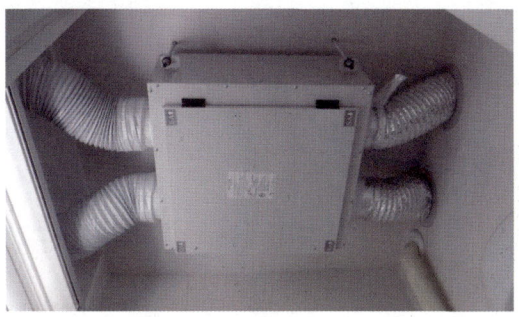
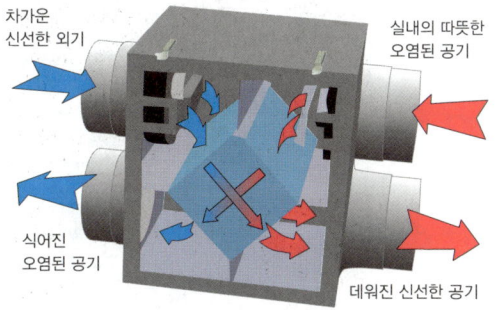

◆ 정답 전열교환기(고정형)

고정형(직교류식) 전열교환기	회전형(축류식) 전열교환기
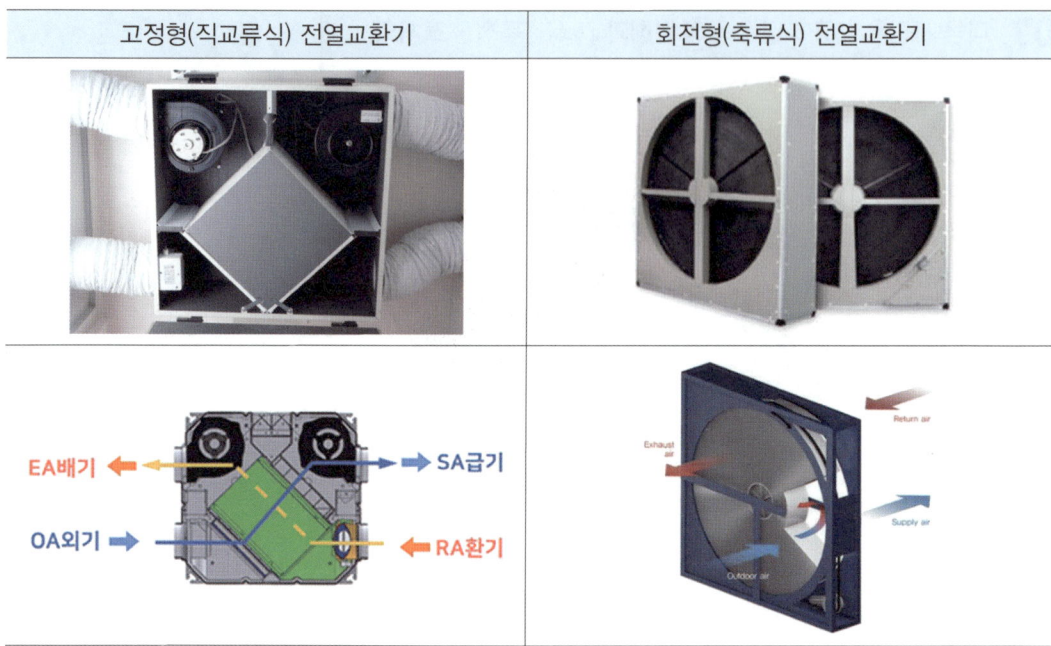

09. 냉동기의 부속장치 중 하나인 액분리기(Accumulator)의 설치목적을 쓰시오.

◆정답

증발기와 압축기 사이에 설치하여 압축기로 액이 넘어가는 것을 막아 액압축(리퀴드백)을 방지한다.

◆참고

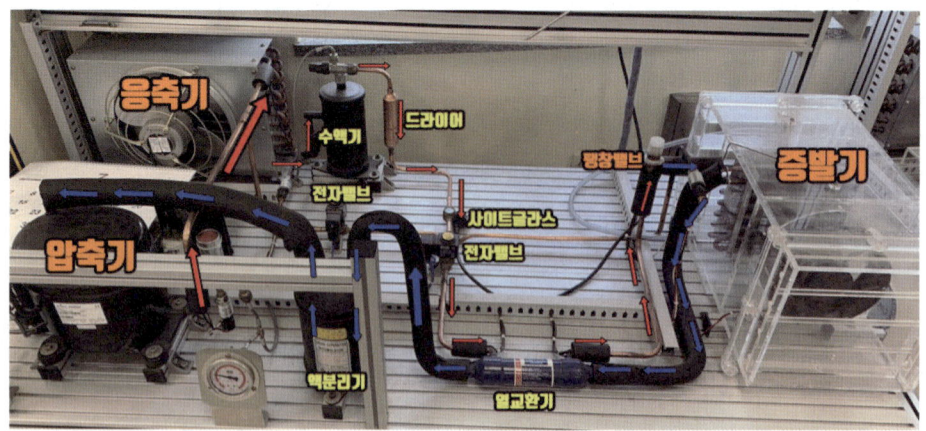

[냉매 순환 계통도]

10. 아래 사진에서 보여주는 장치의 명칭을 쓰시오.

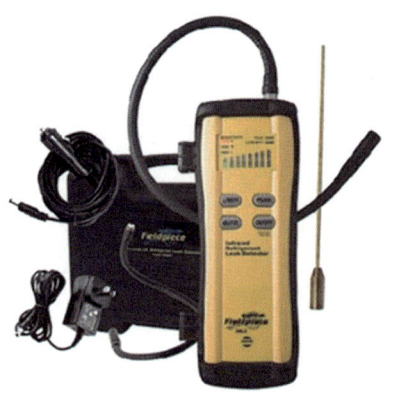

◈정답 ▶ 적외선 냉매누설탐지기

◈참고 ▶

• **적외선 냉매누설탐지기**

  내부에 적외선 센서를 내장한 누설탐지기로 냉매가 누설되면 냉매가 적외선을 흡수하게 된다.
  이로 인해 적외선의 값이 변하고 그 특성을 감지하여 누설여부를 판별한다.

11. 35[℃]의 물 10[Ton]을 2[℃]로 냉각하는데 2시간이 걸리는 냉동기가 있다. 이 냉동기의 냉동능력은 몇 냉동톤(RT)인가? (단, 냉동톤 1[RT]=3.86[kW], 물의 비열은 4.2[kJ/kg·K]이다.)

◈계산과정 1 ▶

① $\dfrac{10000}{2} \times 4.2 \times \{(35+273)-(2+273)\} = 693000[kJ/h]$

① $\dfrac{693000}{3600 \times 3.86} = 49.870 \fallingdotseq 49.87[RT]$

◈계산과정 2 ▶

$\dfrac{10000 \times 4.2 \times \{(35+273)-(2+273)\}}{2 \times 3600 \times 3.86} = 49.870 \fallingdotseq 49.87[RT]$

◈정답 ▶ 49.87[RT]

열량을 [kJ/h]로 계산 후 3600을 나누어 [kW]로 변환하고 3.86을 나누어 [RT]로 변환한다.

$Q = GC\Delta t$

　여기서, Q : 열량[kJ/h]

　　　　　G : 물의양[kg/h]

　　　　　C : 비열[kJ/kg · ℃]

　　　　　Δt : 온도차[℃]

12. 다음은 흡수식 냉동기의 특징에 관한 표이다. (　　)안에 들어갈 알맞은 용어를 쓰시오.

구분	$NH_3 + H_2O$	$H_2O + LiBr$
냉매	(①)	(④)
흡수제	(②)	(⑤)
전열관 재질	철	(⑥)
유독성, 가연성	(③)	없음

◈정답

① NH_3　　　　　② H_2O

③ 있음　　　　　④ H_2O

⑤ LiBr　　　　　⑥ 동

◈참고

구분	$NH_3 + H_2O$	$H_2O + LiBr$
냉매	NH_3	H_2O
흡수제	H_2O	LiBr
전열관 재질	철	동
유독성, 가연성	있음	없음

2025년 2회 **공조냉동기계기능사** 필답형 복원 문제

https://edukang.com
동영상 강의를 보시려면 QR코드를 스캔해주세요

01. 다음 회로도를 보고 아래 동작설명의 물음에 답하시오.
(단, MC, T, PL 위주로 설명할 것)

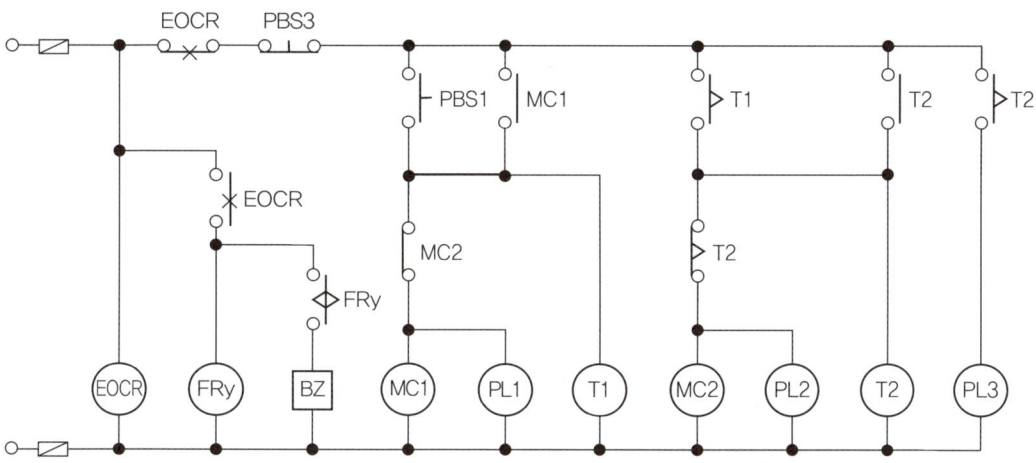

┌─ **동작설명** ───┐

전원 투입 시 EOCR 전원이 on 한다.

① PBS1을 눌렀을 때 : _____

② PBS3를 눌렀을 때 : _____

└──┘

◆ **정답**

① MC1과 T1이 여자되고 PL1이 점등하며 MC1-a접점에 의해 자기유지 된다.

이후 T1의 설정시간이 경과하면 T1-a(한시)접점이 닫혀 MC2, T2가 여자되고 T2-a(순시)접점으로 인해 자기유지 되고 PL2가 점등한다. 이때 MC2-b접점이 열려 MC1이 소자되며 MC1-a접점이 열려 T1이 소자되고 PL1이 소등한다.

이후 T2의 설정시간이 경과하면 T2-b(한시)접점이 열려 MC2가 소자, PL2가 소등하고 T2-a(한시)접점이 닫혀 PL3가 점등한다.

② 모든 MC와 T의 전원이 차단되고 PL3도 소등되어 초기상태로 돌아간다.

02. 시퀀스회로 구성 시 푸쉬버튼스위치, 릴레이, 리미트스위치의 계전기 a접점 기호를 그리시오.

푸쉬버튼스위치	릴레이	리미트스위치

03. 다음 그림은 흡수식 냉동기의 구성도이다. 그림을 참고하여 아래 질문에 답하시오.

가. **명칭** : 계기용변류기

나. **용도** : 1차측 대전류를 소전류로 변환하는 장치

• **변류기의 종류에 따른 역할**

① 계기용변류기 - CT(current transfomer) : 대전류를 소전류로 변환하는 장치

② 영상용변류기 - ZCT(zero phase current transfomer) : 지락사고시 지락전류 검출

04. 다음 보기는 가습장치의 종류이다. 이를 참고하여 아래표를 완성하시오.

> **보기**
>
> 증기 발생식, 증기 공급식, 기화식, 수분무식

종류		설명
(①)		물 또는 온수를 직접 공기 중에 분무하는 방식으로 가습량이 많지 않고, 제어 범위가 넓고, 장치가 간단하다.(원심식, 초음파식, 분무식)
증기식	(②)	공기 중에 직접 증기를 분무하는 것으로 가습능력이 가장 좋으나 소음발생 및 화상의 우려가 있다.(전열식, 전극식, 적외선식)
	(③)	외부로부터 만들어진 증기를 공급받아 공기중에 분무하는 방법(노즐 분무식, 과열 증기식)
(④)		세라믹 페이퍼 등의 흡습, 건조성이 높은 소재에 물을 적시고, 표면에 바람을 불어 수분을 증발시켜 가습하는 방법(회전식, 모세관식, 적하식)

◆ **정답**

① 수분무식　　② 증기 발생식
③ 증기 공급식　　④ 기화식

◆ **참고**

종류		설명
수분무식		물 또는 온수를 직접 공기 중에 분무하는 방식으로 가습량이 많지 않고, 제어 범위가 넓고, 장치가 간단하다.(원심식, 초음파식, 분무식)
증기식	증기 발생식	공기 중에 직접 증기를 분무하는 것으로 가습능력이 가장 좋으나 소음발생 및 화상의 우려가 있다.(전열식, 전극식, 적외선식)
	증기 공급식	외부로부터 만들어진 증기를 공급받아 공기중에 분무하는 방법(노즐 분무식, 과열 증기식)
기화식		세라믹 페이퍼 등의 흡습, 건조성이 높은 소재에 물을 적시고, 표면에 바람을 불어 수분을 증발시켜 가습하는 방법(회전식, 모세관식, 적하식)

05. 다음 보기는 가습장치의 종류이다. 이를 참고하여 아래표를 완성하시오.

◆ **정답**

① 스위블형 신축이음　　② 슬리브형 신축이음
③ 벨로즈형 신축이음　　④ 루프형 신축이음

06. 다음 공기조화장치는 혼합, 냉각, 감습 사이클이다. 아래 구성도를 참고하여 습공기선도(t-x선도)를 그리시오.

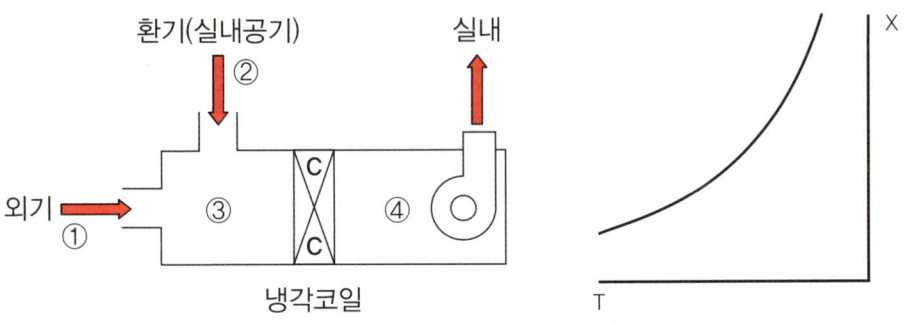

◈정답◈

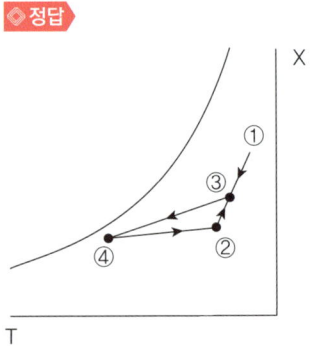

07. 다음 (가), (나)의 사진을 보고 각각의 열교환기 명칭을 쓰시오.

◈정답◈

가. 2중관식 열교환기

나. 판형 열교환기

08. 암모니아 냉동장치의 응축기 냉각수량이 200[L/min] 이고, 냉각수 입구온도가 35[℃], 냉각수 출구온도가 23[℃] 일 때 응축기의 열량[kW]를 구하시오.

(단, 물의 비열은 4.2[kJ/kg·℃] 이다.)

◈계산과정

$$\frac{200}{60} \times 4.2 \times (35 - 23) = 168[\text{kW}]$$

◈정답 168[kW]

◈참고

Q = GCΔt
  여기서, G : 냉각수량[kg/s]
           C : 비열[kJ/kg·℃]
           ΔT : 온도차[℃]
※ 단위환산 힌트 : 1[kJ/s] = 1[kW], 1[J/s] = [W]

09. 다음 그림에 나오는 냉각탑의 종류를 쓰시오.

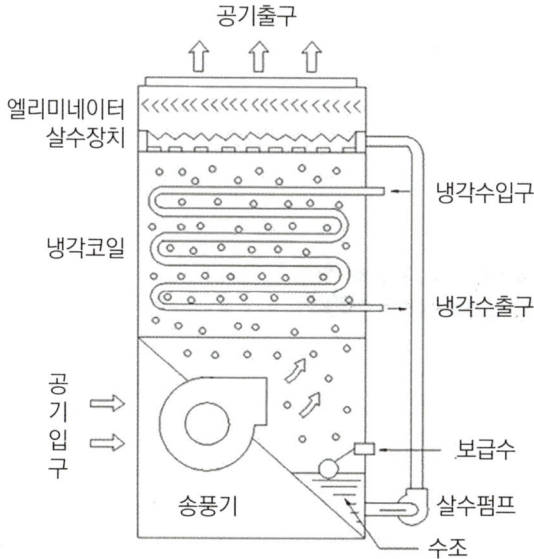

◈정답 대향류형 밀폐식 냉각탑

• 직교류형 냉각탑 : 물과 공기가 직각이 되어 흘러 냉각되는 방식으로 구조가 간단하고 보수점검이 용이하다.

• 대향류형 냉각탑 : 물과 공기가 서로 반대방향(향류)으로 흐르는 방식으로 냉각효율이 높다.

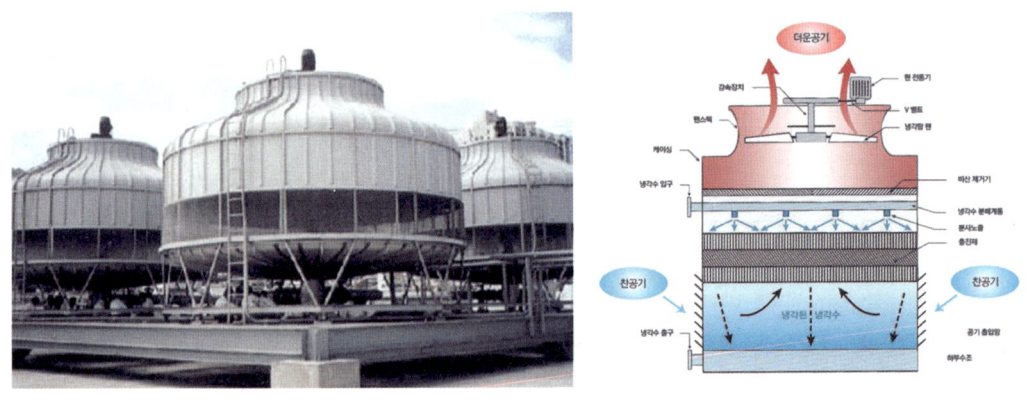

10. 다음 장치의 명칭과 사용목적을 쓰시오.

◈정답

① **명칭** : 사이트 글라스

② **사용목적** : 응축기나 수액기쪽에 설치하여 적정 냉매량의 충전을 확인하고 액중의 거품 발생 유무를 점검하여 플래시가스 존재를 확인할 수 있다.

2025년 2회 공조냉동기계산업기사 필답형 복원 문제

https://edukang.com

동영상 강의를 보시려면 QR코드를 스캔해주세요

01. 다음 회로도를 보고 (1) ~ (3)항의 빈칸에 알맞은 답을 써넣으시오.

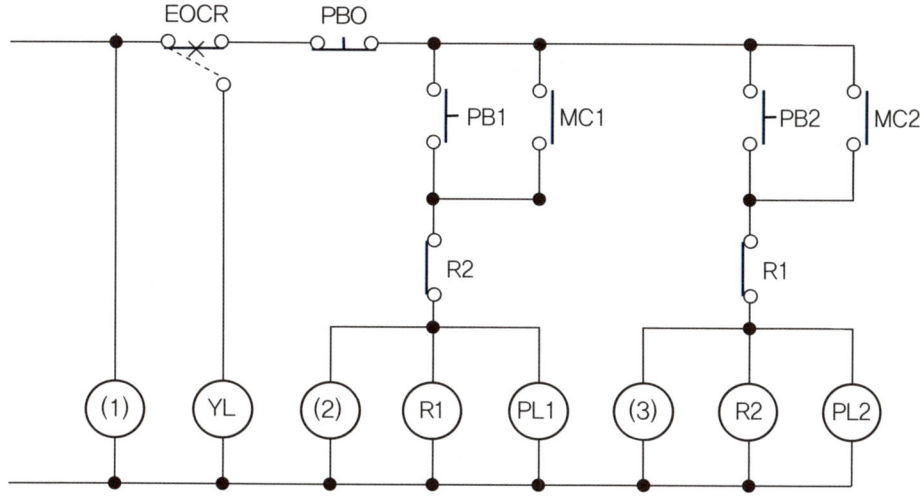

◆정답

(1)	(2)	(3)
EOCR	MC1	MC2

02. 다음 회로도를 보고 아래 동작설명의 물음에 답하시오.

(단, MC, Ry, RL, GL 위주로 설명할 것)

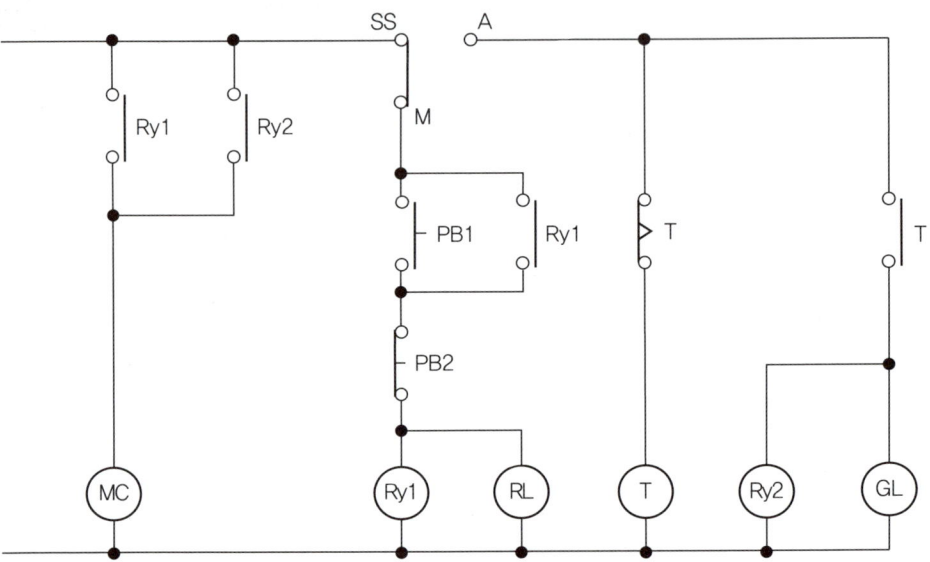

┌─ 동작설명 ─
전원 투입 시 셀렉터 스위치(SS)는 M(수동)인 상태로 운전된다.

① PBS1을 눌렀을 때 : _____

② PBS3를 눌렀을 때 : _____

◈정답▶

① RL이 점등되고, Ry1이 여자되어 Ry1-a접점이 모두 닫혀 자기유지되며, MC가 동작한다.

② RL이 소등되고, Ry1이 소자되어 Ry1-a접점이 모두 열리고 MC의 동작이 멈춘다.

03. 다음의 습공기선도(t-x선도)를 보고 a에서 b로 상태변화 할 때 다음 표의 (   )안에 들어갈 알맞은 말을 증가 또는 감소로 써넣으시오.

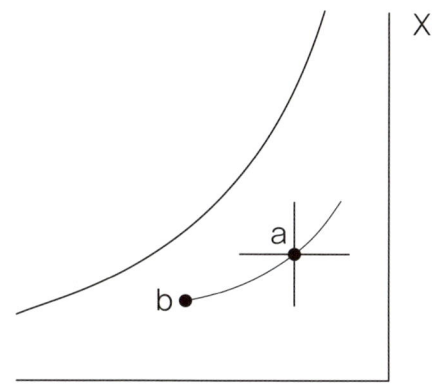

절대습도	건구온도	습구온도	엔탈피	상대습도
( )	( )	( )	( )	( )

◈정답

절대습도	건구온도	습구온도	엔탈피	상대습도
(감소)	(감소)	(감소)	(감소)	(증가)

04. 다음 그림을 보고 해당 부품의 명칭을 쓰시오.

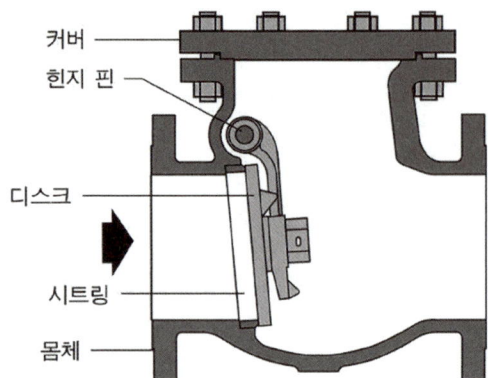

◈ **정답** 체크밸브(스윙식)

◈ **참고**

- **체크밸브**

① 스윙식(swing) : 수평 · 수직 배관에 사용이 가능하다.
② 리프트식(lift) : 수평배관에만 사용이 가능하다.

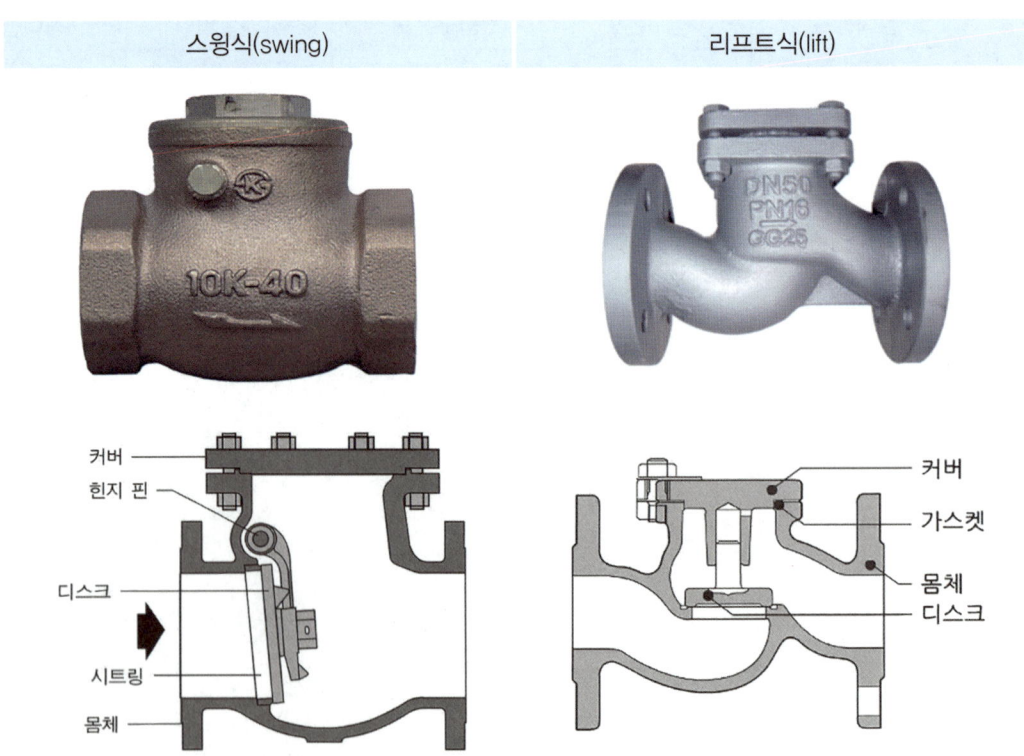

스윙식(swing)	리프트식(lift)

05. 다음의 그림을 보고 공기조화의 방식과 그 특징을 3가지 쓰시오.

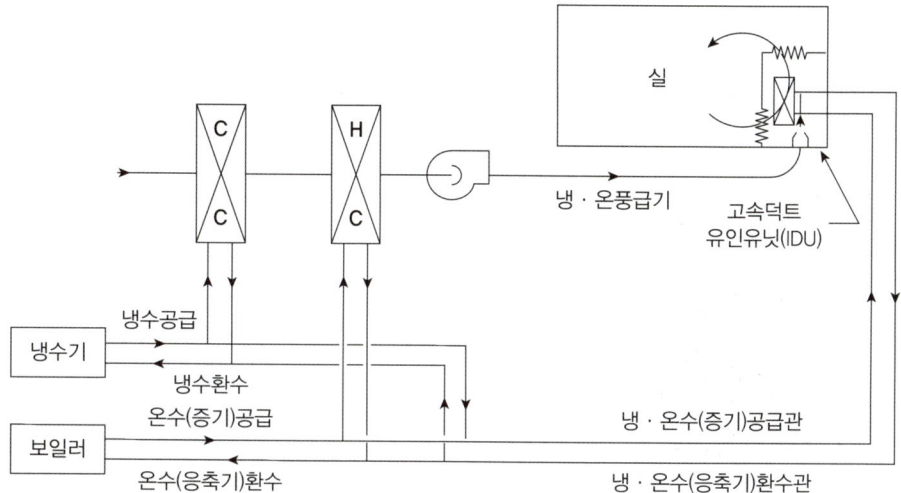

◆**정답**

가. 공기조화 방식 : 유인유닛방식(공기-수 방식)

나. 특징

　① 각 유닛별로 개별제어가 가능하다.

　② 유인유닛에는 전기배선이 필요없다.

　③ 부하변동에 따른 적응성이 좋다.

　④ 각 유닛에 수배관이 필요하여 누수의 염려가 있다.

　⑤ 유닛 내의 필터를 자주 청소해야 한다.

◆**참고**

• **유인유닛방식(공기-수 방식) 특징**

　– 장점

　　① 각 유닛마다 제어가 가능하므로 개별제어가 가능하다.

　　② 고속 덕트를 사용하므로 덕트스페이스를 작게 할 수 있다.

　　③ 중앙공조기는 1차 공기만 처리하므로 규모가 작아도 된다.

　　④ 유인 유닛에는 전기배선이 필요없다.

　　⑤ 실내 부하의 종류에 따라 조닝을 쉽게 할 수 있다.

　　⑥ 부하변동에 따른 적응성이 좋다.

　– 단점

　　① 각 유닛마다 수배관이 필요하여 누수의 염려가 있다.

　　② 유닛의 소음이 있고 가격은 비싸다.

　　③ 유닛 내의 필터를 자주 청소해야 한다.

06. 온도자동식 팽창밸브(TEV)의 사용 목적을 쓰시오.

◈정답

온도자동식 팽창밸브는 증발기의 입구에 설치하며, 증발기의 출구에 감온통을 부착하고 증발기 출구의 과열도를 감지하여 팽창밸브의 개도를 조절해 증발기 냉각부하에 알맞은 냉매의 유량을 공급한다.

◈참고

온도자동식 팽창밸브(TEV)	사용목적
	온도자동식 팽창밸브는 증발기의 입구에 설치하며, 증발기의 출구에 감온통을 부착하고 증발기 출구의 과열도를 감지하여 팽창밸브의 개도를 조절해 증발기 냉각부하에 알맞은 냉매의 유량을 공급한다.

07. 열전도율이 2.5×10^{-5}[W/m·K] 이고, 두께가 10[cm]인 방열벽의 열관류율을 구하시오.
(단, 외벽, 내벽의 열전달율은 각각 0.05[W/m²·K], 0.009[W/m²·K] 이며, 소수점 7번째 자리에서 반올림 하여 소수점 6번째 자리까지 나타내시오.)

◈계산과정

$$K = \cfrac{1}{\cfrac{1}{0.05} + \cfrac{0.1}{2.5 \times 10^{-5}} + \cfrac{1}{0.009}} = 0.000242[W/m^2 \cdot K]$$

◈정답 $0.000242[W/m^2 \cdot K]$

◈참고

• 열관류율(열통과율)

$$K = \cfrac{1}{\cfrac{1}{a_1} + \cfrac{\ell}{\lambda} + \cfrac{1}{a_2}}$$

여기서, K : 열관류율, 열통과율[W/m²·K]
　　　 a_1 : 외벽 열전달율[W/m²·K]
　　　 a_2 : 내벽 열전달율[W/m²·K]
　　　 λ : 열전도율[W/m·K]
　　　 ℓ : 벽의 두께[m]

08. 10[kW] 펌프의 회전수가 800[rpm], 토출량이 1.5[m³/min]인 경우 펌프의 토출량을 2[m³/min]으로 늘렸을 때 회전수[rpm]는 얼마로 변하게 되는가?

◈ 계산과정

$$Q_2 = \left(\frac{N_2}{N_1}\right)^1 \cdot Q_1 \ \rightarrow \ N_2 = \frac{Q_2 \cdot N_1}{Q_1}$$

$$\therefore N_2 = \frac{Q_2 \cdot N_1}{Q_1} = \frac{2 \times 800}{1.5} = 1066.666 ≒ 1066.67[rpm]$$

◈ 정답 1066.67[rpm]

◈ 참고

• 상사법칙

유량 (송풍기의 경우 풍량)	$Q_2 = \left(\dfrac{N_2}{N_1}\right) \cdot \left(\dfrac{D_2}{D_1}\right)^3 \cdot Q_1$
압력	$P_2 = \left(\dfrac{N_2}{N_1}\right)^2 \cdot \left(\dfrac{D_2}{D_1}\right)^2 \cdot P_1$
동력	$L_2 = \left(\dfrac{N_2}{N_1}\right)^3 \cdot \left(\dfrac{D_2}{D_1}\right)^5 \cdot L_1$

09. 다음 사진에 보여주는 공구의 명칭을 쓰시오.

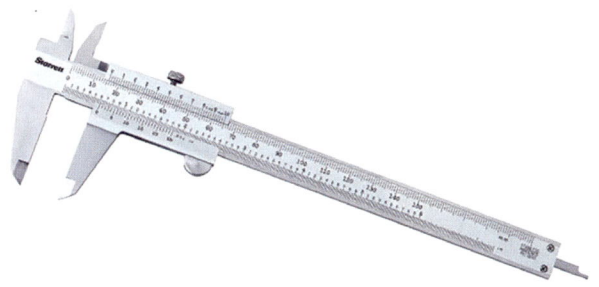

◈ 정답 버니어캘리퍼스

◈ 참고

• **버니어캘리퍼스** : 길이나 높이, 너비 등 공작물의 치수를 정밀하게 측정할 때 사용된다.

10. 다음 사진에서 보여주는 부품의 명칭과 그 용도를 쓰시오.

◈정답

가. 명칭 : 계기용 변압기

나. 용도 : 1차측 고전압을 저전압으로 변환하는 장치

◈참고

• **계기용 변압기**(Voltage Transformer) or (Potential Transformer) : 1차측 고전압을 저전압으로 변환하여 계측기나 계전기 등에 연결하는 장치

선간전압 : 22,900[V]
상전압 : 13,200[V]

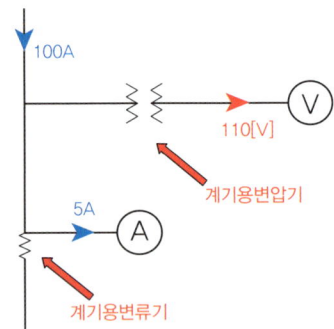

11. 다음은 냉장고의 유니트쿨러에 적상이 과대하게 발생하였을 때 제상시키는 장치이다. 해당 제상장치의 명칭과 제상방법에 대해 쓰시오.

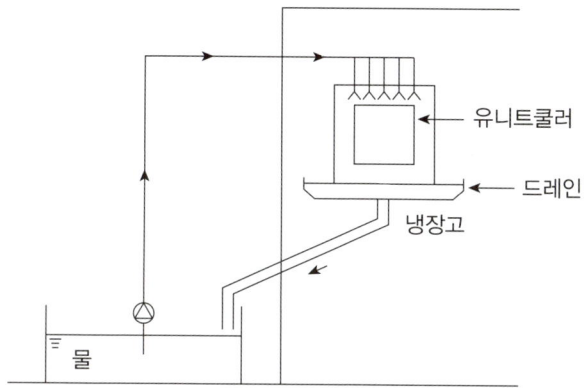

◈정답

① **명칭** : 살수식 제상

② **제상방법** : 증발기(유니트쿨러) 냉각관의 표면에 약 10~25[℃] 정도의 온수를 일정 시간 다량으로 살수하여 서리를 녹이는 방식이다.

12. 관을 밑에서 떠받쳐 지지하는 장치인 서포트(Support)의 종류를 3가지 쓰시오.

◈정답

① 리지드 서포트   ② 파이프 슈
③ 롤러 서포트   ④ 스프링 서포트

◈참고

• **서포트(Support) : 관을 밑에서 떠받쳐 지지하는 장치**

① 리지드 서포트(rigid support) : 강도가 높은 재료로 만든 빔으로 여러 개의 관을 동시에 지지할 수 있다.
② 파이프 슈(pipe shoe) : 관에 직접 접속하여 지지하는 것으로 배관의 수평부와 곡관부를 지지하는 장치이다.
③ 롤러 서포트(roller support) : 관의 축방향의 운동을 자유롭게 하기 위해 롤러를 이용해 지지하는 장치이다.
④ 스프링 서포트(spring support) : 스프링에 의해 관의 하중에 따라 상하 운동을 다소 허용하는 지지장치이다.

01. 다음 동작설명을 참고하여 회로도 중 (가) ~ (자)항의 빈칸에 알맞은 답을 써넣으시오.

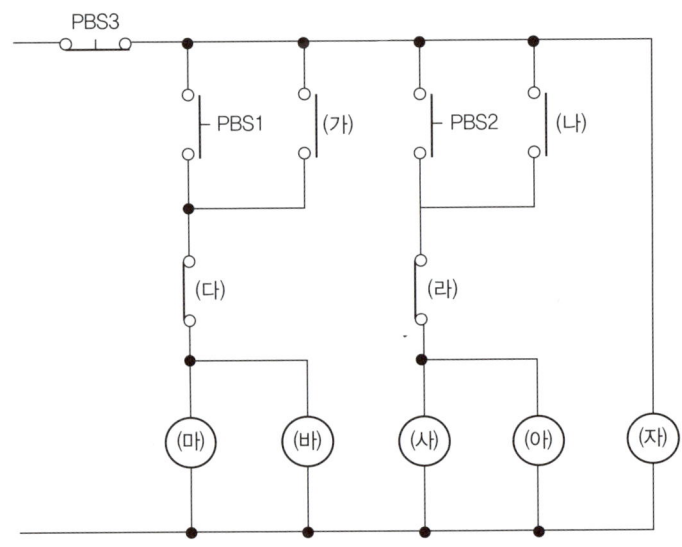

───── 동작설명 ─────

① 전원 투입시 RL이 점등된다.

② PBS1을 눌렀을 때 MC1이 여자되고 YL이 점등된다.

③ PBS3을 눌렀을 때 MC1이 소자되고 YL이 소등된다.

④ PBS2를 눌렀을 때 MC2가 여자되고 GL이 점등된다.

⑤ PBS3을 눌렀을 때 MC2가 소자되고 GL이 소등된다.

◈ 정답

(가)	MC1	(라)	MC1	(사)	MC2
(나)	MC2	(마)	MC1	(아)	GL
(다)	MC2	(바)	YL	(자)	RL

02. 다음 회로도를 보고 아래 동작설명의 물음에 답하시오. (단, MC, PL 위주로 설명할 것)

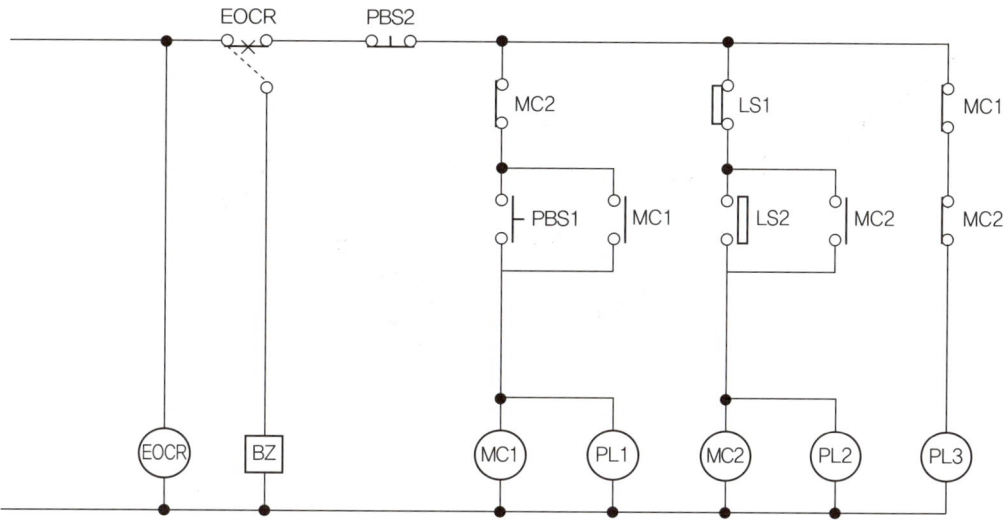

┌─ **동작설명** ───┐

전원 투입 시 EOCR 전원이 on하고 PL3이 점등한다.

① PBS1을 눌렀을 때 : _____

② LS2가 감지되었을 때 : _____

└──┘

◆**정답**

① MC1이 여자되고 MC1-a접점이 닫혀 자기유지되며 PL1이 점등되고, MC1-b접점이 열려 PL3이 소등된다.

② MC2가 여자되고 MC2-a접점이 닫혀 자기유지되며 PL2가 점등되고, MC2-b접점이 모두 열려 MC1은 소자되어 PL1은 소등된다. 이때 PL3는 소등된 상태로 유지된다.

03. 다음 사진에서 보여주는 공구의 명칭을 쓰시오.

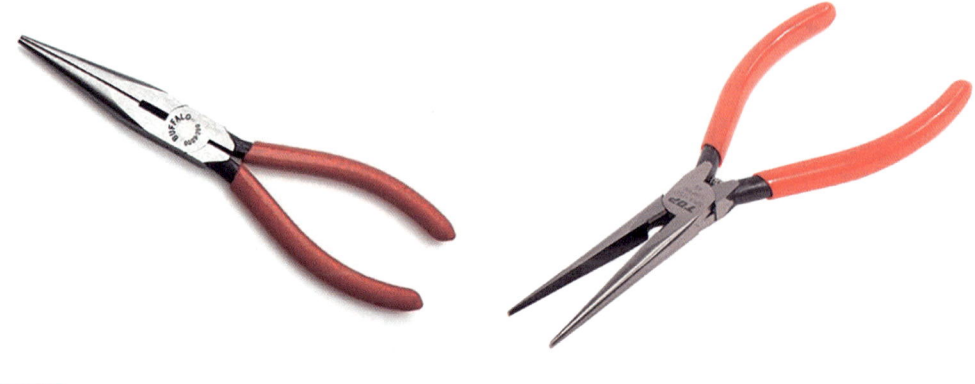

◆**정답** 롱노즈 플라이어

04. 다음 사진의 장치는 전자접촉기(MC)이다. 해당 장치의 사용목적을 쓰시오.

 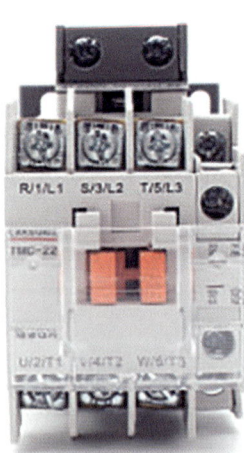

◆**정답**
전자접촉기(MC)는 전자코일에 전류가 흐르면 전자석이 되어 그 흡인력으로 주접점을 붙였다 떼었다 하는데 이를 이용해 전동기, 전열기 등 전력 회로를 원격으로 개폐하는 용도로 사용된다.

05. 다음은 몰리에르 선도의 구성을 나타낸 것이다. (1) ~ (5)의 명칭을 쓰시오.

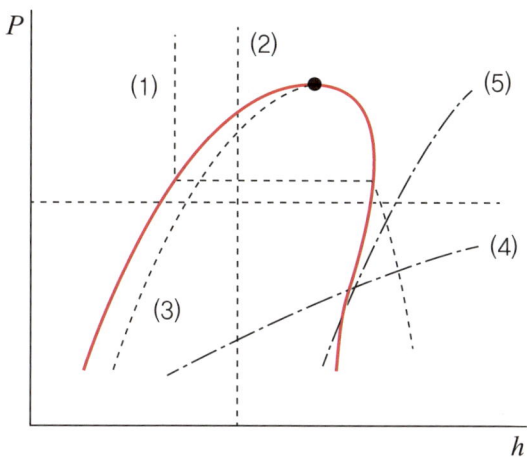

◆정답
(1) 등온선   (2) 등엔탈피선
(3) 등건조도선   (4) 등비체적선
(5) 등엔트로피선

06. 왕복동 압축기의 직경이 110[mm], 행정이 80[mm], 회전수 900[rpm], 기통수가 8일 때 냉동능력(RT)을 계산하시오. (단, 냉매상수는 9.6이다.)

◆계산과정
① 피스톤 토출유량(V[m³/h])

$$V = \frac{\pi \cdot D^2}{4} L \cdot N \cdot R \cdot 60 = \frac{\pi \times 0.11^2}{4} \times 0.08 \times 8 \times 900 \times 60 = 328.434 \fallingdotseq 328.43[m^3/h]$$

② 냉동능력

$$R = \frac{V}{C} = \frac{328.43}{9.6} = 34.211 \fallingdotseq 34.21[RT]$$

◆정답 34.21[RT]

$$V = \frac{\pi D^2}{4} \cdot L \cdot N \cdot R \cdot 60$$

여기서, V : 피스톤 토출유량[m³/h]

$\dfrac{\pi \cdot D^2}{4}$: 피스톤의 면적[m²]

L : 행정[m]

N : 기통수

R : 회전수[rpm]

$$R = \frac{V}{C}$$

여기서, R : 냉동능력[RT]

V : 피스톤 토출유량[m³/h]

C : 압축가스 상수(냉매상수)

07. 다음 질문에 알맞은 공구의 명칭을 쓰시오.

조건

① 동관 끝을 원형으로 정형하는데 사용하는 공구 :

② 관 절단 후 거스러미를 제거하는 공구 :

③ 동관을 벤딩(구부릴 때)할 때 사용하는 공구 :

◈정답

① 사이징툴

② 리머

③ 튜브벤더(동관용 벤딩기)

◈참고

• **동관용 공구**

① **익스팬더(동관용 확관기)** : 동관을 소켓 모양으로 확관하는 공구

② **튜브커터(동관용 파이프커터)** : 동관 절단용 공구

③ **사이징툴** : 동관 끝을 원형으로 정형하는데 사용하는 공구

④ **플레어링툴 세트** : 동관을 나팔모양으로 가공한 후 압축접합하는 공구

⑤ **튜브벤더(동관용 벤딩기)** : 동관을 벤딩(구부릴 때)할 때 사용하는 공구

⑥ **리머** : 관 절단 후 거스러미를 제거하는 공구

08. 다음은 펌프의 특성곡선을 나타낸 것이다. 각부의 명칭을 보기 중 골라 쓰시오.

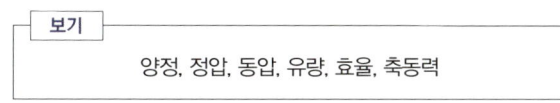

보기

양정, 정압, 동압, 유량, 효율, 축동력

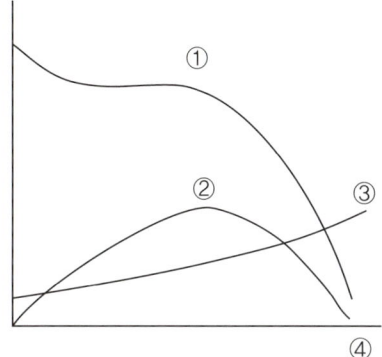

◇정답

① 양정 ② 효율 ③ 축동력 ④ 유량

◇참고

• **펌프의 특성곡선**

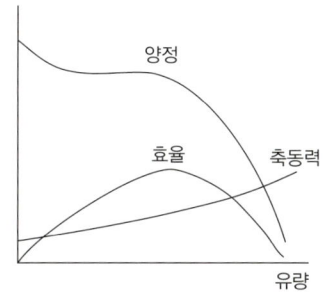

09. 절대습도에 대해서 설명하시오.

◇정답

습공기 중에 함유되어 있는 수증기의 중량으로 습공기를 구성하고 있는 건공기 1[kg] 중 포함된 수증기의 중량 x[kg] 말하며, 절대습도 x[kg/kg']로 표시한다.

10. 다음은 2단 압축 1단 팽창 냉동장치의 구성도이다. 화살표가 가리키는 (가) 장치의 명칭을 쓰시오.

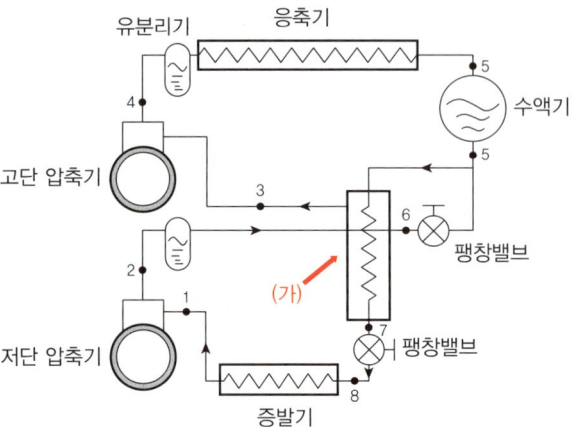

◈**정답** 중간냉각기

◈**참고**

• 2단 압축 1단 팽창 냉동장치의 구성도

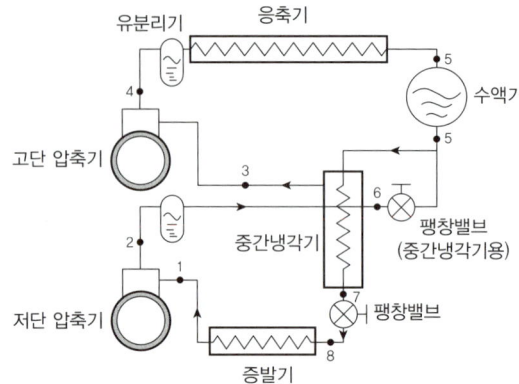

공조냉동기계기능사 · 산업기사 실기

2016년 1월 10일 초판 발행
2020년 1월 15일 개정 2판 발행
2022년 1월 05일 개정 3판 발행
2024년 1월 30일 개정 4판 발행
2025년 1월 10일 개정 5판 발행
2026년 1월 15일 개정 6판 발행

저　　　자 | 강진규 · 오태정
발 행 인 | 조규백
발 행 처 | 도서출판 구민사
　　　　　 (07293) 서울시 영등포구 문래북로 116, 604호(문래동 3가 46, 트리플렉스)
전　　　화 | (02) 701-7421
팩　　　스 | (02) 3273-9642
홈 페 이 지 | www.kuhminsa.co.kr
신 고 번 호 | 제2012-000055호(1980년 2월 4일)

I S B N | 979-11-6875-610-6 13500
정　　　가 | 30,000원